AF473631

Les Oiseaux d'Europe

Tableaux Synoptiques

par Paul PARIS

PRÉPARATEUR DE ZOOLOGIE A LA FACULTÉ DES SCIENCES DE DIJON

Dessins de MAURICE DESSERTENNE

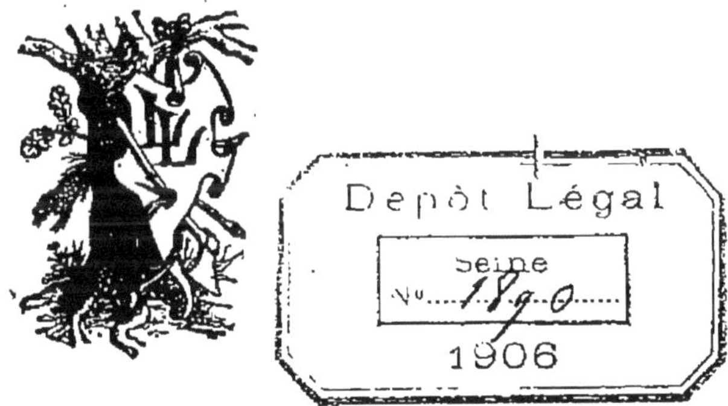

PARIS
LUCIEN LAVEUR, Editeur
13, rue des Saints-Pères

1906

7700. — Imp. des Beaux-Arts (A. MULLER), 36, rue de Seine, Paris.

INTRODUCTION

Donner aux personnes qui s'intéressent aux oiseaux un ouvrage simple, leur permettant de les déterminer rapidement, sans connaissances spéciales, tel a été notre but.

Encouragé de toute part et particulièrement par notre maître, M. le Professeur Jobert *et M. le Dr* Marchant, *ancien Directeur du Muséum de Dijon, nous avons abordé cette tâche, facilitée d'ailleurs par de nombreux documents.*

Pour compléter nos notes, outre notre collection personnelle, les envois fréquents de nos amis et la superbe collection Lacordaire naguère à la Faculté des Sciences de Dijon, nous avions à notre disposition, grâce à la bienveillance de M. le Professeur Collot, *les belles collections du Muséum de Dijon. Nous avons également pu examiner nombre de sujets intéressants dans le laboratoire de M.* Chaumette, *préparateur au Muséum de Dijon.*

Pour compenser la réduction forcée du texte par tableaux synoptiques, nous avons cru bon d'y adjoindre de nombreuses figures pour l'exécution desquelles notre ami, Maurice Dessertenne, *dont le talent est bien connu, nous a assuré son precieux concours.*

Les planches ont été faites d'après des échantillons réunis par nous ou d'après des sujets des collections du Muséum de Paris, mises obligeamment à notre disposition par le regretté Professeur Oustalet. *Beaucoup de figures du texte ont été dessinées d'apres des documents gracieusement communiqués par M.* Millot, *le distingué dessinateur d'histoire naturelle.*

Le petit nombre d'espèces fréquentant l'Europe, sans daigner visiter la France, la facilité avec laquelle on se déplace aujourd'hui, nous ont décidé à étendre aux oiseaux d'Europe le cadre de cet ouvrage primitivement fixé aux oiseaux de France, qui sont d'ailleurs marqués d'un astérique.

Si nous n'avons décrit ici que 560 espèces et variétés, alors que certains auteurs comptent jusqu'à 658 oiseaux européens (d'Hamonville, Catalogue des Oiseaux d'Europe), *c'est que nombreuses sont les captures se rapportant a des oiseaux échappés de captivite ou de rencontre absolument fortuite.*

Dans les descriptions d'espèces, le premier numéro est un numéro d'ordre, le deuxième donne la longueur de l'oiseau du bout du bec à l'extrémité de la queue.

Les variétés portent le même numéro d'ordre que l'espèce, mais avec une lettre en indice.

P. PARIS.

ABRÉVIATIONS ET SIGNES

Acc...	Accidentellement.
Ad.......	Adulte.
Ant......	Antérieur.
Bacc.....	Baccivore.
C.......	Centre.
Carn.....	Carnivore.
E......	Est.
Err......	Erratique.
Ext......	Doigt externe.
F.........	Famille.
f.........	Femelle.
Fig.......	Figure.
Fr........	France.
Frug.....	Frugivore.
G........	Genre.
Gemm....	Gemmivore.
Gran.....	Granivore.
Herb.....	Herbivore.
I.........	Indifférent.
Inf.......	Inférieur.
Ins.......	Insectivore.
Int.......	Doigt interne.
j.........	Jeune.
Larv.....	Larvivore.
Lat.......	Latéral.
m........	Mâle.
Malac....	Malacophage.
Max.....	Maximum.
Med....	Doigt médian.
Mérid....	Méridional.
Min.....	Minimum.
Musc....	Muscivore.
N........	Nord.
O........	Ouest.
Occ......	Occidental.
Omn.....	Omnivore.
Or.......	Oriental.
Pass......	Passage.
Pass. irr..	Passage irrégulier.
Pisc......	Piscivore.
Post......	Postérieur.
Prim.....	Primaire.
Reptil....	Reptilivore.
S........	Sud.
Sarc......	Sarcophage.
Sec.......	Secondaire.
Séd......	Sédentaire.
Sept......	Septentrional.
S. O......	Sous-ordre
Sup......	Supérieur
Tert......	Tertiaire.
U........	Utile.
Verm....	Vermivore.

★ Espèces françaises.

♂ Mâle.

♀ Femelle.

TABLEAU GÉNÉRAL

Quatre Doigts (Le pouce peut être très rudimentaire)	**Quatre doigts dirigés en avant** *(Pl. XII, fig. 7)*	48e F. Cypsélidés
	Trois doigts dirigés en avant, un en arrière (L'un des doigts peut être rejeté sur le côté, le post. en dedans, l'ext. en dehors	Section A
	Deux doigts dirigés en avant, deux en arrière	Section B
Trois Doigts	**Trois doigts dirigés en avant**	Section C
	Deux doigts dirigés en avant, un en arrière *(Pl. XIII, fig. 5)*.	CLI. G. Apternus.

SECTION A

Doigts libres ou faiblement unis à la base	1re Série.
Doigts élargis par une membrane à bords libres ou réunissant complètement les doigts entre eux. Tarses nus *(Pl. XIV, fig. 13; Pl. XXIV, fig. 4 et fig. 9)* . .	2e Série.
Doigts antérieurs en partie soudés entre eux. Tarses nus. Bec long, pointu. Douze rectrices *(Pl. XII, fig. 10 à 13)*.	IX. SO. Syndactyles.

1re Série

I. — **Tarses forts, ordinairement courts, souvent emplumés. Doigts robustes. Bec court avec cire.**

Doigts bien développés, souvent versatiles. Ongles forts, longs, crochus, rétractiles (serres) Bec robuste, fortement crochu, à cire bien développée *(Pl. I, II, III)*	1re Division.
Doigts courts, reliés habituellement à la base par une courte membrane. Pouce variable. Ongles courts, mousses, non rétractiles. Bec peu ou pas crochu, à cire faible *(Pl. XII, fig. 8 à 15; Pl. XIV à fig. 16)*	2e Division.

II. — **Tarses grêles, exceptionnellement courts et emplumés. Ongles non rétractiles. Bec sans cire, non réellement crochu.**

Jambes entièrement emplumées. Tarses presque toujours moyens, scutellés. Doigts bien développés; sur un même plan. Bec rarement plus long que la tête; au maximum douze rectrices *(Pl. IV à Pl. XII, fig. 9)*	3e Division
Jambes plus ou moins nues. Tarses souvent réticulés, jamais emplumés, habituellement longs et à traces de palmure. Pouce souvent implanté plus haut que les autres doigts. Bec ordint droit, presque toujours plus long que la tête. Fréquemment plus de douze rectrices *(Pl. XV à Pl. XIX, fig. 13)*	4e Division

1re Division : Rapaces

1° *Ongles* très rétractiles, acérés. Tête emplumée. Yeux enfoncés.

- *Yeux* placés latéralement. Cire et doigts nus. Mœurs diurnes (*Pl. I à Pl. III, fig. 3*) . . . I. SO. Falconiens.
- *Yeux* placés de face. Cire recouverte de soies. Doigts plus ou moins emplumés. Mœurs crépusculaires (*Pl. III, fig. 10 à Pl. IV, fig. 9*) . . . III. SO. Strigiens.

2° *Ongles* mousses, peu rétractiles. Doigts nus. Tarses réticulés. Tête et cou ordinairement déplumés. Yeux à fleur de tête (*Pl. III, fig. 4 à fig. 9*) . . . II. SO. Vulturiens.

2e Division

1° *Bec* faible, à base molle, renflée. Narines médianes. Tarses non totalement emplumés. Doigts sur le même plan. Douze rectrices (*Pl. XIII, fig. 8 à 11*) . . . XII. SO. Colombins.

2° *Bec* bombé, robuste, incliné à la pointe. Tarses parfois complètement emplumés. Pouce court, très souvent surélevé. Ordinairement plus de douze rectrices (*Pl. XIII, fig. 12 à Pl. XIV, fig. 16*) . . . XIII. SO. Gallinacés.

3e Division : Passereaux

1° *Bec* à mandibules fortement courbées, se croisant (*Pl. IV, fig. 10 et 11*) . . . 13e F. Loxiidés.

2° *Bec* dont les mandibules ne se croisent jamais.

a. — *Bec* court, fort, conique, exceptionnellement plus long que la tête. Plumage exceptionnellement noir (*Pl. IV, fig. 12 à Pl. VII, fig. 3*) . . . IV. SO. Conirostres.

b. — *Bec* ordinairement de la longueur de la tête, robuste, pointu. Plumage ou le noir domine habituellement. Oiseaux assez grands (*Pl. VII, fig. 4 à Pl. VIII, fig. 2*) . . . V. SO. Coracirostres.

c. — *Bec* plus ou moins comprimé et faible, à mandibule sup. terminée par un crochet plus ou moins prononcé, rarement plus long que la tête. Plumage exceptionnellement noir (*Pl. VIII, fig. 3 à Pl. XI, fig. 9*).

- *Mandibule* sup. pourvue de chaque côté d'une dent plus ou moins prononcée ou d'une simple échancrure . . . VI. SO. Dentirostres.
- *Mandibule* sup. sans dents ni échancrures, à pointe bien recourbée. Narines nues. Plumage décomposé à teintes très vives (*Pl. XII, fig. 8 et 9*) . . . 49e F. Coraciidés.

d. — *Bec* long, mince, souvent courbé (*Pl. XI, fig. 10 à 15*) . . . VII. SO. Tenuirostres.

e. — *Bec* très court, faible, fortement épaté, très largement fendu. Tarses courts. Ailes très longues (*Pl. XI, fig. 16 à Pl. XII, fig. 7*) . . . VIII. SO. Fissirostres.

4e Division : Échassiers

1° *Pouce* peu développé, surélevé, souvent ne touchant pas le sol. Face exceptionnellement nue.

Bec ordinairement plus court que la tête, robuste, plus ou moins rétréci dans sa partie médiane. Ailes atteignant au moins l'extrémité de la queue (*Pl. XIV, fig. 17 à Pl. XVI, fig. 4*) . . . . . XIV. SO. PRESSIROSTRES 2e groupe.

Bec faible, flexible, presque toujours très long, plus ou moins cylindrique et sillonné. Ailes sur-aiguës (*Pl. XVI, fig. 5 à Pl. XVII, fig. 16*) . . . . . XV. SO. LONGIROSTRES

2° *Pouce* bien développé, implanté au niveau des autres doigts.

Bec habituellement plus long que la tête, plus ou moins comprimé. Face presque toujours en partie nue. Tarses très longs. Cou et doigts longs (*Pl. XVII, fig. 17 à Pl. XIX, fig. 4*) . . . . . XVI. SO. CULTRIROSTRES

Bec rarement plus long que la tête, à base souvent molle ou à callosité frontale. Narines ordinairement médianes. Doigts très longs. Cou court. Tarses moyens, scutellés devant (*Pl. XIX, fig. 5 à fig. 13*) . . . . . XVII. SO. MACRODACTYLES.

2e *Série*

I. — Doigts garnis d'expensions membraneuses à bords libres.

Expensions membraneuses à bords festonnés.

Bec droit, mince, au moins aussi long que la tête. Ailes sur-aiguës (*Pl. XVII, fig. 10 à 12*). 76e F. PHALAROPIDÉS.

Bec fort, plus court que la tête, à callosité frontale nue. Ailes sur-aiguës (*Pl. XIX, fig. 12 et 13*). CCXXIV. G. FULICA.

Expensions membraneuses à bords non festonnés. Bec droit, pointu. Queue nulle (*Pl. XXIV, fig. 1 à 4*) . . . . . 103e F. PODICIPIDÉS.

II. — Doigts à palmure complète.

1° *Doigts* antérieurs seuls palmés.

a. — *Pattes* très longues, jambes dénudées très haut.

Bec mince, flexible, double de la tête, recourbé vers le haut. Pouce rudimentaire (*Pl. XVII, fig. 15 et 16*) . . . . . 77e F. RECURVIROSTRIDÉS.

Bec très épais à bords lamelleux, comme cassé en son milieu (*Pl. XIX, fig. 11 et 15*). XVIII. SO. PHŒNICOPTÉRIENS.

b. — *Pattes* courtes.

Bec mou, plus ou moins déprimé, à bords durs armés de lamelles ou de dents, terminé par des onglets (*Pl. XIX, fig. 16 à Pl. XXII, fig. 6*).	XIX SO. LAMELLIROSTRES
Bec dur, plus ou moins comprimé, à bords tranchants (*Pl. XXII, fig. 7 à Pl. XXIII, fig. 8 et Pl. XXIV, fig. 10 à 12*).	
Ailes longues et pointues, dépassant ordinairement la queue qui est bien développée. Jambes à l'équilibre du corps (*Pl. XXII, fig 7 à Pl XXIII, fig. 8*)	XX. SO. LONGIPENNES.
Ailes courtes, arrondies. Queue très courte ou nulle. Jambes très en arrière du corps (*Pl XXIV, fig 10 à 12*)	101e F COLYMBIDÉS.
2° Doigts tous réunis par une palmure. Pouce bien développé. Bec plus long que la tête, largement fendu, à branches mandibulaires inf. reliées par une membrane dilatable (*Pl. XXIII, fig. 8 à 15*)	XXI. SO. STÉGANOPODES.

SECTION B

Bec légèrement courbé, profondément fendu. Ailes sub-obtuses. Queue longue, étagée (*Pl. XII. fig. 14 à 17*).	X. SO. CUCULIENS.
Bec droit, robuste, pointu, sans crochet. Ailes sur obtuses. Queue moyenne. Langue lombriciforme (*Pl. XIII, fig. 1 à 9*).	XI. SO. PICIENS

SECTION C

Tarses très rarement courts. Doigts en grande partie libres.	
Tarses robustes. Doigts libres, courts. Bec ordinairement plus court que la tête.	
Tarses moyens ou longs, ordinairement réticulés Jambe plus ou moins dénudée. Bec sans cire proprement dite. Au moins douze rectrices (*Pl. XV, fig. 7 à Pl. XVI. fig. 4*).	XIV. SO. PRESSIROSTRES. 1er Gr.
Tarses courts, scutellés. Jambe entièrement emplumée. Bec court, à faible cire. Ailes sur-aigues. Dix rectrices (*Pl. XIV, fig. 15 et 16*)	62e F. TURNICIDÉS.
Tarses très longs et grêles. Doigts ext. et médian en partie réunis par une palmure. Jambe très dénudée. Bec très long (*Pl. XVII, fig. 13 et 14*).	78e F. HIMANTOPIDÉS.

Tarses courts; doigts réunis
1° *Tarses* nus; doigts palmés.
Narines s'ouvrant à l'extrémité de deux tubes. Bec crochu à la pointe, comme formé de plusieurs pièces. Ailes très longues (*Pl. XXIII, fig. 8*) . . . . 98° F. DIOMÉDÉIDÉS.
Narines percées dans le bec qui n'est pas crochu à la pointe; plus ou moins comprimé et haut. Ailes courtes. Queue très courte ou nulle (*Pl, XXIV, fig. 5 a 9; 13 à 16*) . . XXII. SO. BRACHYPTERES. 2e Gr.
2° *Tarses* et doigts emplumés. Doigts soudés entre eux. Bec court, robuste. Ailes et queue longues, pointues (*Pl. XIII, fig. 14*) . . . . CLVIII. G. SYRRHAPTES.

I. — SO. FALCONIENS

Bec droit à la base. Tarses très robustes, plus ou moins emplumés. Ailes longues, obtuses Cou et nuque à plumes acuminées (*Pl. I, fig. 1 à 6*) . . . . 1re F. AQUILIDES.
Bec recourbé dès la base. Plumes de la nuque arrondies (sauf dans V. G. Circaetus).
A. — *Bec* à mandibule sup. armée d'une dent plus ou moins prononcée à laquelle correspond une échancrure à la mandibule inf. Tour de l'œil nu. Ongles dentelés en dessous (*Pl. II, fig. 5 à 13*) . . . . 4e F. FALCONIDÉS.
B. — *Bec* à bords mandibulaires festonnés ou lisses. Tour de l'œil emplumé. Ongles lisses en dessous.
1° *Queue* plus ou moins longue et fourchue (*Pl. I, fig. 14 à Pl. II, fig. 4*). . 3e F. MILVIDES.
2° *Queue* droite ou arrondie.
Bec fort, comprimé. Tarses robustes, assez courts, doigts courts. Queue moyenne. Ailes obtuses, atteignant ordinairement l'extrémité de la queue. Formes massives (*Pl. I, fig. 7 à 13*). . . . . 2e F. BUTEONIDÉS.
Bec court. Tarses assez allongés, faibles. Queue assez longue. Formes élancées.
Bec très arqué. Ailes courtes, arrondies. Doigts longs, déliés (*Pl. II, fig. 14 à 16*). 5e F. ASTURIDÉS.
Bec comprimé, recouvert sur plus du tiers par la circ. Collerette plus ou moins prononcée. Ailes longues, sub-obtuses. Doigts courts, le médian plus court que le tarse (*Pl. III, fig. 1 a 3*) . . . . 6e F. CIRCIDÉS.

1re F. Aquilidés

Bec comprimé, à pointe très aiguë, à bords festonnés. Arcade sourcilière très proéminente. Queue droite ou conique. Sexes peu différents.

α. — *Tarses* complètement emplumés. Queue droite ou arrondie.

Ailes atteignant l'extrémité de la queue. Tarses courts. Ongles fortement courbes (*Pl. I, fig. 1 et 2*) . . . . I. G. Aquila.

Ailes n'atteignant pas l'extrémité de la queue. Tarses assez élevés, très emplumés. Ongles peu recourbés (*Pl. I, fig. 3*) . . . . II. G. Pseudaëtus.

β. — *Tarses* à demi emplumés, en partie écussonnés. Doigt externe très versatile. Tête et ordinairement queue plus ou moins blanches chez l'adulte. Queue conique (*Pl. I, fig. 4*) III. G. Haliaëtus.

γ. — *Tarses* à peine emplumés, réticulés. Doigts mamelonnés. Ailes dépassant de beaucoup l'extrémité de la queue (*Pl. I, fig. 5 et 6*) . . . . IV. G. Pandion.

I. G. AQUILA AIGLE. Briss. (*fig. I*).

Plus de 80 de long.
- Plumage assez foncé. Souvent plus de 100 de long . . . . *a*
- Plumage assez clair. Jamais plus de 90 de long 4

Moins de 60 de long . . . . *b*

a. — 1-116 max. *Bec* fendu jusqu'au devant des yeux. Rectrices marquées de blanc, les médianes seules égales. Couvertures inf. des ailes où le blanc domine. Plumes de la poitrine arrondies. A. Fulva. Savig.
Carn. Montagnes, forêts. Erratique. A. Fauve. ★

2 115 max. *Bec* fendu jusqu'au milieu des yeux. Rectrices sans blanc, les ext seules plus courtes. Couvertures inf. des ailes roux foncé. Poitrine à plumes lancéolées.
Carn. Montagnes, forêts. Erratique. O. Fr. . . . . A. Chrysaëtos. Brehm. A. Doré. ★

Fig. I

3 100 max *Bec* fendu jusqu'au delà des yeux. Queue droite, à bandes transversales grises. Taches scapulaires blanches plus ou moins prononcées suivant l'âge . . . A. Imperialis. Keys.
Carn. Montagnes. Erratique. S Fr. . . . . A. Impérial. ★

4-70 m.; 90 f. *Plumage* isabelle (ad.) ou brun taché de roux (j.). Narines arrondies. Ailes dépassant la queue. — A. Nevioides. Kaup. ★
Carn. Acc. S. Fr. . . . . A. Névioide.

b — 5-53 m.; 58 f. *Plumage* brun uniforme avec nuque et face inf. à taches allongées. Ailes atteignant l'extrémité de la queue. Cinq ou six grandes écailles à la dernière phalange du médian. — A. Nævia. Briss. ★
Carn. Montagnes. Erratique. S. O. Fr. . . . . A. Tacheté.

5 A-59 max. *Plumage* brun avec ou sans taches à la tête et aux jambes. Ailes dépassant souvent la queue. 4 grandes écailles sur la dernière phalange du médian. — *A. Clanga.* Pall.
Carn. Forêts. Erratique. E. SE . . . . *A. Criard.*

6-47 m.; 50 f. *Plumage* varié de brun et de jaunâtre. Epaules blanches. Tarses très emplumés. Bec court, gros, très courbé. — A. Pennata. Brehm. ★
Carn. Montagnes, forêts. Erratique. S. C. Fr. . . . . A. Botté.

II. G. PSEUDAETUS-PSEUDAETE. Hodgs.

7-70. *Face* inf. blanche ou roussâtre à taches brunes. Queue avec un nombre variable de bandes foncées. Sept écailles sur la dernière phalange du médian. — P. Bonellii. Bp. ★
Carn. Montagnes, forêts. S. Fr. Merid. . . . . P. Bonelli

III G. HALIAETUS-PYGARGUE. Savig.

{ *Queue* blanche (ad.) . . . . *a*
{ *Queue* en grande partie noire (ad.) *10*

a — 8-100. *Face* blanchâtre (ad.); face brune, tête tachée, queue foncée (j.). Six grandes écailles sur la dernière phalange du médian. — H. Albicilla. Leach. ★
Pisc. carn. Rivages. Erratique. N. NO. Fr. . . . . P. Vulgaire.

9-80 m.; 90 f. *Tête* et cou blancs (ad.). Tête et cou bruns peu tachés (j.) 8 grandes écailles sur la dernière phalange du médian. — H. Leucocephalus. Less.
Pisc. Carn. Rivages. Acc. NO. . . . . P. Leucocéphale.

10-80 max. *Gorge* et vertex blancs. Bande noirâtre sous les yeux descendant vers le cou. — H. Leucoryphus. Keys.
Pisc. Carn. Rivages. Acc. E. . . . . P. Leucoryphe.

IV. G. PANDION-BALBUZARD. Savig.

11-60 max. *Plumes* de la nuque minces, jaunâtres, à taches longitudinales brunes. Queue rayée de brun et de noir. Ventre blanchâtre. Cire bleuâtre avec quelques soies. — P. Haliaetus. G. Cuv
Pisc. Carn. B. de l'eau. Erratique et migrateur . . . . B Pêcheur ★

2° F. Butéonidés

Tête grosse, large, plate. Cou court. Doigts faibles à ongles très recourbés. Sexes peu différents.

α — *Tarses* nus en grande partie.

Plumes de la nuque acuminées. Tarses réticulés dans la partie nue. Doigts courts presque égaux (*Pl. I, fig. 7 et 8*) . . . . V. G. Circaetus.

Plumes de la nuque plus ou moins arrondies.

Base des narines et lorums garnis de soies. Tarses écussonnés devant. Queue arrondie (*Pl. I, fig. 9 et 10*). . . . . VI. G. Buteo.

Lorums garnis de plumes écailleuses. Cire nue. Tarses réticulés. Queue droite (*Pl. I, fig. 12 et 13*) . . . . VIII. G. Pernis.

β — Tarses emplumés jusqu'aux doigts, sauf à l'arrière qui est réticulé. Narines et lorums garnis de soies (*Pl. I, fig. 11*). VII. G. Archibuteo.

V. G. CIRCAETUS-CIRCAETE. Vieill. (*fig. II*).

12-66. *Face* sup. brun cendré Face inf. blanche à longues taches brunes. Queue à dessous blanchâtre, à trois bandes claires. C. Gallicus. Vieill. ★
Carn. Rept. Forêts, montagnes. Sed. et acc. . . . . . C. Jean le Blanc.

VI. G. BUTEO-BUSE. G. Cuv.

Queue moyenne, assez foncée, plus ou moins rayée transv. *a*
Queue assez longue, blanchâtre, peu ou pas rayée. . . . *15*

a — *13*-70 max. *Plumage* très variable, brun plus ou moins tacheté de blanc et de roux. Une douzaine de bandes transversales cendrées à la queue. B. Vulgaris. Bechst. ★
Carn. Rept. Ins. Sed. . . . . B. Vulgaire.

14-49 max. *Face* sup. brune à bordures rousses. Face inf. blanchâtre striée de brun et de roux Queue rousse dessus à bandes transversales brunes. B. Desertorum. Daud.
Carn. Rept. Ins. SE. . . . . B. des Déserts.

15-54 m.; 57 f. *Face* sup. brune variée de roux. Face inf. rousse avec rachis des plumes brun. Tarses moitié emplumés. B. Ferox. Thiemm.
Carn. Rept. SE. . . . . B. Féroce.

Fig II

VII. G. ARCHIBUTEO-BUSAIGLE. Brehm.

16-55. *Plumage* variable mélange de brun et de blanchâtre. Dessus de l'œil noir. Queue brune en dessous à base blanche. — A. Lagopus Brehm.
Carn. Rept. Pass. N. Fr . . . . B. Pattue.

VIII. G. PERNIS-BONDRÉE. G. Cuv.

17-55 max. *Plumage* très variable. Face gris bleu. Remiges sec. rayées de gris et brun foncé. Trois bandes noirâtres à la queue. — P. Apivorus. Bp.
Ins. Carn. Frug. Bois. Sed. et pass. E. Fr. . . . . B. Apivore.

3e F. Milvidés

Tarses courts, plus ou moins emplumés. Ecussonnés devant. Ongles longs, bien pointus.

α. — *Ailes* étroites, ne dépassant pas l'extrémité de la queue. Celle-ci longue et fourchue. Tarses au plus à moitié emplumés.
- *Bec* assez fort, court. Plumage tacheté. Face inf. plus ou moins foncée (*Pl. I, fig. 14, 15, 16*). . . . . IX. G. Milvus.
- *Bec* faible, très recourbé à la pointe. Plumage non tacheté. Face inf. blanche (*Pl. II, fig. 3 et 4*). X. G. Nauclerus.

β. *Ailes* dépassant l'extrémité de la queue. Celle-ci très peu fourchue. Tarses emplumés devant sur plus de moitié. Médian plus long que le tarse (*Pl. II, fig. 1 et 2*). XI. G. Elanus.

IX. G. MILVUS-MILAN. G. Cuv. (*fig. III*).

- *Tarses* à moitié emplumés. Queue bien fourchue. Face inf. assez claire. Bec jamais noir. . . . . . . *a*
- *Tarses* au tiers emplumés. Queue peu fourchue. Plumage brun dessous. Bec noir. 20

a. — 18-65. *Ext.* égal à l'int. Bec brun. Queue très fourchue. Plumage taché de roux et de cendré. — M. Regalis. Briss. ★
Carn. Ins. Plaines. Sed. et pass . . . . M. Royal.

19-53 *Ext.* plus petit que l'int. Bec jaunâtre. Queue bien fourchue. Face sup. brune à bordures cendrées. Gorge blanchâtre. Ventre roux. — M. Parasiticus Schleg.
Carn. Pisc. Pass. SE. . . . . M. Parasite.

Fig. III

Fig. IV

20-55. *Ext.* plus grand que l'int. Bec noir. Queue faiblement fourchue. Plumage gris brun tacheté de noir, roux et blanc. — M. Niger. Briss. ★
Carn. Pisc. Erratique et pass. S. Fr. . . . . . — M. Noir.

X. G. NAUCLERUS-NAUCLER. Vig. (*fig.* V).

21-57. *Queue* extrêmement fourchue. Rectrices médianes deux fois plus courtes que les ext. Face sup. noire à reflets bleus (ad.). Tête, face inf. blanches. — N. Furcatus. Vig ★
Ins. Rept. Acc. N. O. . . . . — N. Martinet.

XI. G. ELANUS-ELANION. Savig. (*fig.* IV).

22-35. *Ext.* plus petit que l'int. Face sup. gris cendré Face inf blanche. Queue grisâtre.
Carn. Ins. Acc. S. Fr. . . . . — E. Cæruleus. Bp. ★
E. Blac.

Fig. V

4e F. Falconidés

Doigts allongés, déliés, fortement mamelonnés en dessous. Ailes longues, aigues. Sexes ordinairement différents.

α — *Tarses* emplumés aux deux tiers au moins, réticulés dans le reste. Narines ovales. Ailes plus courtes que la queue. Médian moins long que le tarse. Plumage blanchâtre (*Pl. II, fig.* 5 *et* 6) . . . . XII. G. Hierofalco.

β — *Tarses* à peine emplumés. Narines arrondies.

1° *Ailes dépassant la queue.*

Plumage plus ou moins tacheté. Moustaches toujours visibles. Cire et pattes jaunes (*Pl. II, fig.* 7 *et* 8). — XIII. G. Hypotriorchis.

Plumage uniforme (m.) ou peu tacheté (f.). Doigts assez courts. Cire et pattes rouges (*Pl. II, fig.* 10). . . . — XIV. G. Erythropus.

2° *Ailes égales à la queue ou en dépassant les 3/4.*

Plumage rayé transvers. ou à taches lancéolées. Queue arrondie. Médian plus long que le tarse. Toujours des moustaches (*Pl. II, fig. 9*) . . . . — XV. G. Falco.

Plumage à taches longit. Queue terminée par une ou deux bandes noires. Ongle de l'int. dépassant le médian (*Pl. II, fig. 11 et 12*). . . . . — XVI. G. Tinnunculus.

3° *Ailes ne dépassant pas les 2/3 de la queue.*

Ongle de l'int. n'atteignant pas l'extrémité du médian. Face inf. tachée longit. (*Pl. II, fig. 13*). . . . . — XVII. G. Æsalon.

XII. G. HIEROFALCO-GERFAUT. G. Cuv.

23-50. *Plumage* blanchâtre à taches brunes disparaissant plus ou moins avec l'âge. Sous-caudales blanches. Bec jaunâtre. Pattes bleuâtres.
Carn. N. Acc. Fr. . . . . — H. Candicans. Bp. ★ G. Blanc.

23 A-53 m.; 59 f. *Plumes* tibiales tachées transv. (ad.). Dos brun ardoise à taches blanches transv. Sous-caudales à taches transv. formant bandes (ad.). Bec jaunâtre à sa base. Pieds jaunes.
Carn. Islande. Acc. N . . . . — *H. Islandicus.* Brehm *G. Islandais.*

24-55. *Plumage* très clair, plus ou moins taché de brun et de roux. Sous-caudales à bandes longit. Bec bleuâtre. Pattes jaune verdâtre.
Carn. Norvège. Acc. N. Fr. . . . . — H. Gyrfalco. Bp. ★ G. de Norvège.

XIII. G. HYPOTRIORCHIS-HOBEREAU. Boie.

25-30 m.; 33 f. *Face* sup. gris bleu. Face inf. jaunâtre, à taches longit. Jambes rousses. Moustaches noires. Bec bleuâtre.
Carn. Sed. . . . . — H. Subbuteo. Boie ★ H. Commun.

26-42 max. *Plumage* brun à face sup. plus foncée (m.). Face sup. brun gris et face inf. brun roussâtre à taches longit. brunes (f.). Mandib. inf. jaune à la base.
Carn. Acc. S. Fr. Mérid. . . . . — H. Eleonoræ. Bp ★ H. Eléonore.

27-33 max. *Plumage* gris ardoise finement strié avec face inf. plus claire. Bec jaunâtre à la base. Ext. plus long que l'int.
Carn. Acc. S . . . . — H. Concolor. H. Concolore.

XIX. G. ERYTHROPUS-KOBEZ. Brehm. (*fig. VI*).

28-30. max. *Plumage* gris bleu unicolore avec base de la face inf. roux (m.). Face sup. grise à raies noires avec ventre roux à taches longit. (f.).
Ins. Rep. E. S. Pass. Fr. Mérid. — E. Vespertinus. Brehm. K. Vespéral ★

XV G FALCO-FAUCON. Linn.

Fig. VI

{ *Pattes* bleuâtres 29
{ *Pattes* jaunes ou jaunâtres . . . . *a*

29-50 m.; 54 f. *Face* sup. brun cendré. Face inf. blanche à taches lancéolées brunes. Moustaches faibles. — F. SAGER. Briss.
Carn. E. . . . . F. Sacré.

a. — 30-40 m.; 46 f. *Face* sup. gris bleu à bandes transv. Face inf. claire à bandes transv. foncées. Poitrine roussâtre. Fortes moustaches. — F. COMMUNIS. Gmel. ★
Carn. Regions montagneuses . . . . F. Commun.

31-39 m.; 45 f. *Face* sup. cendrée avec nuque teintée de roux Face inf à taches brunes. Moustaches faibles. Bec bleuâtre — F. LANARIUS Schleg.
Carn. E. S. . . . . F. Lanier.

32 35 m.; 38 f. Face sup. cendrée avec nuque brune. Face inf. jaunâtre à taches longit. Front roux. Moustaches noires. 6 bandes brunes aux rectrices. Bec bleuâtre. — F. BARBARUS Linn.
Car. Acc. S. . . . . F. de Barbarie.

XVI. G. TINNUNCULUS-CRESSERELLE. Vieill. (*fig. VII*).

33-35. *Face* sup. brun rougeâtre à taches noires. Face inf. rousse à taches allongées sur la poitrine, courtes sur les flancs. Ongles noirs. — T. ALAUDARIUS. G. R. G.
Carn. Rochers, tours, ruines. Sed . . . . C. Vulgaire. ★

34-32 max. *Face* sup. brune unicolore. Face inf. roux tacheté (m.). Face sup. à taches foncées. Face inf. roussâtre tachetée (f.). Ongles jaunâtres. — T. CENCHRIS. Bp. ★
Rept. Carn. E. S. Pass. Fr. Merid. . . . . C. Cresserine

XVII. G. ÆSALON-EMERILLON. Kaup.

35 26 m.; 30 f. *Face* sup. cendré bleuâtre. Face inf. rousse (m.). Face sup. gris bleuâtre à taches rousses et face inf. blanchâtre à taches longit. (f.). Petites moustaches. Pattes jaunes. — Æ. LITHOFALCO. Kaup.
Sed. et ass. . . . . E Vulgaire ★

Fig VII

5e F. Asturides

Bec très crochu. Tarses écussonnés. Sexes peu différents.

α. — *Tarses* épais, écussonnés devant et derrière. Narines basales. Queue arrondie. Ventre taché longit. (*Pl. II, fig. 11*) . . . . XVIII. G. Astur.

β. — *Tarses* grêles, écussonnés devant. Narines médianes en partie cachées par les plumes du front. Queue droite. Ventre taché transv. (*Pl. II, fig. 15 et 16*) . . . . XIX. G. Accipiter.

XVII. G. ASTUR-AUTOUR. Lacép.

36-50 m.; 60 f. *Face* sup. cendrée. Face inf. blanche à poitrine rayée de brun. Sous caudales unicolores. — A. Palumbarius. Bech.

Carn. Bois montagneux. Sed. . . . . A. des Palombes. ★

XIX. G. ACCIPITER-EPERVIER. Briss.

37-32 m.; 38 f. *Face* sup. gris ardoise. Face inf. blanche à bandes transv. brunes. Cinq bandes aux rectrices latér. Bec noir à base bleuâtre. — A. Nisus. Pall. ★

Carn. Ins. Sed. et pass. . . . . E. Ordinaire.

37 A-37 m.; 39 f. *Face* sup. brune à lignes transv. rousses. Face inf. blanche rayée de gris brunâtre et de fauve. huit bandes aux rectrices latér. — *A. Major.* Degl. ★

Carn. Sed. et pass. Suisse, Fr. . . . . *E. Majeur.*

6e F. Circidés

Narines en partie recouvertes de poils. Médian et ext. unis à la base par une membrane.

α. — *Collerette* rudimentaire. Bec assez fort. Plumage où le brun domine. Sexes semblables (*Pl. III, fig. 1 et 2*) . . . . XX. G. Circus.

β. — *Collerette* semi-circulaire bien développée. Bec très court, faible. Plumage où le gris domine. Sexes différents (*Pl. III, fig. 3*) . . . . XXI. G. Strigiceps.

XX. G. CIRCUS-BUSARD. Lacép.

38-54 max. *Plumage* brun variable. Nuque rousse à stries brunes (ad.) ou jaunâtre (j.). Pattes jaunes. — C. Rufus. Schleg. ★

Carn. Pisc. Marais, bords de l'eau. . . . . B. Harpaye.

Fig. VIII

XXI. G. STRIGICEPS-STRIGICEPS. Bp. (*fig. VIII*).

3ᵉ et 4ᵉ rémiges égales et les plus longues. . . . *39*
3ᵉ rémige la plus longue. . . . . *a*

39 45 m.; 50 f. *Croupion* blanc (m.) ou marqué de roux (f.). Sous-caudales unicolores (m.), tachetées (f.). Ailes atteignant l'extrémité de la queue. — S. Cyaneus. Bp. ★
Carn. Marais. Bois maréc. Sed. et pass. . . . . — S. St-Martin.

a. — *40-45* m.; 50 f. *Croupion* blanc à bandes transv. grises ou rousses. Sous-caudales unicolores. — S. Pallidus. Bp. ★
Ins. Carn. Plaines arides. Pass. S. E. . . . . — S. Blafard.

41-42. *Croupion* blanc (m.) à taches rousses (f). Sous-caudales à taches allongées. Ailes de la long. de la queue, à deux bandes noirâtres. — S. Cineraceus. Bp. ★
Carn. Ins. Endroits marec. S. C . . . . . . — S. Cendré.

II. — SO. VULTURIENS

Tête et cou complètement emplumés. Cire cachée par de longues soies. Tarses emplumés assez bas (*Pl. III, fig. 4*) . . . . — 7ᵉ F. Gypaetidés.

Tête et cou plus ou moins déplumés et garnis de duvet. Fraise de plumes longues et décomposées. Tarses vêtus dans la partie sup.
- A. *Tête* et cou nus plus ou moins duveteux. Bec assez gros (*Pl. III, fig. 5 à 8*) . . . — 8ᵉ F. Vulturidés.
- B. *Tête* et cou en partie couverts de longues plumes. Bec long, mince, recouvert sur plus de moitié par la cire (*Pl. III, fig. 9*) . . . . — 9ᵉ F. Cathartidés.

7ᵉ F. Gypaétidés

Soies recouvrant la cire dirigées en avant et formant sous le bec une touffe. Ailes ne dépassant pas la queue. Sexes différents seulement par la taille.

XXII. G. GYPAETUS GYPAÈTE Storr. (*fig IX*).

12 150 max *Face* sup. brune avec tête blanchâtre. Face inf. rousse plus ou moins claire et tachetée. Pieds bleuâtres. — G. Barbatus. Temm. ★
Carn. Hautes montagnes. Sed. . . . . G. Barbu.

8 F. Vulturidés

Jabot saillant. Ailes atteignant au moins l'extrémité de la queue. Sexes semblables.

α *Tête* et moitié du cou nus. Bec aussi haut que large. Queue un peu étagée. Collerette de plumes arrondies. Face inf. à plumes retroussées (ad.) (*Pl. III, fig. 8*). . . . . . . XXIII. G. Otogyps.

β — *Tête* et cou en partie couverts de duvet. Bec comprimé. Rémiges secondaires presque égales aux primaires. Queue arrondie. Collerette de plumes courtes, à peine décomposées (*Pl. III, fig. 5 et 6*). XXIV. G. Vultur.

γ. — *Tête* et cou couverts de duvet. Bec renflé sur les côtés. Queue étagée de quatorze rectrices. Ongles moins celui de l'ext. sensiblement égaux. Collerette de plumes décomposées (ad.) disposées sur plusieurs rangs (*Pl. III, fig. 7*). . . XXV. G. Gyps

XXIII. G OTOGYPS-OTOGYPS. G.-R. Gray.

43 125 max. *Tête* et cou couleur chair nuancée de bleuâtre. Quelques soies à la tête. Jambes garnies de duvet. O. Auricularis. G. R G.
Carn. Acc. S. Fr. Mérid. . . . . . . O. Oricou. ★

XXIV. G. VULTUR VAUTOUR. Linn.

44-125 max. *Face* int. des jambes garnie de duvet brunâtre. Médian double de l'ext. Plumage brun plus ou moins noirâtre. Cire et pieds bleuâtres. Jabot clair. V. Monachus. Linn. ★
Carn. Montagnes. S. SE. Fr. Mérid. . . . . V. Moine.

Fig. IX

Fig X

XXV. G. GYPS-GYPS. Savig. (*fig. X*).

45-120 max. *Plumage* fauve brunâtre. Face inf. a plumes longues, pointues. Tête et cou à duvet blanchâtre. Cire bleu rougeâtre. Pieds bleuâtres. Jabot clair. — G. FULVUS. G. R. G ★
Carn. SO. Fr. Merid. Acc. N. . . . . G. Fauve.

45 A-100 à 120. *Plumage* cafe au lait, plus ou moins marqué de brun. Face inf. à plumes arrondies. Jabot foncé. — *G. Occidentalis.* Bp. ★
Carn. Italie, Pyrénees. . . . . G. Occidental.

9e F. Cathartidés

Bec a dos très arrondi. Cire nue, molle. Narines percées de part en part. Quatorze rectrices. Tarses nus.

XXVI. G. NEOPHRON NEOPHRON. Savig. (*fig. XI*).

46 70. *Plumage* blanchâtre (ad.), avec partie nue de la face et cire jaunes. Pieds rougeâtres. Plumage brun (j.). Nuque à longues plumes effilées.
Carn. S. Fr. Merid. Etc. . . . . N. PERCNOPTERUS. Savig.
N. Percnoptère. ★

Fig. XI

III. SO. STRIGIENS

| *Tête* ornée au-dessus des oreilles de touffes de plumes en forme de cornes plus ou moins prononcées (*Pl. III, fig. 10 à 15*). . . . . . 10e F. OTIDÉS.
| *Tête* sans aigrettes.

A. — *Tête* petite, corps allongé. Disques périophthalmiques et cercles auriculaires plus ou moins rudimentaires. Oreille externe étroite (*Pl. III, fig. 16 et 17, Pl. IV, fig. 1 à 3*) . . . . 11ᵉ F. SURNIIDÉS.

B. — *Tête* grosse. Disques périophthalmiques et cercles auriculaires bien développés. Oreille externe large (*Pl. IV, fig. 4 à 9*) . . . . 12ᵉ F. STRIGIDÉS.

10ᵉ F. Otidés

Tête grande, narines médianes. Queue courte, droite. Ongles très grands. Sexes semblables.

α. — *Disques* périophthalmiques complets. Aigrette variable. Conques auditives bien développées. Pattes emplumées, sauf la dernière phalange. Ailes ordinaires, de la longueur de la queue (*Pl. II', fig. 11 à 13*). . . . . XXVII. G. OTUS.

β. — *Disques* périophthalmiques peu développés. Conques auditives petites. Aigrettes très développées.

Tarses et doigts emplumés complètement. Ailes médiocres. Grande taille (*Pl. III, fig. 10*). XXVIII. G. BUBO.

Tarses emplumés devant seulement, doigts nus. Ailes dépassant la queue. Petite taille (*Pl. III, fig. 14 et 15*) . . . . XXIX. G. SCOPS.

XXVII. G. OTUS-HIBOU. G. Cuv.

47-35. *Aigrettes* très courtes. Ailes de la longueur de la queue. Tarses de la longueur du médian. Plumage roussâtre taché. Quatre à cinq bandes transv. brunes à la queue. — O. BRACHYOTUS. Boie. H. Brachyote. ★
Carn. Bois marecages. Tourbières. Err. et pass. N.-C. . . . .

48-47. *Aigrettes* moyennes. Ailes n'atteignant pas l'extrémité de la queue. Tarses plus longs que le médian. Plumage fauve vermiculé. Quatre bandes transv. à la queue. — O. ASCALAPHUS. Less. H. Ascalaphe.
Carn. Arc. S. O. . . . .

49-35. *Aigrettes* bien développées. Ailes de la longueur de la queue. Tarses de la longueur du médian. Plumage roussâtre à très nombreuses taches grises, brunes, noirâtres. Huit à dix bandes brunâtres à la queue. — O. VULGARIS. Flemm. H. Vulgaire ★
Carn. Sed. et pass. . . . .

XXVIII. G. BUBO-DUC. G. Cuv. (*Fig. XII*).

50-60. *Face* sup. roussâtre très tachée longitud. de noir. Face inf. fauve à nombreuses taches longitud. brun noirâtre. Bec noir. — B. MAXIMUS. Flemm. Grand-duc. ★
Carn. Montagnes, forêts. Sed. . . . .

Fig. XII

XXIX. G. SCOPS-SCOPS. Savig.

51-19 max. *Plumage* grisâtre à taches longitud. brunes et noirâtres. Six à sept bandes roussâtres à la queue. Bec noir. — S. Europæus. Less
Ins. Carn. S. C. Fr. . . . . — S. d'Europe. ★

11e F. Surniidés

Tarses et doigts ordinairement complètement emplumés. Narines basales cachées par les plumes de la base du bec. Sexes semblables.

α. — *Tarses* et doigts très emplumés. Ailes allongées. Queue longue.
- *Queue* conique. Bec à crochet très long. Faible et moyenne taille (*Pl. III, fig. 16 et 17*). . . . . — XXX. G. Surnia.
- *Queue* arrondie. Bec à crochet court. Plumage presque blanc. Ongles complètement cachés par les plumes des doigts. Forte taille (*Pl. IV, fig. 1*). . . . . — XXXI. G. Nyctea.

β. — *Doigts* à plumage très clairsemé. Ailes ne dépassant pas les deux tiers de la queue. Celle-ci courte et droite (*Pl. IV, fig. 2 et 3*). . . . . — XXXII. Athene.

XXX. G. SURNIA-SURNIE. Duméril.

52-38. *Face* sup. brune à taches blanches. Face inf. blanchâtre à taches transv. brunes. Queue longue, recouverte sur un tiers seulement par les ailes. — S. Funerea. Brhem. ★
Carn. Ins. N. Fr. Acc. . . . . — S. Caparacoch.

53-16 m.; 18 f. *Face* sup. brun cendré à taches blanches. Face inf. blanche à poitrine rayée transv. — S. Passerina. K. et B.
Carn. Ins. N. Savoie. Acc. . . . . — S. Chevêchette. ★

XXXI. G. NYCTEA-HARFANG. Bp. (*Fig. XIII*).

54-54. *Plumage* blanc à taches brunâtres longitud. sur la face sup., transv. sur la face inf. Les taches disparaissent avec l'âge. — N. Nivea. Bp
Carn. Bois. N. Acc. Fr. Sept. . . . . — H des Neiges. ★

XXXII. G. ATHENE-CHEVÊCHE. Boie.

55-24. *Face* sup. brun noirâtre à taches blanches. Face inf. blanchâtre tachée longit. de brun sauf aux sous caudales. — A. Noctua. Boie. ★
Carn. Ins. Bosquets. Rochers. Séd. . . . . . O. Commune.

55 A-23 max. *Face* sup. brun roussâtre tachée de blanc. Face inf. blanc roussâtre taché longit. Sous-caudales et arrière des tarses roussâtres. — *A. Persica.*
Carn. Ins. S. . . . . *Ch. de Perse.*

Fig. XIII

12e F. Strigidés

α. — *Bec* recourbé dès la base. Pattes très emplumées. Ailes n'atteignant pas l'extrémité de la queue.

1° Environ 20 de long. Queue arrondie. Plumage de la face sup. à taches blanchâtres (*Pl. IV, fig. IV*) . . . . XXXIII. G. Nyctale.

2° 40 de long au minimum :

- *Queue* arrondie :
  - *Disques* auriculaires moyens. Narines arrondies. Queue assez longue (*Pl. IV, fig 7*) . . . . XXXIV. G. Syrnium.
  - *Disques* auriculaires grands. Narines ovales. Queue moyenne (*Pl. IV, fig. 6*) . . . . XXXV. G. Ulula.
- *Queue* longue, très étagée (*Pl. IV, fig. 5*) . . . . XXXVI. G. Ptynx.

β. — *Bec* droit à la base. Doigts presque nus. Ailes dépassant l'extrémité de la queue. Disques périophthalmiques complets (*Pl. IV, fig. 8 et 9*) . . . . XXXVII. G. Strix.

XXXIII. G. NYCTALE-NYCTALE. Brehm

56 21. *Face* sup. roussâtre à taches blanches. Face inf. blanche à taches longit. brunes. Sous-caudales blanches à taches brunes. Rectrices à quatre bandes blanches. — N. Tengmalmi. Bp. ★
Carn. Bois de conifères. Montagnes. N. Fr. Est. . . . . . . N. Tengmalm.

XXXIV. G. SYRNIUM-HULOTTE. Savig. (*Fig. XIV*).

57-40. *Face* sup. grisâtre tachée de brun noirâtre. Face inf. blanchâtre tachée transv. de brunâtre. Rémiges et rectrices roussâtres à bandes noires. — S. ALUCO. Brehm. ★
Carn. Forêts. Sed . . . . H. Chat-huant.

XXXV. G. ULULA-CHOUETTE. G. Cuv.

58-61 m. ; 70 f. *Face* sup. grise à taches en zigzag brunes et rousses, blanches sur les épaules. Face gris bleu avec huit cercles concentriques bruns. Bec jaune. — U. LAPPONICA Less
Carn. Grandes forêts. N. . . . . Ch. Laponne

XXXVI. G. PTYNX-PTYNX. Blyth.

59 57. *Plumage* blanchâtre taché longit. Six à sept bandes brunes à la queue. Tarses et doigts vêtus de blanc. Ongles jaunâtres. — P. URALENSIS. Blyth.
Carn. Bois marécag. N. Monts Ourals. P. de l'Oural.

Fig. XIV

XXXVII. G. STRIX-EFFRAYE. Linn. (*Fig. XV*).

60-35. *Face* sup. fauve variée de cendré, pointillée de noir et de blanc. Face inf. blanchâtre pointillée de noirâtre. — S. FLAMMEA. Linn. ★
Carn. Ruines, habitations. Séd . . . . E. Commune.

Fig. XV

IV. — SO. CONIROSTRES

| Bec à base aussi large que la tête, très fort, à mandibule sup. renflée convexe. Rémiges secondaires à extrémité élargie, spatulée (*Pl. IV, fig. 12 et 13*) . . . . | 14ᵉ F. COCCOTHRAUSTIDÉS. |
| Bec à base moins large que la tête | |

A. *Bec* court, presque aussi haut que long, très bombé en tous sens. Narines cachées par des plumes (*Pl. IV, fig. 14 et 15; Pl. V, fig. 1 et 2*) . . . . . . 15 F. PYRRHULIDÉS

B. *Bec* sensiblement plus long que haut

1° *Palais* tuberculé ou fortement convexe. Bec droit pointu, à bords fortement rentrants (*Pl. V, fig. 13 à 16, Pl. VI, fig. 1 à 8*) . . . . 18e F. EMBERIZIDÉS

2° *Palais* non tuberculé. Bec à bords non rentrants.

Ongle du pouce court, fort, bien recourbé.

Bec fort, un peu bombé, à pointe légèrement renflée (*Pl. V, fig. 3 et 4*) . . 16e F. PASSÉRIDÉS.

Bec droit, pointu, à mandibule sup. dépassant sensiblement l'inf. (*Pl. V, fig. 5 à 12*). 17e F. FRINGILLIDÉS.

Ongle du pouce très long, presque droit (sauf LXIII, G. Calandritis). Bec assez mince, peu conique, parfois plus long que la tête. Première rémige souvent nulle. Rémiges secondaires échancrées (*Pl. VI, fig. 9 à 16 et Pl. VII, fig. 1 à 3*) . . 19e F. ALAUDIDÉS.

Famille aberrante. Bec à mandibules se croisant (*Pl. IV, fig. 10 et 11*) . . 13e F. LOXIIDÉS

13e F. Loxiidés

Tête grande et forte. Narines couvertes de poils. Ailes longues, sub-aiguës. Le rouge domine chez le mâle, le gris verdâtre et le jaune chez la femelle.

XXXVIII. G. LOXIA-BEC CROISÉ. Briss.

Pas de bande à l'œil . . . . *a*
Deux bandes blanches à l'aile 63

a. 61 18. *Bec* court, fortement bombé, à pointes mandibulaires ne dépassant pas les bords sup. et inf. Ongles courts. L. PITYOPSITTACUS. Bechst.
Gran. Bois de conifères. N. O. Fr. Est. . . . . . . B. Perroquet. ★

62 16. *Bec* allongé, peu courbé, à pointes mandibulaires dépassant notablement les bords. Ongles assez longs. L. CURVIROSTRA. Linn.
Gran. Bois de conifères. Régions montagneuses . . . . B. Ordinaire ★

63 15. *Bec* fort à mandibules peu croisées. Doigts courts. Pieds bruns. L. BIFASCIATA. De Selys.
Gran. Bois de conifères. N. O. très acc. Fr. . . . . B. Bifascié. ★

14ᵉ F Coccothraustidés

Narines à base cachée par des poils. Ailes sub-aiguës. Rémiges et rectrices tachées de blanc. Queue courte.

XXXIX. G. COCCOTHRAUSTES GROS-BEC. Briss. (*Fig. XVI*)

64-18. *Dos* brun foncé. Tête marron clair (m.), face inf. rosée (m.), ou grisâtre (f.), ou blanchâtre tachée de brunâtre (j.). — C. VULGARIS Vieill
Gran., bacc. Bois, vergers. Sed . . . . — G. Vulgaire. ★

Fig XVI

15ᵉ F Pyrrhulidés

Narines cachées. Queue plus ou moins échancrée. Habituellement le rouge domine chez le mâle. Sexes différents.

α. *Tête* toujours noire. Bec noir. Ailes sub aiguës. Ventre et croupion blanc (*Pl. IV, fig 14*). — XL. G. PYRRHULA.

β. *Tête* et bec jamais noirs. Le rouge ou rose domine chez le mâle

1° *Tête* gris cendré (m.). Bec court, tres bombé, jaune orange (m.). Pas de bandes aux ailes, qui sont sur-aiguës (*Pl. V, fig. 1*). . . . . — XLI. G. ERYTHROSPIZA.

2° *Tête* rouge (m.), bec brun.

Ailes sub-obtuses. Queue moyenne. Au max. 20 de long. (*Pl. IV, fig. 15*) . . . . — XLIII. CARPODACUS.

Ailes sub-aiguës. Queue longue. Deux bandes transv. à l'aile. Plus de 20 (*Pl. V, fig. 2*) . . . — XLIII. G. CORYTHUS

XL. G. PYRRHULA-BOUVREUIL. Briss. (*Fig. XVII*).

65-16. *Dos* gris. Rectrices et rémiges noires. Poitrine et gorge rouge (m.) ou gris rougeâtre (f.): — P. VULGARIS. Temm
Gran. Bois, bosquets. Sed. N. C. Fr) . . . . — B. Vulgaire. ★

65 A-18. *Plumage* semblable à celui du précédent. — *P. Coccinea.* De Selys.
Gran Bois de conifères. N. O. Acc. Fr. Est. . . . . . — *B. Ponceau.* ★

Fig. XVII

XLI. G. ERYTHROSPIZA-ERYTHROSPIZE. Bp

66-13 max. *Plumage* gris rougeâtre (m.). ou brun jaunâtre (f.). Croupion et pennes teintés de rose. Pieds rougeâtres. — E. GITHAGINA. Bp.
Gran. Pass. irr. S. . . . . — E. Githagine.

XLII. G. CARPODACUS-ROSELIN. Kaup

} Pas de double bande à l'aile 67
} Une double bande à l'aile. . . . . a

67-20. *Dos* unicolore. queue presque droite — C. RUBICILLA. Bp.
Bacc. Caucase . . . . — R. Rubicille.

a. — 68-14. *Ventre* et sous-caudales blanchâtres. Queue tres échancrée. Dos faiblement strié. — C. ERYTHRINUS. G. R.
Gran. Bosquets. S. O. Pass. Fr Mérid . . . . — G.-R. Cramoisi. ★

69-15 max. Queue peu échancrée. Dos à larges taches longit. — C. ROSEUS. Kaup ★
Gran. Bacc. NO. Acc. . . . . — R. Rose.

XLIII. G. CORYTHUS-DUR-BEC. G. Cuv.

70-22 max. *Remiges* secondaires blanches à l'extrémité. Plumage grisâtre (f.), ou rougeâtre (m.). — C. ENUCLEATOR. Flem.
Gran. Bois de conifères. N. Acc. Fr. Est. . . . . — D. Vulgaire. ★

16e F. Passeridés

Ailes médiocres, sub-obtuses. Queue droite ou légèrement échancrée. Sexes ordinairement différents.

{ α. — *Ailes* n atteignant pas le milieu de la queue. Celle-ci légèrement échancrée, uniformément colorée. Gorge noire (m.) (*Pl. V, fig. 3 et 4*) . . . . — XLIV. G. PASSER.
{ β. — *Ailes* dépassant le milieu de la queue, celle-ci droite tachée de blanc. Gorge blanchâtre . . . . — XLV. G. PETRONIA.

XLIV. G. PASSER-MOINEAU. Briss. (*Fig. XVIII*).

Une bande transv. plus ou moins blanche sur l'aile. Sexes différents

Fig XVIII

Troisième rémige la plus longue. Flancs unicolores Bande de l aile blanchâtre . . . . *a*

Troisième et quatrieme rémiges les plus longues Flancs tachés de noir (m.). Bande de l'aile noire et et blanche. 72

Deux bandes transv blanches à l'aile Sexes presque semblables 73

a — *71* 15. *Bonnet* cendré brunâtre (m.). Croupion cendré *Gran Ins Lieux habites et cultivés Sed* . . .	P. DOMESTICUS. Briss M Domestique	★
71 A-15. *Bonnet* marron brunâtre. Croupion brun. *Gran. Ins. Lieux habites. Italie. Sicile. Pass. Fr. M* . .	*P. Italiæ*. Degl *M. Cisalpin*	★
72-15. *Bonnet* marron. Côtés du cou blanc (m.). *Gran Ins Lieux habites SE. Pass. Fr. Merid.* .	P. HISPANIOLENSIS. Degl M. Espagnol.	★
73-13. *Bonnet* brun rouge. Gorge noire Côtés du cou blanc. *Gran. Ins. Lieux habites. Bosquets. Sed et pass*	P. MONTANUS. Briss. M Friquet.	★

XLV G. PETRONIA-SOULCIE. Kaup.

74-16 *Croupion* gris jaunâtre. Tache jaune à la gorge. Sourcils blancs. *Gran Ins. Bois, champs. S. Fr. Merid Pass Fr cent.*	P RUPESTRIS Bp S. des Rochers	★

17e F. Fringillidés

Narines basales Corps élancé. Queue assez longue, plus ou moins échancrée. Sexes ordinairement différents

a. — *Narines* entièrement cachées par les plumes du front. Queue très échancrée.

Plumage où le brun, le noirâtre et le rouge dominent Bec recouvert sur plus de la moitié par les plumes du front. Ongles longs, torts (*Pl. V, fig. 11*) . . . . . . LIV. G LINARIA.

Plumage où le vert et le jaune dominent.

Remiges et base des rectrices avec du jaune. Pas de bandes trans. aux ailes (*Pl V, fig. 6*) XLVI G. LIGURINUS

Remiges et rectrices avec du verdâtre. Ailes aigues. Deux bandes transv. plus ou moins jaunâtres aux ailes (*Pl. V, fig. 7*) . . . . LI G. CITRINELLA.

Narines cachées en faible partie seulement par les plumes du front.

1° *Rectrices* avec du blanc

A *Remiges* amplement tachées de jaune (*Pl V, fig. 8*) . . . . — XLIX G. Carduelis

B — *Remiges* plus ou moins tachées de blanc Ordinairement bandes transv blanches à l'aile

I — *Ongle* du pouce plus court que le doigt.

a — *Ailes* sub-aigues à deux bandes transv. blanches. Plumage varié avec très peu ou pas de brun. Queue peu échancrée (*Pl. V, fig 9 et 10*) . . — XLVII. G. Fringilla

b *Ailes* sub-aiguës avec une ou sans bande transv. claire sur l'aile. Plumage ou le brun domine de beaucoup Queue très échancrée (*Pl. V, fig. 5*) . — LII G Cannabina.

II — *Ongle* du pouce plus long que le doigt Ailes aigues avec les couvertures et la plupart des rémiges blanches . . . . — XLVIII. G. Montifringilla

2° *Rectrices* avec du jaune ou du verdâtre.

A. — *Bec* court renflé. Ailes obtuses. Rémiges et rectrices tachées de verdâtre — LIII. G. Serinus.

B. — *Bec* mince, très pointu. Ailes aiguës Rémiges et rectrices tachées de jaune (*Pl. V, fig. 12*). . . . . — L G. Spinus.

XLVI. G LIGURINUS-VERDIER. Koch

75-15. Vert olivâtre, plus ou moins varié de cendré Croupion jaune verdâtre (m.). Pattes brunâtres. — L. Chloris. Koch ★

Gran Bosquets, jardins, lisieres humides Sed — V Ordinaire.

XLVI. G. FRINGILLA PINSON. Linn. (*Fig. XIX*)

76-17. Deux ou trois rectrices ext. tachées de blanc. Croupion verdâtre Dessus de la tête cendré bleu (m.). ou cendré brunâtre (f.). — E Cœlebs Linn ★

Gran Ins. Bosquets, jardins. Sed. . . . . . . — P. Ordinaire.

77-18. *Rectrices* ext. tachées de blanc. Croupion blanchâtre. Côtés de la tête noire: dessus noir (m.) ou grisâtre (f.) — F Montifringilla Linn.

Gran. Ins. Lisieres, champs. N Etc. C. et S. Hu — P. des Ardennes. ★

78-18. Quatre rectrices ext. variées de blanc. Côtés de la tête gris de plomb. Croupion vert olive — F. Spodiogena Bp ★

Gran Ins. Acc S. et Fr Merid . . . . . — P' Spodiogène.

Fig XIX

XLVIII. G. MONTIFRINGILLA-NIVEROLLE. Brehm.

79-19. *Toutes* les rectrices lat. blanches ainsi que les couvertures et rémiges secondaires Bonnet cendré. Gorge noir (m.).
Ins. Bois, lisières. Alpes, Apennins, Pyrenées. . . . . — M. Nivalis. Brehm. N. des Neiges. ★

XLIX. G. CARDUELIS-CHARDONNERET. Briss.

80-15. *Remiges*, moins les trois premières, tachées de jaune. Deux ou trois rectrices ext. tachées de blanc. Face rouge, nuque noire (ad.).
Gran. Vergers, champs, bords des chemins. Sed. . . . . — C. Elegans. Steph. C. Elégant. ★

L. G. SPINUS-TARIN. Koch. (*Fig. XX*).

81-12 max. *Rémiges*, moins les trois premières, tachées de jaune. Rectrices noires à base jaune. Le vert et le verdâtre dominent.
Gran. Bois de conifères et aulnees. Sed. . . . . — S. Viridis. Koch. T. Ordinaire. ★

LI. G. CITRINELLA-VENTURON. Bp.

82-13. Le verdâtre et le jaunâtre plus ou moins gris dominent. Ongles longs, peu recourbés.
Gran. Bosquets, buissons. Sed. et pass. S. Fr. Merid. . . . . — C. Alpina. Bp. V. Alpin. ★

LII. G. SERINUS-SERIN. Koch.

83-12 max. Dessus plus ou moins olivâtre et jaunâtre. Croupion jaune. Sous caudales blanches
Gran. Vergers, bosquets. S. C. Fr. . . . . — S. Meridionalis. Bp. S. Méridional. ★

84-11. *Nuque* grise tachée de noir. Front rouge vif. Croupion gris taché de noir. Sous-caudales jaunes à taches noires.
Gran. Caucase, regions Caspiennes. . . . . — S. Pusillus. Brandt. S. Nain.

LIII. CANNABINA-LINOTTE. Brehm

85-14. *Croupion* blanc. Rémiges et rectrices noires bordées de blanc. Bec noirâtre. Pattes brunes.
Gran. Champs, buissons. Sed. et pass. . . . . — C. Linota. G. R. G. L. Vulgaire. ★

86-13. *Croupion* rouge (m.), roussâtre (f.) Bec jaune. Pieds noirs.
Gran. Buissons, champs. N. Fr. Sept. . . . . — C. Flavirostris Brehm. L. à bec jaune.

Fig. XX.

LIV. G. LINARIA SIZERIN. Vieill.

Croupion blanc, tacheté ou non . . . . . . α

Croupion roussâtre 90

α — 87-13. *Croupion* blanc veiné de rose ou de rouge (m.) ou tacheté de brun noir (f. et j.). Plumage tacheté de brunâtre. — L. BOREALIS. Vieill. ★

Gran. Bosquets, prés. N. Pass. irr. C. Pl. Sept. . . . . S. Boreal.

88-14. *Croupion* blanc pur ou nuancé de rose (m.). Plumage blanchâtre taché de noirâtre — L. CANESCENS. Goul. ★

Gran. Buissons. N. Acc. Fr. Sept. . . . . S. Blanchâtre.

89-14. *Croupion* blanc teinté de rouge (m. été) ou taché de noirâtre (f. et j.). Bec plus long que le médian. Face sup. gris roussâtre taché de brun (m.). — L. HOLBOLLII. Brehm.

Gran. NO. Pass. In. Belgique, Saxe . . . . L. de Holböll

90-11. *Croupion* flamméché de rouge (m.) ou de brun. Abdomen et sous-caudales blanchâtres. — L. RUFESCENS. Vieill.

Gran. Lisières, bosquets. N. Pass. Fr. Sept. . . . . S. Cabaret. ★

18ᵉ F. Emberizidés

Bec petit, à bords obliques. Corps gros. Queue droite ou échancrée. Sexes ordinairement différents.

α. — *Queue* non tachée de blanc.

Palais très tuberculé. Ailes sur aiguës. Sexes semblables. Ongle du pouce aussi long que le doigt (*Pl. V, fig. 13*) . . . . LV. G. MILIARIA.

Palais presque lisse. Ailes sub obtuses. Sexes différents. Ongle du pouce plus court que le doigt (*Pl. VI, fig. 1*) . . . . LVI. G. FRINGILLARIA.

β. — *Queue* tachée de blanc. Sexes différents.

Tubercule palatin bien développé. Ailes sub-aiguës. Bec comprimé entamant le front (*Pl. V, fig. 14 et 15*) . . . . LVIII. G. EMBERIZA.

Tubercule palatin rudimentaire. Narines en partie recouvertes de plumes.

A. — *Ongle* du pouce au plus égal au doigt. Médian armé égal au tarse. Queue longue, large.

Ailes allongées, sub-aigues Mandib. sup. très bombee au dessus des narines. Ongles moyens (*Pl V, fig. 16*)	LVII. G Passerina
Ailes sub-obtuses, n'atteignant pas le milieu de la queue. Ongles longs, minces (*Pl. VI, fig. 2 a 6*)	LIX. G. Cynchramus
B. *Ongle* du pouce plus long que le doigt. Doigt lat. egaux. Ailes sub-aigues. Queue moyenne (*Pl VI, fig. 7 et 8*).	LX. G. Plectrophanes

LV. G. MILIARIA-PROYER. Brehm.

91-19. Croupion roux cendré. Rémiges bordées en dehors de roux cendré.	M Europæa. A. Swains
Gran. Champs, pres Sed. et pass.	P. d'Europe. ★

LVI. G. FRINGILLARIA-FRINGILLAIRE. Swainson.

92-14. Croupion roux. Rémiges bordées en dehors de roux.	F. Striolata. Swains.
Gran. Acc. Espagne	F. Striole. ★

LVII. PASSERINA-PASSERINE. Vieill.

93-15. *Rémiges* bordées en dehors de jaunâtre. Deux rectrices ext. tachees de blanc. Croupion marron (m.).	P. Aureola. Vieill. ★
Ins. Taillis, Bosquets Pass. Italie, Fr	P. Auréole.
94-18. *Remiges* bordées de blanc en dehors. Rectrices ext. tachees de blanc. Croupion roux clair (m.).	P. Melanocephala. Vieill.
Gran. Ins. Friches, buissons S. Acc. Fr.	P. Mélanocéphale. ★

LVIII. G. EMBERIZA BRUANT. Linn.

Remiges liserées de jaune ou de jaunâtre. Deux rectrices ext. tachées de blanc. . . *a*
Remiges liserées de cendré ou de roussâtre. Deux rectrices ou trois, ext. tachées de blanc . . . . *b*

a. — 95-17. *Croupion* fauve. Tête, devant du cou, poitrine jaunes (m.).	E. Citrinella. Lin. ★
Gran. Champs, buissons, lisieres. Sed.	B. Jaune.
96-16,5. *Croupion* olivâtre. Tête, cou olivâtres, plus ou moins tachés de noir.	E. Cirlus. Linn ★
Gran. Champs, vergers. Sed. S. Pass. N.	B. Zizi
b. — 97-16,5. *Croupion* rougeâtre. Rémiges bordées de cendré. Deux rectrices ext. tachées de blanc.	E. Cia Linn. ★
Gran. Friches, rocailles. Sed. S. Fr. Merid.	B. Fou.

98-18 *Croupion* roux. Rémiges bordées de roux. Ventre et sous-caudales blanchâtres. Deux rectrices ext. tachées de blanc.
Gran. Bois de conifères. O. Acc. Fr. Mérid. . . . . — E. Pithyornus. Pall. — B. Pithyorne ★

99-16 max. *Croupion* gris olivâtre. Rémiges bordées ext. de cendré. Deux ou trois rectrices ext. tachées de blanc.
Gran. Champs, buissons. S. C. Fr. . . . . — E. Hortulana. Linn. — B. Ortolan. ★

100-14. *Croupion* gris roux. Rémiges bordées de cendré roux. Trois rectrices ext. tachées de blanc.
Gran. S. Acc. Fr. Mérid. . . . . — E. Cæsia. Cretzch. ★ — B. Cendrillard.

101-15. *Grands* sourcils jaunâtres. Rémiges bordées de roussâtre. Tête noire (m.). Queue brune très échancrée. Deux ou trois rectrices ext. tachées de blanc.
Gran. O. Très acc. Fr. . . . . — E. Chrysophrys. Pal. ★ — B. à sourcils jaunes.

LIX. G. CYNCHRAMUS-CYNCHRAME (*Fig. XXI*).

(Le bec des Cynchrames varie beaucoup de forme surtout avec l'âge)

Tête noire en été (m.) . . . . *a*
Tête avec une bande rousse en été (m.). 105

a. — 102-10. *Bec* assez faible, à mandib. sup. plus ou moins convexe. Croupion cendré, taché de brun.
Gran. Ins. Massifs de roseaux. Sed. et pass. . . . . — C. Schœniclus. Boie. — C. Schœnicole. ★

103-16. *Bec* gros, bombé, à mandib. sup. très convexe. Croupion cendré, strié de noirâtre.
Gran. Ins. Marais, étangs. S. Fr. Mérid. . . . . — C. Pyrrhuloides. Caban. — C. Pyrrhuloïde. ★

104-13,5. *Bec* à arrête sup. concave (ad.). Dessus de la tête gris bien marqué de noirâtre (j.). Bande sourcilière blanche. Croupion roux, ou rouge brique.
Gran. E. SE. Acc. Fr. Mérid. . . . . — C. Rusticus. Z. Gerb. — C. Rustique. ★

100-12. *Bec* petit à mandib. sup. peu ou pas convexe. Croupion brun verdâtre strié de noir.
Gran. Ins. Bords de ruisseaux. O. S. Pass. rr. Fr. Mérid. — C. Pusillus. Z. Gerb. — C. Nain. ★

Fig. XXI

LX. G. PLECTROPHANES-PLECTROPHANE. M. et V. (*Fig. XXII*)

106-18 max. *Grande* tache blanche sur l'aile. Trois rectrices

ext. blanches à pointes noires. Ongle du pouce presque droit. — P. NIVALIS. M. et W. ★
[illegible] Champs. N. [illegible] C. et [illegible] r. Sept. . . . . . . — P. des Neiges.

ββ. Pas de tache blanche à l'aile. Rectrice ext. tachée [illegible] lanc. Ongle du pouce assez recourbé. — P. LAPPONICUS. Selby. ★
[illegible] Endroits montag. N. Acc. hiver. Fr. . . . . — P. Lapon.

Fig. XXII

19e F. Alaudidés

Tarses plus longs que le médian. Rémiges tertiaires presque aussi longues que les primaires. Plumage terne très ordinairement tacheté, peu différent suivant les sexes.

α. — Bec droit, plus court que la tête.
- *Tête* ornée de chaque côté d'une touffe de plumes en forme d'oreilles. Ailes sur-aiguës. Plastron noir (*Pl. VI, fig. 9*). . . . . — LXII. G. OTOCORIS.
- *Tête* lisse ou surmontée d'une faible huppe.
  - A. — *Bec* médiocre, cylindrique à la base. Queue moyenne.
    - *Première* rémige courte. Ongle du pouce aussi long que le doigt.
      - *Tête* lisse (*Pl. VI, fig. 10 et 11*). . . . . — LXIV. G. ALAUDA.
      - *Tête* huppée (*Pl. VI, fig. 12 et 13*) . . . . — LXV. G. LULLULA.
    - *Première* rémige nulle. Ongle du pouce bien moins long que le doigt (*Pl. VI, fig. 14 à 16*). — LXIII. G. CALANDRITIS.
  - B. — *Bec* fort, comprimé. Queue courte, entièrement recouverte par les ailes. Ongle du pouce plus long que le doigt (*Pl. VII, fig. 1*). . . . . — LXI. G. MELANOCORYPHA.

β. — *Bec* infléchi vers l'extrémité, aussi long ou plus long que la tête. Ailes sub aigues.
- *Tête* surmontée d'une huppe de plumes allongées. Ailes atteignant au plus l'extrémité de la queue (*Pl. VII, fig. 2*). . . . . — LXVI. G. GALERIDA.
- *Tête* lisse. Ailes allongées. Queue assez longue, large. Tarse double du médian armé (*Pl. VII, fig. 3*). . . . . — LXVII. G. CERTHILAUDA.

LXI G. MELANOCORYPHA-CALANDRE Boie

108-20 max. *Dessus* de la tête et sus caudales brun roussâtre. Cotés du cou noirs Rectrices lat. tachées de blanc. — M. Calandra Boie ★

Gran. Champs. S. Fr. Merid Sed. . . . . — C. Ordinaire.

109-20. *Dessus* de la tête, sous caudales roux ferrugineux. Côtés du cou à mèches brunes. Rectrices ext. entièrement blanches. — M. Sibirica Boie.

Gran. Steppes. E. . . . . — C. Sibérienne.

110-21 max. *Plumage* noir (été) ou jaunâtre (hiver). Pennes noires ou liserées de grisâtre (hiver). — M. Tartarica. Boie

Gran. Terrains arides. Russie Merid. . . . . — C. Nègre.

LXII G. OTOCORIS-OTOCORIS. Bp.

{ *Front* et gorge jaunes. 111
{ *Front* et gorge blancs. . . . . *a*

111-18. *Bande* noire du bec à l'oreille. Rectrices médianes brunes. — O. Alpestris Bp ★

Gran. Champs. E Acc. Fr. . . . . — O. des Alpes.

a. — *112*-19 max. *Bande* noire du bec à l'oreille regagnant le plastron. Rectrices médianes brunes. — O. Albigula. Bp.

Gran. Acc E. . . . . — O. à gorge blanche.

113 15. *Bande* noire de l'œil à l'oreille. Rectrices médianes rougeâtres. — O Bilopha. G R. G.

Gran. Acc. Espagne . . . . — O. Bilophe.

LXIII. CALANDRITIS-CALANDRELLE. Caban.

114-14. *Pennes* cubitales atteignant la plus grande rémige. Flancs et milieu de la poitrine unicolores. — C. Brachydactyla. Cap

Gran. Champs. S. et. C. Sed . . . . — C Brachydactyle. ★

115-14,5. *Pennes* cubitales atteignant à peine la 6e rémige. Flancs et poitrine tachetés. Bec tres court, petit. — C. Pispoletta Cab

Gran. Ins. Steppes, lieux arides. SE. . . . . . — C. Pispolette

Fig XXIII

LXIV. G. ALAUDA-ALOUETTE. Linn (*Fig. XXIII*)

116-18. *Plumage* très taché. Ailes sub aigues. Deux rectrices ext. bordées extérieurement de blanc. — A. ARVENSIS. Lin. ★
Gran. Champs. Sed. et pass. . . . . A. des champs.

117-15,.5 *Plumage* isabelle presque sans taches. Rectrices brunes liserées de roussâtre. — A. LUSITANA. Gmel.
Gran. Ins. Acc. S. . . . . A. Isabelline.

LXV. LULLULA-LULU. Kaup.

118-15. *Deuxième* rémige égale à la cinq. Trois rectrices ext. tachées de blanchâtre. — L. ARBOREA. Kaup. ★
Gran. Friches, champs. Sed. et pass. . . . . L. des arbres.

LXVI. G. CERTHILAUDA SIRLI. Swains.

119-22. *Face* inf. blanche à taches longues. Rectrices ext. bordées de blanc. — C. DESERTORUM. Bp. ★
Ins. Gran. Terrains arides. S. Fr. Merid. Acc . . . . S. des déserts.

120-21. *Face* inf. roussâtre à taches noirâtres. Rectrices ext. blanches. — C. DUPONTI. K. et B. ★
Ins. Gran. Acc. S. Fr. Merid. . . . . S. de Dupont.

LXVII. G. GALERIDA-COCHEVIS. Boie.

121-18. *Face* sup. gris cendré, tachée de plus clair. Face inf. à taches noires. Deux rectrices lat. bordées de roux. — G. CRISTATA. Boie. ★
Gran. Champs, bords des routes. Sed. et pass. . . . . C. Huppé.

V. — SO. CORACIROSTRES

A. — *Oiseaux* d'au moins 35 de long. Bec fort, épais, plus ou moins comprimé, très habituellement au moins de la longueur de la tête. Narines cachées par des plumes sétacées. Ailes sub ou sur-obtuses (*Pl. VII, fig. 4 à 15*). . . . . 1er GROUPE.

B. — *Oiseaux* de moins de 35 de long, mais plus de 20. Bec droit, rarement plus long que la tête, à base entamant les plumes du front. Rémiges et rectrices noires en grande partie (*Pl. VII, fig. 16 et 17, Pl. VIII, fig. 1 et 2*) . . . . 2e GROUPE.

1er GROUPE

Bec au moins aussi long que la tête. Ailes longues, pointues, atteignant ordinairement l'extrémité de la queue. Plumage en grande partie noir à reflets métalliques (excepté LXXIV. G. Nucifraga) (*Pl. VII, fig. 4 à 11*) . . . . 20e F. CORVIDÉS.

Bec plus court que la tête. Ailes courtes arrondies. Queue longue. Plumage varié (*Pl. VII, fig. 12 à 15*) . . . . 21e GARRULIDÉS.

2e GROUPE

Bec en cône allongé. Plumes longues et pointues. Queue courte. Première rémige rudimentaire (*Pl. VII, fig. 16 et 17; Pl. VIII, fig. 1*). 22e F. STURNIDÉS.

Bec assez comprimé. Tarses plus courts que le médian. Queue moyenne. Première rémige assez longue (*Pl. VIII, fig. 2*) . . . . 23e F. ORIOLIDÉS.

20e F. Corvidés

Queue droite ou arrondie. Sexes semblables.

α. — *Plumage* entièrement ou en très grande partie noir

1° *Bec* et pattes noirs.

A. — *Bec* aussi long ou plus long que la tête.

Bec très arqué en dessus. Queue droite (*Pl. VII, fig. 1*) . . . . LXVIII. G. CORAX.

Bec peu arqué en dessus.

Face emplumée chez l'adulte. Bec de la longueur de la tête (*Pl. VI, fig. 5*) . . LXIX. G. CORVUS.

Face nue chez l'adulte. Bec plus long que la tête. Ongle du médian dentelé (*Pl. VII, fig. 6 et 7*) . . . . LXX. G. FRUGILEGUS.

B. — *Bec* sensiblement plus court que la tête, fort à mandib. inf. renflée (*Pl. VII, fig. 8*). LXVI. G. MONEDULA.

2° *Bec* et pattes jaunes ou rouges.

A. — *Bec* à peine aussi long que la tête, légèrement courbé, jaune chez l'adulte. Queue arrondie (*Pl. VII, fig. 9*). . . . . LXXII. G. PYRRHOCORAX.

B. — *Bec* sensiblement plus long que la tête, arqué grêle, rouge chez l'adulte. Queue droite (*Pl. VII, fig. 10*). . . . . LXXIII. G. FREGILUS.

β. — *Plumage* brun à taches blanches. Queue blanche à l'extrémité (*Pl. VII, fig. 11*). . LXXIV. G. NUCIFRAGA.

Fig. XXIV

LXVIII. G. CORAX-CORBEAU. Brehm.

122-67. *Plumage* noir à reflets. Première rémige égale à la huitième, troisième et quatrième égales et les plus longues. — C. MAXIMUS. Brehm ★
Omn. Régions montagneuses. Séd. . . . . — C. Commun.

122 A-73. *Plumage* noir avec du blanc à la tête, aux ailes, à la queue et à la face inf. — *C. Leucophæus.* Vieill.
Carn. Iles Feroë . . . . — *C. Leucophée.*

LXIX. G. CORVUS-CORNEILLE. Linn. (*Fig. XXIV*).

123-51. *Plumage* noir à reflets. Première rémige plus courte que la neuvième, la quatrième la plus longue. — C. CORONE. Linn. ★
Omn. Bois, plaines. Séd. . . . . — C. Noire.

124-53. *Plumage* cendré avec tête, ailes et queue noires. Première rémige plus courte que la huitième, la quatrième la plus longue. — C. CORNIX. Linn. ★
Omn. Champs, prairies. Été N. Hiver. C. . . . . — C. Mantelée.

LXX. FRUGILEGUS-FREUX. Brehm.

125-50. *Plumage* entièrement noir. Première rémige plus courte que la huitième, troisième et quatrième les plus longues. — F. SEGETUM. Brehm. ★
Frug. Gran. Ins. Champs. Été N. Hiver C. . . . . — F. des Moissons.

LXXI. MONEDULA-CHOUCAS. Brehm.

126-42 max. *Plumage* noir avec nuque cendrée. Première rémige plus courte que la neuvième, troisième rémige la plus longue. — M. TURRIUM. Brehm. ★
Gran. Ins. Rochers, champs. Séd. et pass. . . . . — Ch. des Tours.

LXXII. G. PYRRHOCORAX-CHOCARD. Vieill.

127-40. *Plumage* noir. Pattes rouges ou noires. Première rémige très courte, la quatrième la plus longue. — P. ALPINUS. Vieill. ★
Gran. Ins. Rochers, régions montagneuses. S. C. Fr. . . . . — C. des Alpes.

LXXIII. G. FREGILUS CRAVE. G. Cuv. (*Fig. XXV*)

128-43 max. Plumage noir. Pattes rouges ou noirâtres. Première rémige très courte, la quatrième la plus longue. — F. GRACULUS. G. (CUV.

Gran. Ins. Rochers, bords des chemins, montag. S. et C. — C. Ordinaire. ★

LXXIV. G. NUCIFRAGA-CASSE NOIX. Briss. (*Fig. XXVI*).

129-35. Ailes sub-obtuses. Queue arrondie. Forte poche dilatable sous la langue. — N. CARYOCATACTES. Temm.

Frug. Bois de conifères. Reg. montag. Err. N. C. Fr. — C. Vulgaire. ★

Fig. XXV

21ᵉ F. Garrulidés

Première rémige très développée. Ailes obtuses ou sur-obtuses. Corps allongé. Sexes semblables.

α. — *Tête* lisse. Queue longue, étagée à reflets métalliques. Tarses plus longs que le médian (*Pl. VII, fig. 12*) . . . . LXXV. G. PICA

β. — *Plumes* de la tête allongées formant une sorte de huppe. Queue sans reflets métalliques.

- *Queue* moyenne, étagée, rousse, à rectrices médianes cendrées. Ongle du pouce égal au doigt. Bec court, conique (*Pl. VII, fig. 13*) . . . . LXXVI. G. PERISOREUS
- *Queue* légèrement arrondie, noire. Tarse égal au médian (*Pl. VII, fig. 14 et 15*) . . . . LXXVII. G. GARRULUS

Fig. XXVI

LXXV. PICA PIE. Briss. (*Fig. XXVII*).

130-50. Epaules et face inf. moins la poitrine blanches. Première rémige échancrée et plus courte que la huitième. Queue noire à reflets — P. CAUDATA. Linn. ★

Omn. Bois, bosquets. Séd. . . . . P. Ordinaire.

131-35. *Dos* blanc rougeâtre. Ailes bleues. Queue bleue terminée de blanc. — P. Cyanea Wagl.
Omn. Bosquets, jardins. Espagne. . . . . . . P Bleue.

LXXVI. G. PERISOREUS-MESANGEAI. Bp. (*Fig. XXVIII*).

132-30. *Plumage* brun roussâtre. Dessus de la tête, régions parotides brunes. — P. Infaustus. Bp ★
Gran. Frug. Bois de conif. Mont. N. Acc. Fr. — M. Imitateur.

LXXVII. G. GARRULUS-GEAI. Briss.

133-35. Dessus de tête strié de noir. Gorge blanche. Couvertures des ailes bleues. Première rémige arrondie. — G Glandarius. Vieil.
Omn. Bois, Lisieres. Sed. et pass . . . G. Glandivore. ★

133 A-34. *Dessus* de la tête noire. Gorge rousse. Couvertures des ailes bleues. Queue rayée de cendré. — G. *Krynicki*. Kalen.
Omn. Bois. Caucase, Crimée. . . . . G. de *Krynick*.

Fig. XXVII

22e F. Sturniides

Queue droite ou légèrement échancrée. Narines operculées. Sexes semblables.

- α. — *Bec* légèrement déprimé à la pointe. Tête lisse Plumage noir à reflets métalliques, taché ou non de blanchâtre (ad.) (*Pl. VII, fig 16 et 17*) . . . . LXXVIII. G. Sturnus.
- β — *Bec* légèrement comprimé, un peu courbé à la pointe. Tête huppée. Plumage rose et noir (ad.) (*Pl. VIII, fig 1*). . . . . LXXIX. G Pastor.

LXXVIII. G. STUTURNUS-ETOURNEAU. Linn

134-23. *Taches* à l'extrémité des plumes blanches, face int. roussâtres, face sup (ad). — S. Vulgaris. Linn. ★
Ins. Frug. Prés, marais Sed . . . . E. Vulgaire.

Fig. XXVIII

Fig XXIX

134 A-24 max *Plumage* noir presque sans taches. Plumes de la face inf. longues et effilées. *Ins. Bacc. Prairies. S. Fr. Merid.* . . . — S. Unicolor, de la Marm. E. Unicolore.

LXXIX. G. PASTOR MARTIN Temm. (*Fig* XXIX).

135-22,5 max. *Plumage* rose et noir (ad.) ou brun clair sans huppe (j.). *Ins. Prairies. S. Pass. irr. Fr Merid.* . — P Roseus. Temm ★ M Rose.

23. F. Oriolidés

Ailes dépassant le milieu de la queue, celle ci légèrement arrondie. Tarses scutellés. Plumage différent suivant les sexes.

LXXX. G. ORIOLUS-LORIOT. Linn.

136-27,5. *Jaune* avec ailes et queue noire (m.) ou face sup. verdâtre avec face inf. blanchâtre et tachée (f.). *Ins. Bacc. Bois, vergers. Été S. et C* . . . — O Galbulus. Linn ★ L. Jaune.

VI. — SO. DENTIROSTRES

Bec comprimé ou déprimé, assez robuste, à base entourée de soies raides. Profondément fendu, à dent habituellement bien développée Au max. 26 de long. (*Pl. VII, fig. 3 à 11*). — 1er Groupe

Bec droit ou presque, légerement comprimé, à pointe un peu renflée. Tarses plus ou moins allongés, presque toujours uniscutellés. Yeux très ouverts. Exceptionnellement plus de 30 de long (*Pl VIII, fig. 12 à Pl. IX, fig. 8*). . . . . — 2e Groupe

Bec droit ou légèrement arqué, ténu, pointu Tarses à plusieurs scutellés Ongles du pouce ordinairement aussi long que le doigt. Presque toujours la première rémige rudimentaire. Exceptionnellement plus de 20 de long (*Pl. IX, fig. 9 à Pl. X, fig. 18*). 3e GROUPE.

Bec court, entier, pointu, à base habituellement cylindrique, parfois ténu. Narines recouvertes de poils dirigés en avant. Pouce robuste. Corps ramassé. Ailes sur obtuses. Très faible taille (*Pl. XI, fig. 1 à 9*) . . . . 4e GROUPE.

1er GROUPE

A. — *Bec* comprimé latéralement, assez fort, à pointe bien crochue, à dents mandib. bien développées. Doigts et queue longs. Ailes sub-obtuses (*Pl. VIII, fig. 3 à 6*) . . . . . 24e F. LANIIDÉS.

B — *Bec* court, déprimé, à base large. Tarses exceptionnellement plus long que le médian armé. Médian et ext. soudés à la base.

Tête huppée. Pennes terminées chez l'adulte par des prolongements cartilagineux. Ailes sur-aigues (*Pl. VIII, fig. 7*). . . . . 25e F. BOMBYCILLIDÉS.

Tête lisse. Ailes sub-obtuses. Au plus 15 de long (*Pl. VIII, fig. 8 à 11*) . . . . . 26e F. MUSCICAPIDÉS.

2e GROUPE

A. *Narines* recouvertes par une membrane. Bec à bords dentelés. Ailes et queue courtes. Doigts mamelonnés dessous. Moins de 20 de long (*Pl. IX, fig 7 et 8*). . . . . 31e F. CINCLIDÉS.

B. — *Narines* en partie découvertes.

Bec plus court que la tête, légèrement fléchi. Tarses pluriscutellés, plus courts que le médian. Ailes dépassant peu la base de la queue. Plumage non tacheté. Plus de 20 de long (*Pl. IX, fig. 6*). . . . . 30e F. TIMALIIDÉS.

Bec comprimé, à base aussi haute que large. Plumage tacheté chez l'ad. (sauf genre Merula). Presque toujours plus de 20 de long (*Pl. IX, fig. 4 et 5*). . . . . 29e F. TURDIDÉS.

Bec à base ordinairement plus large que haute. Plumage exceptionnellement taché chez l'ad. Ailes sub-obtuses. Très rarement plus de 20 de long.

Queue moyenne presque toujours unicolore. Dos toujours brunâtre. Pieds bruns (*Pl. VIII, fig. 12 à 16*). 27e F. HUMICOLIDÉS.

Queue assez courte, presque toujours bicolore, et d'une autre teinte que le corps. Ordinairement région auriculaire plus foncée que le reste. Pieds noirs (*Pl. VIII, fig. 17 et 18 et Pl. IX, fig. 1 à 3*). . . . . 28e F. MONTICOLIDÉS.

3e GROUPE

A. — *Grandes* couvertures ou rémiges secondaires égales ou presque aux grandes rémiges primaires.

- *Rémiges* secondaires échancrées. Ailes sub-aiguës. Queue droite ou échancrée.
  - *Queue* moins longue que le corps. Pouce armé, habituellement aussi long que le tarse. Plumage très tacheté (*Pl. X, fig. 9 à 15*). 38e F. ANTHIDÉS.
  - *Queue* aussi ou plus longue que le corps. Pouce armé moins long que le tarse. Plumage peu ou pas tacheté (*Pl. X, fig. 16 à 18*). . . . . 39e F. MOTACILLIDÉS.
- *Rémiges* secondaires non échancrées. Queue étagée. Plumage tacheté. Ailes obtuses (*Pl. X, fig. 3*). . . . . 35e F. DRYMOÏCIDÉS.

B. — *Grandes* couvertures sensiblement plus courtes que les rémiges primaires

- *Bords* de la mandib. sup. recourbés en dedans. Première rémige bien développée (*Pl. X, fig. 6 à 8*). . . . . 37e F. ACCENTORIDÉS.
- *Bords* de la mandib. sup. non recourbés en dedans.
  - *Bec* droit, ailes et queue assez longues
    - *Queue* échancrée. Ailes sub-obtuses (*Pl. IX, fig. 14 et 15*) . . . . 33e F. PHYLLOSCOPIDÉS.
    - *Queue* droite ou étagée.
      - *Ongle* du pouce plus court que le doigt. Sommet de la tête arrondi. Base du bec aussi haute que large. Queue rarement étagée (*Pl. IX, fig. 9 à 13*). . . . . 32e F. SYLVIADÉS.
      - *Ongle* du pouce au moins de la longueur du doigt. Sommet de la tête déprimé. Base du bec ordinairement plus large que haute. Presque toujours queue étagée. Ailes sub aiguës (*Pl. IX, fig. 16 à Pl. X, fig. 2*) . . . . 34e F. CALAMOHERPIDÉS.
  - *Bec* légèrement arqué, grêle, allongé. Ailes et queue très courtes. Ailes sur-obtuses (*Pl. X, fig. 4 et 5*). . . . . 36e F. TROGLODYTIDÉS.

4e GROUPE

A. — *Bec* droit, menu, aigu. 10 rectrices (*Pl. XI, fig. 1 et 2*) . . . 40e F. RÉGULIDÉS.

B. — *Bec* assez fort, pointu, court, à base cylindrique. Douze rectrices (*Pl. XI, fig. 3 à 9*) 41e F. PARIDÉS.

24e F. Laniidés

Extrémité de la mandib. inf. retroussée, aigue. Queue bicolore, étagée ou arrondie.

α. — *Tarses* moyens.

{ *Bec* à crochet très développé. Queue longue, étagée. Gris et noir dominant. Sexes presque semblables. Presque toujours plus de 20 de long (*Pl. VIII, fig. 3 et 4*). LXXXI. G. LANIUS.

{ *Bec* à crochet assez faible. Queue moyenne, arrondie. Roux dominant souvent. Sexes différents. Moins de 20 de long (*Pl. VIII, fig. 5*) . . . . LXXXII. G. ENNEOCTONUS.

β. — *Tarses* relativement élevés. Bec assez allongé. Queue longue très étagée (*Pl. VIII, fig. 6*) . . . . LXXXIII. G. TELEPHONUS.

Fig XXX

LXXXI. G. LANIUS PIE-GRIÈCHE. Linn. (*Fig. XXX*).

{ *Un trait* blanc sur la paupière sup. Quatre rectrices ext. en partie blanches *a*
{ *Pas de trait* blanc sur la paupière. Deux rectrices ext. ou une seule en partie blanche. *b*

a. — *137*-24 max. Un ou deux miroirs blancs sur l'aile. Face inf. blanchâtre. L. EXCUBITOR. Linn. ★
Ins. Carn. Bois, bosquets. Séd. et pass. . . . . P. Grise.

138 25. *Un* faible miroir blanc sur l'aile. Face inf. rosée (ad.). L. MERIDIONALIS. Temm.
Ins. Bois, coteaux arides. Sed. S. Fr. Merid . . . . P. Méridionale. ★

b. — *139* 19. *Un* miroir blanc à l'aile. Deux rectrices ext. blanches à rachis noir. Dos noir. Face inf. fauve. L. NUBICUS. Lichst.
Ins. Broussailles, lieux incultes. Grece. . . . . P. Masquée.

140-22. *Un* fort miroir blanc sur l'aile. Rectrice ext. en partie blanche. Dos gris cendré. Poitrine rosée. L. MINOR. Gmel. ★
Ins. Bois, bosquets. Sed. S. Etc. C. . . . . P. d'Italie.

LXXXII. G. ENNEOCTONUS-ENNÉOCTONE. Boie.

141-19 *Dessus* de la tête roux vif. Un miroir blanc à l'aile. Dos noir ou brun. — E. RUFUS. Bp. ★
Ins. Bosquets, vergers. S. et C. . . . . — E. Roux.

142-17. *Dessus* de la tête cendré. Pas de miroir à l'aile. Dos roux. — E. COLLURIO. Boie. ★
Ins. Haies, bosquets. Sed. . . . . — E. Ecorcheur.

LXXXIII. G. TELEPHONUS-TÉLÉPHONE Swains.

143-26 max. *Tête* noire. Dos brun. Rectrices médianes brunes. — T. TSCHAGRA. Bp. ★
Ins. Bois, bosquets. Acc. S. Fr. Merid. . . . . — T. Tschagra.

25ᵉ F. Bombycillidés

Mandibule inf. retroussée à l'extrémité. Narines percées de part en part, cachées par des plumes sétacées. Sexes semblables.

LXXXIV. G. BOMBYCILLA-JASEUR. Vieill. (*Fig. XXXI*).

144-21. *Plumage* brun. Bande jaune sur les rémiges et extrémités des rectrices. — B. GARRULA Vieill. ★
Ins. Bois NO. Acc. Hiver. Fr. . . . . — J. de Bohême.

Fig. XXXI

26ᵉ F. Muscicapidés

Bec mince à l'extrémité, à bords droits, à soies basales courtes. Queue droite ou légèrement échancrée.

α. — *Pouce* au moins égal à l'ext. Ailes atteignant le milieu de la queue. Sexes différents. Le noir et le blanc dominent chez le mâle (été) (*Pl. VIII, fig. 8 et 9*). — LXXXV G. MUSCICAPA

β. — *Pouce* plus court que l'ext. Sexes semblables.

I. — *Ailes* dépassant le milieu de la queue. Rectrices noirâtres. Plumage gris tacheté (*Pl. VIII, fig. 10*) . . . . — LXXXVI G. BUTALIS.

II. — *Ailes* atteignant presque l'extrémité de la queue. La plupart des rectrices en partie blanches. Gorge rousse (*Pl. VIII, fig. 11*) . . . . . . — LXXXVII. G. ERYTHROSTERNA.

LXXXV. G. MUSCICAPA-GOBE MOUCHE. Briss

145-14. *Dessus* noir (m. été) ou gris brunâtre (f.). Dessous blanc. Deuxième rémige plus courte que la cinquième. — M. Nigra. Briss. G. Noir. ★
Ins. Bois, Bosquets. S. et C. Eté Fr. Sept. . . . .

146-14. *Dessus* noir à collier blanc (m. été) ou gris brunâtre à collier grisâtre (f.). Deuxième rémige plus grande que la cinquième. — M. Collaris. Becht. G. à collier. ★
Ins. Bois, bosquets. S. et C. Irr. Fr Sept. . . . .

LXXXVI. G. BUTALIS BUTALIS. Boie.

147-15. *Face* sup. gris cendré, tachée de roussâtre. Face inf. blanchâtre striée de brun. — B. Grisola. Boie. B. Gris. ★
Ins. Bois, bosquets. S. ete. C. Fr. . . . .

LXXXVII. G. ERYTROSTERNA-ERYTROSTERNE. Bp

148-13 max. *Rectrices* latérales en partie blanches. Dessus roussâtre. Ventre blanc. — E. Parva. Bp. E. Nain. ★
Ins. Bois, bosquets. O. Acc. S. Fr Mérid. . . . .

27e F. Humicolidés

Quelques soies à la base du bec. Corps élancé. Sexes peu différents. Jeunes roussâtres tachés de jaune. Max. 18.

α. — *Bec* aussi long que la tête. Tarses à trois scutelles dont une très grande. Ext. et int. égaux. Queue unicolore. Ailes sub obtuses.
- Troisième *rémige* la plus longue. Plumage brunâtre à face inf. plus claire (*Pl. VIII, fig. 12*) — LXXXVIII G. Philomela.
- Troisième et quatrième *rémiges* égales et les plus longues. Gorge et devant du cou rouges ou rougeâtres (*Pl. VIII, fig. 14*) . . . . — LXXXIV G. Calliope.

β. — *Bec* plus court que la tête. Tarses uniscutellés.
- *Queue* bicolore. Une bande transv. sur l'aile. Gorge bleue (m.) ou roussâtre (f. et j.). Ailes sub-obtuses (*Pl. VIII, fig. 13*). . . . . — XC G. Cyanecula.
- *Queue* unicolore. Gorge roux vif (*Pl. VIII, fig. 15 et 16*). . . . . — XCI G. Rubecula.

LXXXVIII. G. PHILOMELA-ROSSIGNOL. Selby.

149-17 max *Sous-caudales* roussâtres. Deuxième rémige plus courte que la quatrième. — P. Luscinia. Selby. R. Ordinaire. ★
Ins Bois, bosquets. Ete N. Hiver S . . . .

150-18. *Sous-caudales* brunâtres tachées de brun. Deuxième rémige égale à la quatrième. P. MAJOR. Brehm. ★
Ins. Bois, bosquets. O. S. Été. C. . . . . R. Progné.

LXXXIX. G. CALLIOPE-CALLIOPE. Gould.

151-18 max. *Gorge* rouge clair (m.) ou rose (f.) entourée d'une bande gris foncé. Première rémige petite, troisième et quatrième les plus longues. C. CAMSTSCHATKENSIS. Strichl.
Ins. Acc. Russie, Crimee. Fr. . . . . C. du Kamtschatka.

XC. G. CYANECULA-GORGE-BLEUE. Brehm.

152-15. *Gorge* bleue avec ou sans miroir blanc (m.) ou roussâtre avec hausse-col (f. et j.). C. SUECICA. Brehm. ★
Ins. Lisieres, broussailles. Sed. et pass . . . . G. Suédoise.

152 A-15. *Gorge* bleue avec miroir roux vif au centre (m.). Côtés du cou blancs tachetés de noir (f. et j.). *C. Cœrulecula* Bp. ★
Ins. Russie. . . . . G. Orientale.

XCI. G. RUBECULA-ROUGE-GORGE. Brehm.

153-14,5. *Face* sup. brun olivâtre et bas de la face inf. blanchâtre. R. FAMILIARIS. Blyth
Ins. Bacc. Bois, bosquets. Sed. . . . . R. Familier. ★

28e F. Monticolidés

Bec déprimé à la base. Corps élancé. Queue droite ou légèrement échancrée. Sexes variables.

α. — *Bec* plus court que la tête.

Rectrices plus ou moins rousses. Ailes atteignant les deux tiers de la queue (*Pl. VIII, fig. 17 et 18*) . . . . XCII. G. RUTICILLA.
Rectrices noires ou noires et blanches. Dessus du corps plus ou moins tacheté (*Pl. IX, fig. 3*). XCV. G. PRATINCOLA.

β. — *Bec* aussi long que la tête. Ailes dépassant le milieu de la queue.

Rectrices avec plus ou moins de blanc. Bec droit très fendu. Plumage uniforme en dessus (*Pl. IX, fig. 2*) . . . . XCIV. G. SAXICOLA.
Rectrices plus ou moins brunes, mais sans blanc. Plus de 20 de long (*Pl. IX, fig. 1*). . XCIII. G. PETROCINCLA.

Fig. XXXIII

XCII. G. RUTICILLA-ROUGE-QUEUE. Brehm. (*Fig. XXXII*).

154-15 max. *Ailes* sub-obtuses. Croupion et abdomen roux. Rémiges secondaires bordées de roussâtre. — R. PHŒNICURA Bp. ★
Ins. Jardins, vergers. S. Été N. et C. . . . . — R. des Murailles.

155-15. *Ailes* sur-obtuses. Croupion et abdomen cendrés. Rémiges secondaires bordées de blanc (m.) ou gris cendré (f. et j.). — R. TITHYS. Brehm. ★
Ins. Jardins, lieux habites. Sed. et pass. S. et C. . . . — R. Tithys.

156-18,5. *Ventre* et queue roux. Dos et gorge noirs. Tache blanche sur l'aile. — R. ERYTHROGASTRA. Brehm.
Ins. Bacc. E. . . . . — R. à Ventre roux

XCIII. G. PETROCINCLA-PETROCINCLE. Vigors.

157-20,7 max. *Parties* sup. bleu cendré à croupion blanc (m.) ou brunes (f.). Plumage roussâtre dessous. Rectrices médianes plus courtes que les latérales. — P. SAXATILIS. Vig. ★
Ins. Bacc. Rochers. Séd. S. Fr. Merid. et cent. . . . . — G. de Roche.

158-23,3. *Bleu* ardoise moins les pennes (m.) ou brun bleuâtre dessus (f.). Rectrices médianes plus longues que les latérales. — P. CYANEA K. et B. ★
Ins. Rochers. Sed. S. Fr. Merid. et cent. . . . . — P. Bleu.

XCIV. G. SAXICOLA-TRAQUET. Bechst. (*Fig. XXXIII*).

- *Dos* grisâtre ou roussâtre.
  - *Gorge* blanche ou blanchâtre . . . . *a*
  - *Gorge* noire ou noirâtre. 162
- *Dos* noir ou brun, gorge noire. . . . . *b*

a. — *159*-17 max. *Dos* gris cendré ou gris roux. Bande noire en travers de l'œil (m.). Deuxième rémige égale à la quatrième. — S. ŒNANTHE Bechst. ★
Ins. Rocailles, champs. Ete S. et C. Hiver S. . . . . — T. Motteux.

160-17 max. *Face* sup. gris brunâtre. Sus-alaires brun clair. Une bande blanchâtre sur barbes int. des rémiges. Lorums noirs ou bruns. Deuxième rémige au moins égale à la quatrième. — S. SALTATOR. Menetr. ★
Ins. S. E. . . . . — T. Sauteur.

Fig XXXII

161 15,7 max. *Dos* blanc, roux ou roussâtre Gorge blanchâtre Lorums, régions parotidiennes noires. Deuxième rémige plus courte que la quatrième. — S. AURITA. Temm ★
Ins. Endroits rocailleux. Sed. S. Ete Fr. Merid . . . . — T. Oreillard

162-16 max. *Dos* roussâtre Joues et gorge plus ou moins noires. Deuxième rémige plus courte que la quatrième. — S. STAPAZINA. Temm. ★
Ins. Endroits rocailleux. Sed. S. Fr. Merid. . . . . — T Stapazin

b. — *163*-15,5. *Dos*, joues, gorge noirs (m.). Dos brun (f.) sus-alaires noirâtres, sous-caudales roussâtres. — S. LEUCOMELA. Temm.
Ins. E . . . . — T. Leucomèle.

163 A-17. Sous-caudales brunes. — *S. Lugens*. Lichst.
Ins. Grece . . . . — T. Deuil.

164-19,5. *Noirâtre*, avec sus et sous-caudales blanches. — S. LEUCURA. K. et B. ★
Ins. Endroits rocailleux. Ord. S. Fr. Merid. . . . . — T. Rieur.

XCV. G. PRATINCOLA-TARIER. Koch

165-12,4. *Queue* bicolore. Sourcils et gorge blancs. Deuxième rémige plus longue que la cinquième. — P. RUBETRA. Koch. ★
Ins. Prairies, champs. S. et C. Ete Fr. . . . . — T. Ordinaire.

166-12. *Queue* unicolore. Gorge noire ou noirâtre. Deuxième rémige plus courte que la cinquième. — P. RUBICOLA. Koch. ★
Ins. Prairies, champs. Sed. et pass . . . . — T. Rubicole.

29e F. Turdidés.

Base du bec garnies de soies raides. Narines basales. Ailes ne dépassant guère le milieu de la queue qui est large et arrondie.

α — *Plumage* noir ou noirâtre, non tacheté chez le mâle, toujours très foncé en dessous. Sexes différents (*Pl. IX, fig. 4*). . . . . — XCVI. G. MERULA.

β — *Plumage* jamais noir plus clair en dessous. Toujours plus ou moins grivelé (*Pl. IX, fig. 5*) . . . . — XCVII. G. TURDUS.

XCVI. G. MERULA-MERLE Boie

167-26,4 max. *Noir* mat à bec jaune (m.). Dessus brun, dessous gris brun, taché de brun (f.) Ailes sur-obtuses. — M. VULGARIS. Bp ★
Bacc. Vermiv. Bois, bosquets. Sed. . . . . M. Vulgaire.

168-29 *Noirâtre* à large hausse-col blanc (m.) ou roussâtre (f.) Ailes sub-obtuses. — M. TORQUATA. Boie ★
Bacc. Vermiv. Bois montagneux. N. et C. Pass. Fr. . . . . M. à plastron.

XCVII. G. TURDUS-GRIVE. Linn. (*Fig. XXXIV*)

- *Gorge* seule tachetée chez l'adulte. Sexes semblables . . . . . . *a*
- *Gorge* et flancs à taches longues et pointues (ad.) sexes différents.
  - Gorge jamais noire (m).
    - Face sup. multicolore . . . . *b*
    - Face sup. unicolore *175*
  - Gorge noire (m.) . . . . *c*
- *Face* inf. grivelée et lunulée. Sexes semblables. . *d*
- *Face* inf. et surtout flancs grivelés (ad.). Sexes semblables.
  - Plus de 20 de long. . . . . *e*
  - Moins de 20 de long. . . . . *f*

a. — *169*-22. *Face* sup. olivâtre, gorge gris brunâtre (m.) ou blanchâtre mouchetée de brun (j.) ventre blanc — T. PALLIDUS. Gmel ★
Bacc. Vermic. Bois, bosquets. Acc. . . . . G. Pale

170-25. *Face* sup. brun olivâtre, poitrine olivâtre unicolore (ad.). Gorge blanche striée de brun. Ventre et sous-alaires unicolores (ad.). Rectrices ext. non tachées à l'extrémité. — T. OLIVACEUS. Linn ★
Ins. Bacc. Acc. S. . . . . . . G. Olive.

171-24. *Face* sup. brun noir, tête noire. Face inf. rousse unicolore (ad.). Gorge blanche à taches noires. Rectrices ext. tachées de blanc à l'extrémité. — T. MIGRATORIUS. Linn
Bacc. Ins. Acc. O. . . . . G. Migratrice. ★

b. — *172*-27,5. *Epaules* brunes. Tête, nuque, croupion cendrés. Côtés de la poitrine et flancs mouchetés. Rectrices ext. tachées de blanc. — T. PILARIS. Linn ★
Bacc. Larv. Bois, bosquets. N. et C. Fr. Pass. et Sed. . . . G. Litorne

173-25. *Tête* et cou brun noir. Poitrine noire tachée de

Fig. XXXIV

blanc (m.) Flancs tachés de noir Rectrices brunes terminées de roux. Large bande sourcilière — T. FUSCATUS Pall
Bacc. Ins. Acc. E . . . . — G. Brune

174-25. *Face* sup. gris brun, poitrine rousse (m.) ou cendrée à taches noirâtres (f.) Rectrices presque entièrement rousses. Forts sourcils roussâtres — T. NAUMANNI Temm ★
Bacc. Vermiv. Bois, bosquets O. Acc. Fr. Merid. . . . . — G. Naumann

175-26. *Face* sup. brun cendré. Devant du cou et poitrine roux (m.) ou cendrés tachés de roux (f.). Rectrices médianes de la teinte du dos, les lat. rousses. Bande sourcilière étroite. — T. RUFICOLLIS Pall ★
Bacc. Acc. E. . . . . — G. à cou roux

f. — *176*-29. *Face* sup. cendré olivâtre, gorge et poitrine noires (m.). Gorge et poitrine roussâtres tachées de noir (f. et j.). Rectrices brun noir Bande sourcilière presque nulle — T. ATRIGULARIS Temm
Bacc. Vermiv. E. Acc. Fr. . . . . — G. à gorge noire ★

177-25. *Face* sup. noir bleuâtre (m.) ou brun olive (f.) Sous-caudales bleuâtres ou brunes à la base, blanches à la pointe. Large bande sourcilière blanchâtre — T. SIBIRICUS. Pall
Bacc. Acc. E. . . . . — G. de Sibérie.

d. — *178*-30,5 *Face* sup. olivâtre. Face inf. jaunâtre grivelée de brun noirâtre. Première rémige nulle, deuxième égale à la cinquième. — T. VISCIVORUS Linn ★
Bacc. Vermiv. Bois, bosquets. Sed. et pass. . . . . — G. Viscivore

179-30 *Face* sup. brun olivâtre lunulée de noir. Face inférieure jaunâtre lunulée de noirâtre. Première rémige assez longue, deuxième égale à la sixième. — T. AUREUS Holl. ★
Bacc. Vermiv. Bois, bosquets. O. Acc. C. et E. . . . . — G. Dorée

e. — *180*-22. *Face* sup. brune, inf. blanche grivelée de noirâtre. Flancs roux. Large sourcil blanchâtre. — T. ILIACUS Linn. ★
Bacc. Vermiv. Bois, bosquets. Sed. et pass. . . . . — G. Mauvis.

181-23,5 *Face* sup. brune. Face inf. blanchâtre grivelée de brun. Flancs cendrés. — T. MUSICUS. Linn ★
Bacc. Frugiv. Vermiv. Bois, bosquets. Sed. et pass. . . . . . — G. Musicienne

f. — *182*-19. *Face* sup. bai brun unicolore. Cou et poitrine tachés de brun roux pâle. — T. MINOR. Gmel
Bacc. Acc. O. . . . . — G. Grivette.

183-18. *Face* sup. brun roussâtre avec croupion et sous-caudales roux clair. Gorge, poitrine, flancs tachés de noirâtre. Rectrices roux brun. — T. SOLITARIUS. Wils
Ins. Acc. O. . . . . — G. Solitaire

484-19. *Face* sup. brun olivâtre unicolore Gorge, poitrine, flancs grivelés de brun noir. — T SWAINSONII. Caban.
Bacc. Acc. Fr. Belgique. Allemagne. . . . . — G. de Swainson. ★

30e F. Timaliidés

Bec à base garnie de poils raides. Narines basales à moitié fermées par une membrane nue.

XCVIII. IXOS-TURDOIDE. Temm.

185-21. *Brun* à face inf. blanchâtre. Bas ventre et sous-caudales blanches. Deuxième rémige plus courte que la septième. — I OBSCURUS. Temm.
Ins. Bacc. Lieux humides. Acc. Espagne. . . . . — T. Obscur.

31e F. Cinclidés

Fig XXXV

Bec droit, arrondi, à base emplumée, légèrement fléchi à la pointe. Ongles très arqués. Corps très emplumés. Sexes presque semblables.

XCIX. G. CINCLUS-CINCLE. Bechst. (*Fig. XXXV*).

186-19,4 max. *Face* sup. brune. Cou et poitrine blancs (ad.) ou striés de cendré (j.). Ventre ferrugineux. — C. AQUATICUS. Bechst.
Ins. Ruisseaux, torrents. Sed. et pass. . — C. Aquatique. ★

186 A-19,5 max. Ventre brun noir. — *C. Melanogaster.* Brehm.
Ins. Bords de l'eau. E. . . . . — C. à ventre noir.

32e F. Sylviadés

Base du bec garnie de quelques poils. Narines percées de part en part. Œil peu dilaté. Le grisâtre et le brunâtre dominent. Sexes différents.

α — *Ailes* atteignant le milieu de la queue.
Queue moyenne, droite, unicolore. Ailes sub-aigues (*Pl. IX, fig. 9 et 10*) . . . . C. G. SYLVIA.
Queue longue, arrondie, bicolore. Ailes sub-obtuses (*Pl. IX, fig. 11*) . . . . . . CI. G CURRUCA.

β. — *Ailes* sub-obtuses dépassant à peine la base de la queue, celle-ci longue, étagée, bicolore (*Pl. IX, fig. 12 et 13*). . . . . CII. G. MELIZOPHILUS.

C. G. SYLVIA-FAUVETTE. Scop.

187-14. Dessus de la tête noire (m.) ou roux (f. et j.). Sous-caudales à taches longit. au centre. — S. ATRICAPILLA. Scop. ★
Ins. Bacc. Bosquets. Sed. et pass. . . . . — F. à tête noire

188-14. Dessus gris olivâtre. Ventre et sous-caudales blanc unicolore. — S. HORTENSIS. Lath. ★
Ins. Bacc. Bosquets, jardins. S. O. et Fr. Ete. . . . . — F. des jardins.

CI. G. CURRUCA-BABILLARDE. Boie. (*Fig. XXXVII*).

Troisième rémige la plus longue.
Au plus deux rectrices ext. tachées de blanc . . . . . . *a*
Quatre rectrices ext. tachées de blanc. 192
Troisième et quatrième rémiges egales et les plus grandes. . . . . *b*
Troisième, quatrième et cinquième rémiges égales et les plus grandes 196

a — *189*,14 max. *Remiges* bordées de cendré plus ou moins roussâtre. Première rectrice ext. tachée de blanc. Deuxième rémige égale à la cinquième . . . . . — C. GARRULA. Briss ★
Ins. Frug. Taillis, buissons. S. et C. Fr. Merid. . . . — B. Ordinaire

190-14. Remiges sec. bordées de roux. Deux rectrices ext. tachées de blanc. Deuxième rémige égale à la quatrième. — C. CINEREA. Briss ★
Ins. Frug. Bois, bosquets. Sed. S. Pass. N. et C. . . . — B. Grisette

191-14. *Rectrice* ext. blanche à base noire, la suivante à pointe blanche. Deuxième rémige égale à la quatrième Les secondaires bordées de gris clair. — C. RÜPPELLII. Bp
Ins. Bacc. Grece. . . . . . — B. de Ruppell.

192-18 max. *Remiges* sec. bordées de gris. Quatre rectrices ext. tachées de blanc. Deuxième rémige plus longue que la cinquième. Face inf. en partie rayée. — C. NISORIA. Koch ★
Ins. Bacc. Haies, taillis. N. Ete. Pass. S. et Merid. . . . — B. Epervière

Fig. XXXVII

b — *193*-13 max. *Rémiges* sec. bordées de gris roussâtre. Deux rectrices ext. tachées de blanc. Deuxième rémige égale à la cinquième — C. SUBALPINA, Boie. ★
Ins. Frug. Broussailles. Séd. S. Fr. Mérid. . . . . B. Subalpine

194 12. *Rémiges* sec. bordées de roux vif. Deux et quelquefois trois rectrices ext. tachées de blanc. Deuxième rémige plus courte que la sixième — C. CONSPICILLATA, Boie.
Ins. Bacc. Collines broussailleuses. S. Fr. Mérid. . . . . B. à lunettes ★

195 17. *Tête* brun noir (m.) ou lorums seulement (f.). Rémiges sec. bordées de gris roussâtre. Deux rectrices ext. tachées de blanc. Deuxième rémige égale à la cinquième — C. ORPHEA, Boie. ★
Ins. Frug. S. et C. Fr. Mérid. Pass. Fr. Sep. . . . . B. Orphée

196 13,5. *Tête* et nuque noires (m.) ou cendré foncé (f.). Rémiges sec. bordées de gris roussâtre. Deux rectrices ext. tachées de blanc. Deuxième rémige égale à la septième. — C. MELANOCEPHALA, Boie.
Ins. Frug. Buissons, bosquets. S. Fr. Mérid. . . . . B. Mélanocéphale ★

CII. G. MELIZOPHILUS PITCHOU. Leach

197-13,5. *Dessus* cendré. Dessous roux ferrugineux plus ou moins tacheté. Abdomen blanc. Deux rectrices ext. tachées de blanc. — M. PROVINCIALIS, Jenyns.
Ins. Bacc. Buissons, broussailles. Séd. S. O. et Fr. Mérid. . . . . P. Provençal ★

198 13,5 max. *Rectrices* ext. bordées extérieurement et à pointe blanchâtre. Quatrième rémige la plus longue, la deuxième plus courte que la septième. Rémiges secondaires bordées de gris. — M. SARDUS, Z. Gerbe.
Ins. S. . . . . P. Sarde

33e F. Phylloscopidés

Bec droit, mince, comprimé. Narines découvertes. Médian plus court que le tarse. Queue échancrée. Sous-caudales couvrant au moins moitié des rectrices. Plumage verdâtre ou olivâtre en-dessus. Sexes peu différents.

- α. — *Ailes* sub-obtuses. Ongle du pouce peu arqué, plus court que le doigt (*Pl. IX, fig. 14*). — CIII. G. PHYLLOPNEUSTE.
- β. — *Ailes* obtuses à double bande jaunâtre. Ongle du pouce assez fortement arqué, égal au doigt (*Pl. IX, fig. 15*) . . . . CIV. G. REGULOIDES.

CIII. G. PHYLLOPNEUSTE-POUILLOT. M. et W.

- *Ailes* dépassant le milieu de la queue. . . . . *a*
- *Ailes* atteignant au plus le milieu de la queue. . . . . . . *b*

a — *199*-12. *Dessous* du corps jaunâtre taché de jaune à la poitrine et au cou (ad.)
Deuxième rémige plus courte que la cinquième. — P. TROCHILUS Brehm
Ins. Bosquets, buissons. Sed. S. Ete. N. . . . . P. Fitis. ★

200-12,5. *Face* inf. jaune avec abdomen et anus blancs. Deuxième rémige plus longue que la cinquième. Tarses brunâtres — P. SIBILATRIX Brehm.
Ins. Bois. Sed. et pass . . . . P. Siffleur ★

b. — *201*-12. *Face* inf. blanchâtre flammée de jaune et de brun. Deuxième rémige égale à la septième. Tarses noirâtres. — P. RUFA Bp. ★
Ins. Bois, bosquets. Sed. S. Pass. N. . . . . P. Veloce

202-11,5. *Face* inf. blanche avec un peu de jaunâtre à l'anus et aux jambes. Deuxième rémige plus longue que la septième. Tarses brunâtres. — P. BONELLII Bp ★
Ins. Bois. C. et S. . . . . P. Bonelli

CIV. G. REGULOIDES-REGULOIDES Blyth.

203-10 max. *Large* bande sourcilière jaunâtre, bande longit. pâle sur le sommet de la tête Sous-caudales jaunâtres — R. SUPERCILIOSUS. Z Gerbe
Ins. Acc. C . . . . R. à grands sourcils.

34e F. Calamoherpidés

Bec généralement à bords droits. Narines ovales. Œil peu dilaté. Ongle du pouce le plus fort.

α — *Dix* rectrices. Bec très comprimé. Ailes sub-obtuses. Queue étagée. Plumage uniforme. Sexes différents . . . . CIX. G. CETTIA

β — *Douze* rectrices

I. — *Queue* arrondie. Sexes semblables.

Bec déprimé. Ailes sub-aigues. Plumage uniforme (*Pl. IX, fig. 16*) . . . . CVI. G. HYPOLAIS

Bec très comprimé aussi haut que large à la base. Plumage tacheté

Ongle du pouce égal au doigt. Ailes sub-obtuses. Bec à bords droits (*Pl. IX, fig. 17*) CX. G. AMNICOLA

Ongle du pouce plus court que le doigt. Ailes sub-aigues. Bec à bords courbés CV. IDUNA

II. — *Queue* étagée. Bec plus ou moins comprimé.

a — *Median* armé bien plus court que le pouce armé. Ailes sub-aiguës. Plumage tacheté. Sexes semblables (*Pl. IX, fig. 20*) . . . . CVI. G. LOCUSTELLA.

b — *Median* armé plus long que le pouce armé.

1° *Plumage* uniforme au moins au-dessus. Ailes assez longues.

Narines ovales. Ailes sub-aigues. Ongle du pouce plus long que le doigt. Sexes semblables (*Pl. IX, fig. 18 et 19*) . . . . CVII. G. CALAMOHERPE.

Narines étroites. Ailes aigues. Ongle du pouce moins long que le doigt. Sexes différents (*Pl. X, fig. 1*) . . . . CVIII. G. LUSCINIOPSIS.

2° *Plumage* tacheté. Ailes courtes sub aigues. Bec petit. Sexes semblables (*Pl. X, fig. 2*) . . . . CXII. G. CALAMODYTA.

CV. G. AEDON-AGROBATE. Boie.

204-17,5. *Face* sup. gris roussâtre, face inf. isabelle. Rectrices moins les deux médianes à extrémité noire. Æ. GALACTODES. Boie.

Ins. Broussailles, bosquets. Espagne. Grèce . . . . A. Rubigineux.

CVI. G. HYPOLAIS HYPOLAÏS. Brehm.

Troisième rémige la plus longue. . . . . a

Troisième et quatrième rémiges égales et les plus longues . . . . b

Troisième, quatrième et cinquième rémiges égales et les plus longues 210

a. — 205-13,5. *Face* sup. olivâtre. Face inf. jaune. Deuxième rémige égale ou presque à la cinquième. Ailes dépassant le milieu de la queue H. ICTERINA. Z. Gerbe.

Ins. Bosquets, jardins. Ete S. et C . . . . H. Ictérine. ★

206-17. *Face* sup. gris olivâtre. Face inf. blanchâtre. Ailes atteignant le milieu de la queue. Deuxième rémige égale ou presque à la quatrième. H. OLIVETORUM. Z. Gerbe.

Ins. S. . . . . H. des Oliviers.

b. — 207-13 max. *Face* sup. gris olivâtre. Face inf. jaune clair. Deuxième rémige égale ou presque à la sixième. Ailes n'atteignant pas le milieu de la queue. H. POLYGLOTTA. Z. Gerbe.

Ins. Bois, taillis, haies. Ete C. et S . . . . H. Polyglotte. ★

208-12,8. *Face* sup. gris olivâtre clair (ad.) ou roussâtre (j.). Face inf. blanc jaunâtre. Sous-caudales recouvrant au plus les deux cinquième de la queue. Deuxième rémige au plus égale à la septième. H. PALLIDA. Z. Gerbe.

Ins. Acc. S . . . . H. Pale.

Fig. XXXVI

209-12,5. *Face* sup. gris olivâtre jaunâtre (ad.) ou roussâtre (j.). Face inf. blanc brunâtre. Ailes atteignant au plus le milieu de la queue recouverte sur plus des deux tiers par les sous-caudales. Deuxième rémige égale au moins à la sixième. — H. ELÆICA. Z. Gerbe.
Ins. Grece . . . . H. Ambigue.

210-11,5. *Face* sup. olivâtre. Face inf. blanc roussâtre. Sous-caudales recouvrant plus de la moitié de la queue. Deuxième rémige égale à la septième. — H. CALIGATA. Z. Gerbe.
Ins. Russie . . . . H. Botté.

CVII. G. CALAMOHERPE-ROUSSEROLLE. Boie (*XXXVI*).

{ *Pres* de 20 de long. *211*
{ *Environ* 13 de long. . . . . *a*

211-20 max. *Face* sup. brun roux avec croupion plus clair. Face inf. jaunâtre. Deuxième rémige au moins égale à la quatrième. Tarses brunâtres. — C. TURDOIDES Boie ★
Ins. Massifs de roseaux. Sed. S. Été N. . . . . R. Turdoïde.

a — *212*-13. *Face* sup. brun roux à croupion plus clair. Deuxième rémige égale à la quatrième. — C. ARUNDINACEA. Boie
Ins. Massifs de roseaux. Sed. S. Été N. . . . . R. Effarvatte. ★

213-13,3. *Face* sup. brun olive ou cendré roux. Croupion gris verdâtre. Deuxième rémige égale ou presque à la troisième. — C. PALUSTRIS. Boie ★
Ins. Bords de l'eau. Sed. S. Été N. . . . . R. Verderolle.

CVIII. G. LUSCINIOPSIS-LUSCINIOLE. Bp.

214-12. *Face* sup. chatain roux. Gorge mouchetée ou non. Sous-caudales terminées de blanchâtre. Deuxième et troisième rémiges les plus longues. — L. LUSCINOIDES Z. Gerbe.
Ins. Marais, roseaux. S. Fr. Merid. . . . . L. Luscinoïde. ★

215-14,5. *Face* sup. brun olivâtre. Gorge tachetée. Sous-caudales olivâtres à pointes blanches. Deuxième rémige la plus longue. — L. FLUVIATILIS. Bp.
Ins. Roseaux. S. et E. . . . . L. Fluviatile.

CIX. G. CETTIA-BOUSCARLE. Bp.

216-14 max. *Face* sup. brun roux. Sous-caudales ne recouvrant que la moitié de la queue. — C. CETTI. Degl. ★
Ins. Rivieres, marais. Sed. S. Fr. Merid. . . . . B. Cetti.

CX. G. AMNICOLA-AMNICOLE. Z. Gerbe.

217-13. *Une* bande sourcilière blanche. Un trait noir sur les lorums et sur l'œil. Tarses noirâtres. — A. Melanopogon. Z. Gerbe.
Ins. Marécages, roseaux. Séd. S. Fr. Mérid. . . . . A. à moustaches noires ★

CXI. G. LOCUSTELLA-LOCUSTELLE. Kaup.

218-14. *Plumage* moins les sous et sus-caudales tachetées de brun et de noirâtre. Deuxième rémige plus courte que la troisième. — L. Nævia. Degl. ★
Ins. Bois, taillis. Été C. et Fr. Occ. . . . . L. Tachetée.

219-10. *Face* sup. olivâtre à taches longit. brun noir. Face inf. moins le ventre à taches lancéolées noirâtres. — L. Lanceolata. Bp.
Ins. Acc. E. et S. . . . . L. Lancéolée.

CXII. G. CALAMODYTA-PHRAGMITE. M. et W.

220-12,5. *Bande* sourcilière blanche ou jaunâtre. Dessus de la tête varié de noirâtre. Sous et sus-caudales unicolores. — C. Phragmitis. M. et W.
Ins. Bords des rivières, étangs. Séd. S. Été N. . . . . P. des joncs ★

221-12,5. *Bande* sourcilière jaunâtre ou jaune. Deux bandes longit. noires sur la tête. Sous et sus-caudales tachées de noirâtre. — C. Aquatica. Bp. ★
Ins. Bords de l'eau. Séd. S. Été N. . . . . P. Aquatique

35e F. Drymoïcidés

Bec recourbé dans presque toute sa longueur, à pointe très aiguë. Médian armé, égal au tarse. Ongle du pouce plus long que le doigt. Sexes semblables.

CXIII. G. CISTICOLA-CISTICOLE. Less.

222-10,5. *Face* sup. à taches longit. Face inf. roussâtre unicolore. Rectrices lat. tachées de noir, bordées de blanc. Quatre ou cinq rémiges secondaires égales à deuxième primaire. — C. Schœnicola. Bp. ★
Ins. Plaines marécageuses, étangs. S. Fr. Mérid. . . . . C. Ordinaire.

36e F. Troglodytidés

Narines basales recouvertes d'une membrane. Ext. uni à la base au médian. Ongle du pouce très recourbé. Plumage brun rayé transv. Sexes presque identiques.

CXIV. G. TROGLODYTES-TROGLODYTE. Vieill. (*Fig. XXXVIII*)

223-10 Dessus brun roux, dessous roux cendré, rayé transv. de noirâtre. Pieds gris roux. — T. PARVULUS. Koch. ★
Ins. Jardins, bosquets, haies. Sed. . . . . T. Mignon.

Fig. XXXVIII

37e F. Accentoridés

Sommet de tête arrondi. Doigts courts et forts à ongles très recourbés. Tarses égaux au médian. Sexes presque semblables.

α. — *Ongle* du pouce égal au doigt. Ailes sur-aigues dépassant le milieu de la queue (*Pl. X, fig. 6*). . . . . CXV. G. ACCENTOR.

β. — *Ongle* du pouce moins long que le doigt. Ailes subobtuses arrivant à peine au milieu de la queue (*Pl. X, fig. 7 et 8*). . . . . CXVI. G. PRUNELLA.

CXV. G. ACCENTOR-ACCENTEUR. Bechst.

224-18. *Deux* rangées de taches sur l'aile. Bonnet bleu cendré. Gorge blanche à taches noires. Première rémige égale à la deuxième — A. ALPINUS. Bechst. ★
Ins. Lar. Gran. Montagnes. Sed. S. . . . . A. des Alpes.

CXVI. G. PRUNELLA-MOUCHET. Vieill.

225-14,5. *Une* faible bande transv. sur l'aile. Bonnet cendré (ad.) ou gris brun (j.). — P. MODULARIS. Vieill. ★
Ins Gran. Bois, taillis. Sed. C Fr. . . . . M. Chanteur.

226 14,5. *Deux* bandes transv. jaunâtres à l'aile. Bonnet noir. Rectrices brunes à rachis rougeâtre. — P. MONTANELLA. Bp. ★
Ins. Gran. Acc. F . . . . M. Montagnard.

38e F. Anthidés

Bec à bords légèrement rentrant, à mandibule sup. un peu recourbée à la pointe. Narines basales. Sexes semblables.

α. — *Ongle* du pouce d'un tiers plus long que le doigt Bec à peu près de la longueur de la tête (*Pl. X, fig. 9 et 10*) . . . . CXVII. G. CORYDALLA.

β. — *Ongle* du pouce de longueur peu différente de de celle du doigt.

Bec assez fort, infléchi vers l'extrémité. Queue longue (*Pl. X. fig. 11*). . . . . CXVIII. G. AGRODROMA.

Bec mince droit à base plus large que haute. Queue moyenne (*Pl. X, fig. 12 à 15*) . . . . CXIX. G. ANTHUS.

Fig. XXXIX

CXVII. G. CORYDALLA-CORYDALLE. Vig.

227 17. Deux rectrices ext. en grande partie blanches, les autres lat. noires. Les médianes brunes. Dessus brunâtre. C. RICHARDI Vig. ★

Ins. Champs, pres. Pass. . . . . C. de Richard.

CXVIII. G. AGRODROMA-AGRODROME. Swains (*Fig. XXXIX*)

228-17. *Deux* rectrices ext. blanches ou roussâtres, les autres lat. brunes Dos gris brunâtre ou brun. A. CAMPESTRIS Swain.

Ins. Friches, bruyeres. S. et C. . . . . A Champêtre ★

CXIX. G. ANTHUS-PIPI. Bechst.

Ongle du pouce plus court que le doigt, très arqué. 229

Ongle du pouce au moins aussi long que le doigt :

Du blanc à deux rectrices ext. . . . . *a*

Rectrices lat. sans blanc. 233

229-15. *Deux* rectrices ext. marquées de blanc. Dessus plus ou moins olivâtre. Croupion faiblement strié de brun. Pieds verdâtres. A ARBOREUS Bescht. ★

Ins. Taillis, vignes, bruyeres. Sed. et pass. . . . . P. des arbres.

a. — 230-15. *Ongle* du pouce plus long que le doigt, peu arqué Dessus brun olivâtre. Croupion unicolore ou à peine strié de brun. Pieds roussâtres. A. PRATENSIS. Bechst. P. des prés. ★

231-15 max. *Ongle* du pouce grêle, égal au doigt, peu arqué. Devant du cou roux lie de vin. Croupion fortement strié de noirâtre. Pieds brun clair. A CERVINUS K. et B

Ins Pres, prairies. Pass. S. . . . . P Gorge rousse. ★

232-18 max. *Ongle* du pouce plus long que le doigt, fortement arqué. Croupion unicolore. Dessus brun cendré. Pieds brun marron. — A. SPINOLETTA. Bp ★
Ins. Endroits humides. Pass. N. Sed. S . . . . P. Spioncelle.

233-16,6. *Ongle* du pouce plus grand que le doigt. Rectrices ext. cendré roussâtre à tache brune. Raie sourcilière blanchâtre. Pieds brun roux. — A. OBSCURUS. K. et B.
Ins. Rochers grecs. Bords de la mer. N et C. . . . . P. Obscur. ★

39e F. Motacillidés

Bec grêle droit, anguleux à la base. Queue à pennes étroites. Doigts courts. Plumage coloré par masse. Corps très allongé. Sexes peu différents.

α. — *Queue* de la longueur du corps. Ongle du pouce plus long que le doigt, peu courbé (*Pl. X, fig. 16*). . . . . CXX. G. BUDYTES.

β. — *Queue* plus longue que le corps. Ongle du pouce égal au doigt, bien courbé :
- *Plumage* où le gris et le blanc dominent (*Pl. X, fig. 7 et 18*) . . . . CXXI. G. MOTACILLA.
- *Plumage* où le jaune et verdâtre dominent. . . . . CXXII. G. CALOBATES.

CXX. G. BUDYTES-BERGERONNETTE. G. Cuv.

234-16,5. Bonnet gris clair, gorge jaune (m.) ou bonnet verdâtre et gorge blanchâtre (f.). Bande sourcilière claire. Croupion olive. — B. FLAVA. Bp ★
Ins. Champs, prés humides. C. Eté. . . . . B. printanière.

234 A-17,6. *Bonnet* vert jaunâtre (m.) ou olivâtre (f.). Bande sourcilière et gorge jaunes. — *B. Rayi.* Bp ★
Ins. Prés, champs. O. Eté et pass. . . . . B. de Ray.

234 B-16. *Bonnet* gris foncé, gorge blanche (m.) Bonnet olivâtre et gorge blanchâtre (f.). Bande sourcilière nulle ou rudimentaire. — *B. Cinereocapilla.* Bp ★
Ins. Prairies. S. Fr. Mérid. . . . . B. à tête cendrée.

234 C-16. *Tête* noire, sans bande sourcilière, gorge jaune (ad.). Couverture des ailes terminées de vert jaunâtre. — *B. Melanocephala.* Menest.
Ins. O. et C. . . . . B. à tête noire.

235-18. *Tête* jaune. Deux rectrices ext. blanches bordées de brun sur barbes int. Croupion cendré bleuâtre. — B. CITREOLA. Bp
Ins. Acc. E . . . . B. Citrine.

Fig XL

CXXI. G. MOTACILLA HOCHEQUEUE. Linn. (*Fig XL*)

236-19. *Croupion* cendré Dos cendré (ad.) ou brun olivâtre (j.). Bande noire longit sur les deux rectrices ext. blanches. *Ins. Bords de l'eau. Lieux humides, champs. Sed. et pass*	M ALBA. Linn. H Grise.	★
236 A-19. *Croupion* noir. Dos noir (ad.) ou olivâtre (j.). Large bande noire longit. sur les deux rectrices ext blanches *Ins. Bords de l'eau. Ete Angleterre. Fr. Ouest*.	M. *Yarrellii*. Gould. H de Yarrell.	★

CXXII. G. CALOBATES-CALOBATE. Kaup.

237-20. *Croupion* jaune verdâtre. Trois rectrices ext. en partie blanches. *Ins. Bords des rivieres, ruisseaux. S. et C. Sed.*	C SULFUREA Kaup C Boarule.	★

40e F. Régulides

Median armé égal au tarse. Sommet de la tête (ad.) garni d'une huppe jaune plus ou moins orangé. Sexes presque semblables.

CXXIII. G. REGULUS-ROITELET. G. Cuv. (*Fig. XLIII*).

328-9,7 max. *Dessus* olivâtre. Huppe bordée de noir. Pas de bande blanche aux joues. Pieds bruns. *Ins. Bois de conifères, buissons. Sed. et pass*	R. CRISTATUS Charlet R. Huppé.	★
329 9,5 max. *Dessus* olivâtre. Huppe bordée de noir, une bande noire sur l'œil avec une bande blanche en dessus et en dessous. Pieds noirâtres *Ins. Bois de conifères, taillis. Sed. et pass.*	R. IGNICAPILLUS Lichst R triple bandeau.	★

Fig XLIII

41e F. Paridés

Ailes courtes et arrondies. Tarses et doigts robustes Plumage mou, ordinairement à teintes vives Sexes semblables α — *Bec* à mandibules presque égales, l'inf. relevée à la pointe. Première rémige atteignant le milieu de l'aile.

- *Tête* huppée . . . . CXXV. G. LOPHOPHANES.
- *Tête* lisse.
  - 1° *Queue* moyenne échancrée ou droite.
    - Bec du tiers de la tête, conique. Ailes médiocres. Dessus plus ou moins verdâtre (*Pl. IX, fig. 1 et 5*) . . . . CXXIV. G. PARUS.
    - Bec moitié de la tête, cunéiforme. Ailes atteignant le milieu de la queue. Dessus grisâtre (*Pl. XI, fig. 6*). . . . . CXXVI. G. PŒCILE.
  - 2° *Queue* longue, étagée (*Pl. XI, fig. 7*) . . . . CXXVII. G. ORITES.

β — *Mandibule* sup. plus longue que l'inf. qui est infléchie. Première rémige peu développée.

- *Queue* moyenne, échancrée (*Pl. XI, fig. 8*) . . . . . . CXXVIII. G. ÆGITHALUS.
- *Queue* longue très étagée (*Pl. XI, fig. 9*). . . . . . CXXIX. G. PANURUS.

CXXIV. G. PARUS MESANGE Linn. (*Fig. XLI*).

- *Face* inf. jaunâtre . . . . a
- *Face* inf. blanchâtre . . . . b

a — 240-15. *Tête* et cou noirs. Bande longit. noire sur l'abdomen. Rectrices ext. bordées de blanc. — P. MAJOR. Linn. ★ — M. Charbonnière.
Ins. Gran. Bois, bosquets, jardins. Sed. . . . .

241-12 max. *Vertex* et collier bleu. Tache bleu noir à l'abdomen. Rectrices bleu ardoise. — P. CÆRULEUS. Linn. ★ — M. Bleue.
Ins. Gran. Bois, jardins. Sed. . . . . . .

b — 242-12,5. *Queue* un peu étagée. Bande sourcilière bleue du bec à la nuque. Bout des grandes sus-alaires et face inf. blanches. Rectrices lat. bordées extérieurement de blanc. — P. CYANUS. Pall. — M. Azurée.
Ins. N. et C. . . . .

243-11,2 max. *Tête* nuque et cou noirs avec taches blanches sur la nuque et les régions parotiques. Deux bandes blanches à l'aile. Rémiges et rectrices brunes. — P. ATER. Linn. ★ — M. Noire.
Ins. Bois, bosquets. Sed. et pass. . . . . . .

Fig. XLI

CXXV. G. LOPHOPHANES-LOPHOPHANE. Kaup.

244-12,5. *Cendré* dessus. Huppe noire et blanche. Gorge noire. Face inf. blanchâtre — L. Cristatus Kaup ★
Ins. Bois de conifères. Sed. . . . . L. Huppé.

CXXVI. G. PŒCILE-NONNETTE. Kaup

Calotte noire. Sous caudales blanchâtres. . . . . *a*
Calotte brun foncé. Sous-caudales ocracées. *248*

a. — 245-12,5. *Dessus* gris cendré. Joues, régions parotides blanches. — P. Palustris. Kaup. ★
Ins. Bois de conifères. Sed. . . . . N. des marais.

246-11,5. *Dessus* cendré olivâtre foncé. Joues et côtés du cou blanchâtres — P. Communis. Gerbe ★
Ins. Bosquets, bords de l'eau. C. Séd. . . . . N. Vulgaire.

247-16,6 max. *Calotte* ne dépassant pas l'occiput, noir brun, ainsi que la gorge. Joues blanchâtres. Face sup. cendré brun. — P. Lugubris Kaup
Ins. SE . . . . N. Lugubre

248-13,8 max. *Gorge* et poitrine noires. Face sup. cendré roux. Joues et côtés du cou blancs. — P. Sibirica Kaup
Ins. N. E. . . . . N. de Sibérie.

Fig. XLII

CXXVII. G. ORITES-ORITE. Mœhr. (*Fig. XLII*).

249-15,6 max. *Tête* et cou blancs. Dos roux lie de vin. Grande tache sur l'aile. Trois rectrices ext. tachées de blanc. — O. Caudatus. G. R. G.
Ins. Bois, bosquets, vergers. Sed. . . . . . . O. Longicaude. ★

CXXVIII. G. ÆGITHALUS-REMIZ. Boie

250-10. *Dessus* de la tête, gorge, cou, blanchâtres. Dos roux. Joues noires. Face inf. gris roussâtre. — A. Pendulinus. Boie. ★
Ins. Gran. Bords de l'eau. C. Fr. Mérid. . . . R. Penduline.

CXXIX. G. PANURUS-PANURE. Koch

251-17,3 max. Le roux domine. Moustaches noires (m.) Rémiges primaires liserées de blanc. Bec jaune. — P. Biarmicus Koch. ★
Ins. Gran. Lieux marécageux. Séd. et pass. . . . P. à moustaches

VII. SO. TENUIROSTRES

A. — *Bec* moyen, dur, droit. Queue courte droite. Ailes sub obtuses (*Pl. XI, fig. 10*) . . . 42° F. Sittidés.

B. — *Bec* long, mince, courbé.

- *Tête* lisse.
  - I. — Bec à extrémité arrondie. Queue courte à rectrices molles (*Pl. XI, fig. 14*) . . . 44° F. Tichodromidés.
  - II. — Bec à extrémité pointue. Queue moyenne à rectrices pointues, raides. Ailes sub obtuses (*Pl. XI, fig. 11 à 13*) . . . 43° F. Certhiidés.
- *Tête* avec forte huppe. Ailes obtuses (*Pl. XI, fig. 15*) . . . 45° F. Upupidés.

42° F. Sittidés

Narines basales recouvertes par les plumes du front. Tarses courts. Pouce long à ongle robuste. Sexes semblables.

CXXX. G. SITTA-SITTELLE. Linn. (*Fig. XLIV*)

- *Rectrices* médianes de la teinte du dos, les autres noires. Les quatre ext. marquées de blanc. . . *a*
- *Rectrices* brunes, l'ext. légèrement tachée de blanchâtre à l'extrémité. 254

a. — *251-13. Face* sup. bleu cendré. Face inf. rousse avec gorge et joues blanches. Bande noire sur l'œil. — S. Caesia M. et W. ★
Ins. Frug, Bois, bosquets. Séd. et pass. . . — S. Torchepot.

232-12,7 max. Sous caudales roussâtres terminées de blanc. Face inf. blanche. Rectrices ext. à base noire terminée de blanc et cendré. — S. Europaea. Linn.
Ins. N. E . . . . . . — S. d'Europe.

251-16. *Gorge* et poitrine blanches, ventre et sous-caudales roussâtres. Tache blanche à l'extrémité des rectrices externes. — S. Syriaca. Ehrenb.
Ins. S. E . . . . — S. Syriaque

Fig. XLIV

Fig. XLV

43e F. Certhiidés

Bec comprimé Narines basales logées dans un sillon. Face sup tachetée. Roussâtre dominant Sexes semblables

CXXXI. G. CERTHIA-GRIMPEREAU. Linn (*Fig XLV*)..

255 13,8 max *Face* inf. et flancs blancs avec sous caudales d'un roux clair. Ongle du pouce plus long que le doigt. Deuxième rémige plus courte que la huitième — C. FAMILIARIS. Linn ★
Ins Sed. N. Alpes. . . . . . — Gr Familier.

256 12,6 max. *Face* inf. et flancs roussâtres avec gorge et poitrine blanches. Ongle du pouce plus court que le doigt. Deuxième rémige plus longue que la huitième. — C. BRACHYDACTYLA. Br
Ins. Bosquets Sed . . . . — Gr. Brachydactyle ★

44e F. Tichodromidés

Bec déprimé et triangulaire à la base. Narines basales nues. Première rémige allongée. Ongle du pouce mince, aussi long que le doigt Sexes peu différents.

CXXXII. G. TICHODROMA-TICHODROME. Illig.

257 17. *Face* sup. joues et abdomen cendrés. Taches blanches sur les quatre premieres rémiges et sous caudales Ailes largement tachées d'un beau rouge — T. MURARIA Illig ★
Ins. Bois, bosquets, regions montagneuses. C. et C. Sed . . . . . — T. Echelette.

45e F. Upupidés

Bec comprimé, trigone à la base. Narines basales, petites. Première rémige allongée Queue carrée à dix rectrices Sexes semblables

CXXXIII G UPUPA HUPPE Linn

258-30 *Plumes* de la huppe rousses, terminées de noir. Le blanc et le roux dominent. Queue noire à bande blanche. — U. Epops Linn ★

Ins. Lisières, pâturages, bords des chemins, Etc. . . . . — H. Vulgaire.

VIII. — 18° O. FISSIROSTRES

A — *Queue* plus ou moins fourchue, à douze rectrices, les ext. les plus longues. Ailes sur-aiguës. Moins de 20 de long (*Pl. XI, fig. 16 à Pl. XII, fig 3*)	46e F. Hirundinidés
B — *Queue* droite à dix rectrices, les ext. les plus courtes. Ailes aiguës. Plus de 25 de long (*Pl. XII, fig. 4 et 5*).	47e F. Caprimulgidés
Famille aberrante : Quatre doigts dirigés en avant (*Pl. XII, fig. 6 et 7*) . . .	48e F. Cypsélidés.

46e F. Hirundinidés

Bec à pointe comprimée, à base dépourvue de poils raides. Narines basales. Doigts antérieurs inégaux, séparés. Tarses presque toujours de longueur du médian. Sexes habituellement semblables.

α. — *Ailes* moins longues que la queue. Celle-ci très fourchue. Tarses et doigts nus (*Pl. XI, fig. 16 et 17*).	CXXXIX G. Hirundo
β — *Ailes* plus longues que la queue	
Tarses et doigts emplumés. Queue très échancrée. Face inf. et croupion blanc (*Pl. XII, fig. 1 et 2*).	CXXXV G. Chelidon
Tarses presque nus, doigts nus. Queue peu échancrée. Narines saillantes. Gorge blanche (*Pl. XI, fig. 18*)	CXXXVII G. Cotyle.
Tarses et doigts nus .	
Queue fourchue. Sexes différents. Bec infléchi comprimé à la base. Tarses plus court que le médian armé (*Pl. XIII, fig. 3*)	CXXXVI G. Progné.
Queue presque droite. Sexes semblables. Bec déprimé à la base. Tarses égaux au médian.	CXXXVIII. G. Biblis.

Fig XLVI

CXXXIV. G. HIRUNDO-HIRONDELLE. Linn.

259 18. *Dessus* noir. Poitrine à collier noir. Face inf. non tachée. Croupion et nuque de la teinte du dos. Rectrices médianes sans blanc. — H. RUSTICA. Linn. ★
Ins. Lieux habités, plaines. Ete . . . . — H. Rustique.

259 A-17 *Face* inf. roux foncé. Reste comme précédent. — *H. Cahirica.* Lichst.
Ins. Acc. S. . . . . — H. du Caire.

260-18. *Vertex*, dessus du dos, scapulaires noirs. Pas de collier noir. Face inf ordinairement striée Croupion et nuque roux. — H. RUFULA. Temm. ★
Ins. S. Fr. Merid. Ete. . . . . — H. Rousseline.

CXXXV. G. CHELIDON CHELIDON. Boie. (*Fig. XLVI*).

261 14. Pas de collier. Face sup. noir bleu. — C. URBICA. Boie. ★
Ins. Endroits habités. Ete. . . . . — Ch. des fenêtres.

CXXXVI. G. PROGNE PROGNE. Boie.

262. Plumage noir à reflets (m.) ou brun taché de gris (f. et j). — P. PURPUREA. Boie.
Ins. Acc. Angleterre. . . . . — P. Pourpre

CXXXVII. G COTYLE-COTYLE Boie.

263-14. *Face* sup. cendrée. Face inf. blanche avec une large bande transv cendrée sur la poitrine. — C RIPARIA Boie ★
Ins. Bords de l'eau. Ete. . . . . — C. Riveraine.

CXXXVIII G. BIBLIS-BIBLIS. Less.

264-14,4 max. Gris cendré, plus clair et roussâtre en dessous. Rectrices sauf médianes et ext tachées de blanc. — B. RUPESTRIS Less. ★
Ins Regions montagneuses. S. Ete. . . . . — B des Roches.

47e F. Caprimulgidés

Bec fendu jusqu'au milieu de l'œil, à pointe crochue, à base garnie de soies raides. Yeux très grands. Tarses courts. Pouce peu développé. Ongle du médian pectiné. Plumage très varié Sexes semblables. Mœurs crépusculaires.

CXXXIX G CAPRIMULGUS-ENGOULEVENT Linn

265 29 max. *Bande* blanchâtre de chaque côté de la tête partant des commissures du bec. Première rémige égale à la troisième. — C. EUROPÆUS. Linn. ★
Ins. Bois. Ete. . . . . — E. d'Europe.

266 32. *Un* large collier roux, blanc devant. Première rémige plus courte que la quatrième. — C RUFICOLLIS. Temm.
Ins. Bois. Ete. S. Fr. Merid. . . . . — E. a collier roux. ★

48e F. Cypsélidés

Base du bec sans soies raides. Tarses emplumes jusqu'aux doigts, ceux ci presque egaux Dix rectrices. Ailes très longues. Plumage plus ou moins noiratre. Sexes semblables.

CXL. G. CYPSELUS-MARTINET. Illig. (*Fig. XLVI*).

267-22. *Noir* bronzé à reflets. Gorge blanchâtre. — C. APUS Illig. ★
Ins. Villes. Ete. . . . . — M Noir.

268-22. *Face* sup. large bande transv. de la poitrine et sous-caudales brunes. Face inf. blanche. — C. MELBA. Illig. ★
Ins. Regions montagneuses. S. Ete. . . . . . . — M Alpin.

Fig. XLVII

IX. — SO. SYNDACTYLES

A. — *Bec* effilé, un peu courbé. Ailes longues et pointues. Queue longue arrondie à rectrices médianes plus longues que les autres (*Pl. XII, fig. 10*). . . . . . . — 50e F. MÉROPIDÉS.

B. — *Bec* comprimé, droit. Ailes courtes, arrondies Queue courte, arrondie (*Pl. XII, fig. 11 à 13*). . . . . . — 51e F. ALCEDINIDÉS.

Famille aberrante. Doigts libres (*Pl XII, fig. 8 et 9*) . . . . — 49e F. CORACIIDÉS.

49e F. Coraciidés

Fig. XLVIII

Bec de la longueur de la tête. Narines basales. Ailes sub aiguës. Tarses plus courts que le médian Sexes semblables

CXLI. G. CORACIAS-ROLLIER Linn. (*Fig. XLVIII*).

269 32. *Plumage* où le bleu et le violet dominent Dos et rémiges primaires brunes. Bec noirâtre. Rectrices ext dépassant un peu les autres. — G GARRULUS Linn. ★
Ins. Reptil. Bois, coteaux arides. S. Acc. N. . . . . . . — R Ordinaire

50e F. Méropidés

Bec tétragone à narines basales en partie cachées Première rémige faible. Sexes semblables. Plumage à teintes très vives.

CXLII. G. MEROPS GUÊPIER. Linn. (*Fig. XLIX*).

270-29 max. *Dessus* de la tête, du cou et haut du dos marron rouge. Gorge jaune. Rectrices médianes ne dépassant les autres que de quelques centimètres. Pieds bruns.
Ins. Plaines, coteaux arides, bords de l'eau. Err. S . . . . — M. APIASTER Linn ★ — G Vulgaire

271-34 max. *Face* sup. vert bleuâtre avec croupion vert bleu. Devant du cou marron, gorge jaune. Rectrices médianes dépassant les autres d'au moins cinq centimètres. Pieds noirs
Ins. Plaines, terrains sablonneux. Acc. S. Fr. Merid. . . . — M. ÆGYPTIUS Fork ★ — G d'Egypte

Fig XLIX.

51e F. Alcedinidés

Bec tétragone plus haut que large, à arête

sup arrondie. Narines basales nues. Jambes un peu en arrière du corps. Sexes semblables.

α. — *Moins* de 15 sans le bec. Plumage très vivement coloré de bleu, marron, etc. (*Pl. XII, fig. 11 et 12*)	CXLIII. G. ALCEDO.
β. — *Plus* de 20 sans le bec. Noir et blanc dominant dans le plumage (*Pl. XII, fig. 13*). .	CXLIV. G. CERYLE.

CXLIII. G. ALCEDO MARTIN-PÊCHEUR. Linn.

272-18 environ. *Face* sup. bleu verdâtre avec nuque et ailes tachées de bleu azur qui est la teinte du croupion. Bande marron de chaque côté de la tête. Lorums noirs, pieds rougeâtres.	A. ISPIDA. Linn.	★
Pisc. Ins. Bords de l'eau. Sed.	M. Vulgaire.	

CXLIV. G. CERYLE-CERYLE. Boie.

273-32 sans le bec. *Plumage* noir et blanc. Larges sourcils blancs. Un ou deux colliers noirs	C. RUDIS. Boie.
Pis. Ins. Acc. S.	C. Pie.
274-25 sans le bec. *Lorums* blancs. Bande bleuâtre sur la poitrine. Rectrices médianes tachées de blanc. Ventre et flancs roux (m.).	C. ALCYON. Boie.
Pisc. Acc. Angleterre, Irlande.	C. Alcyon.

X. — SO. CUCULIENS

A. — Bec à base moins haute que large. Narines plus ou moins découvertes. Ailes longues et pointues. Plumage plus ou moins tacheté. Plus de 30 de long. Pas de nid (1). (*Pl. XII, fig. 14 à 16*).	52e F. CUCULIDÉS.
B. — Bec à base plus haute que large. Narines operculées. Ailes moyennes arrondies. Plumage non tacheté. Moins de 30 de long. Un nid (*Pl. XII, fig. 17*).	53e F. COCCYZIDÉS.

(1) Les coucous pondent leurs œufs dans les nids d'autres oiseaux, qui les couvent pour eux.

52ᵉ F. Cuculidés

α. — *Tête* lisse. Bec à base moins haute que large. Tour de l'œil peu dénudé (*Pl. XII, fig. 14 et 15*) . .	CXLV G. Cuculus
β. — *Tête* avec une sorte de huppe Bec à base aussi haute que large. Tour de l'œil bien dénudé (*Pl. XII, fig. 16*).	CXLVI. G Oxylophus

CXLV. G. CUCULUS-COUCOU. Linn.

275-30 Rectrices noires tachées de blanc. Commissures du bec et pieds jaunes. Tarses nus sur un tiers seulement. — C. Canorus. Linn ★
Ins. Bois. Ete. . . . . C Gris.

CXLVI. G. OXYLOPHUS-OXYLOPHE. Swains. (*Fig. L*)

Fig. L

276-43. *Remiges* brunes à extrémités blanches. Couvertures des ailes grises tachées de blanc. Gorge et poitrine rousse — O. Glandarius. Bp. ★
Ins. S. Acc. Ete. . . . . O Geai.

53ᵉ F. Coccyzidés

CXLVII. G. COCCYZUS COULICOU. Vieill

277-29. *Face sup.* cendré, face inf. blanche. Mandib. inf. et tour de l'œil jaune. — C. Americanus. Jenyns.
Ins. Acc. O. et Angleterre. . . . . C Américain. ★

XI. — SO. PICIENS

A. — *Queue* à rectrices dures, élastiques et pointues à l'extrémité. Bec à sillons latéraux (*Pl. XIII, fig. 1 a 5*).	54ᵉ F. Picidés.
B. — *Queue* à rectrices molles, à extrémité élargie. Bec sans sillons latéraux (*Pl. XIII, fig 6 et 7*)	55ᵉ F. Torquillidés.

54ᵉ F. Picidés

Narines basales cachées par des plumes sétacées. Langue terminée par une pointe dure, barbelée. Tarses courts. Queue étagée. Sexes assez différents.

α. — *Plumage* où le noir et le blanc dominent de beaucoup.
- *Plumage* presque entièrement noir. Tarses emplumés. . . . . CXLVIII. G. Driopicus.
- *Plumage* presque entièrement noir et blanc. Tarses partiellement emplumés (*Pl. XII, fig. 1 et 2*) . . . . CXLIX. G. Picus.

β. — *Plumage* où le vert et le verdâtre dominent. Tarses peu emplumés (*Pl. XII, fig. 3 et 4*). CL. G. Gecinus.

Genre aberrant : Trois doigts seulement (*Pl. XIII, fig. 5*). . . . . CLI. G. Apternus.

CXLVIII. G. DRIOPICUS-DRIOPIC. Boie.

278-46 max. *Noir* avec dessus de tête rouge. — D. Martius. Boie. ★
Ins. Larr. Bacc. Grandes forêts. N. E. Fr. Sep. . . . . D. Noir.

CXLIX. G. PICUS-PIC. (Linn. *Fig. LI*).

- *Plus* de 20 de long. Sous-caudales rouges.
  - *Bas* du dos noir. . . . . *α*
  - *Bas* du dos blanc. *281*
- *Moins* de 15 de long. Sous-caudales blanchâtres. *282*

α. — *279*-24. *Dessus* noir à taches blanchâtres. Flancs blanchâtres non tachetés. Derrière de la tête rouge (m.). — P. Major. Linn. ★
Ins. Frug. Bois. Séd. . . . . P. Epeiche.

280-22. *Dessus* noir à taches blanches. Flancs roses à taches brunes. Dessus de la tête rouge dans les deux sexes. — P. Medius. Linn. ★
Ins. Frug. Bois. Séd. . . . . P. Mar.

281-28. *Dessus* noir taché de blanc. Flancs roses à taches noires. Dessus de la tête rouge (m.). — P. Leuconotus. Bechs.
Ins. Frug. Bois montagneux. Séd. . . . . P. Leuconote. ★

282-15. *Dessus* noir à taches blanches. Dessus de la tête rouge (m.). Bas du dos blanc, strié de noir. — P. Minor. Linn. ★
Ins. Bois. Séd. . . . . P. Epeichette.

Fig. LI

Fig. LII

CL. G. GECINUS GÉCINE Boie.

283-32 max. *Face* sup verte, face inf plus ou moins jaunâtre Rectrices à bandes verdâtres transv. Sommet de la tête et moustaches rouges (m.) ou moustaches noires (f)	G VIRIDIS. Boie ★
Ins. Bacc Bois, bosquets. Sed.	G Vert
284 30 max. *Face* sup. verte à vertex cendré Face inf cendrée. Front rouge (m). Bandes transv sur rectrices médianes (ad)	G CANUS. Boie. ★
Ins Bacc Bois, bosquets. E. C. Fr. Acc	G Cendre.

CLI. G APTERNUS-APTERNE Swains

285 17 *Dessus* noir à taches blanches. Vertex jaune, nuancée de blanc brillant	A. TRIDACTYLUS Bp ★
Ins Larc Bois Alpes, Carpathes. Acc. ailleurs. .	A à trois doigts

55e F. Torquillidés

Bec presque rond, à base emplumée, à narines basales nues Queue arrondie Tarses écailleux. Sexes semblables.

CLII. G. YUNX TORCOL. Linn. (*Fig. LII*).

286-17. *Plumage* varié de gris, roux brun, noir Rémiges tachées en damier.	Y TORQUILLA. Linn. ★
Ins. Bois, bosquets, vergers. Été. N Sed. S	T Vulgaire.

XII — SO. COLOMBINS

A *Membranes* des fosses nasales séparées par un sillon profond. Tarses plus ou moins emplumées. Ailes sub obtuses. Corps massif (*Pl. XIII, fig. 8 et 9*)	56e F. COLOMBIDÉS
B — *Membranes* des fosses nasales sans sillon de séparation Tarses nus ou presque Ailes sub-aiguës Corps élancé (*Pl XIII, fig. 10 et 11*).	57e F. TURTURIDÉS.

56 F. Colombidés

Bec droit comprimé, renflé et arrondi à l'extrémité. Narines étroites horizontales. Queue arrondie. Sexes semblables.

α. — *Tarses* plus courts que le médian, assez emplumés. Ailes sans taches ni bandes transv. noires (*Pl. XIII, fig. 8 et 9*) . . . . CLIII. G PALUMBUS

β. — *Tarses* égaux au médian, peu emplumés. Ailes à taches ou bandes transv noires. CLIV. G. COLUMBA

CLIII. G. PALUMBUS-PALOMBE. Kaup

287-45. *Face* sup. cendrée. Derriere du cou vert doré et croissant blanc sur le côté (ad) Bord ext. de l'aile blanc. — P TORQUATUS. Bp. ★
Gran. Frug. Bois. Sed. et pass . . . . P. à collier

CLIV. G. COLUMBA-COLOMBE. Linn.

288-35. *Face* sup. cendré bleuâtre avec croupion plus clair. Côtés du cou vert à reflets. Bord ext de l'aile noir. Rémiges sec. tachées de noir. Rectrices ext. tachées de blanc. — C. ŒNAS. Linn ★
Gran. Frug. Bois. Sed. et pass. . . . . C. Colombin.

289-32. *Gris* ardoise avec côtés et bas du cou vert à reflets. Croupion blanc Ailes à bord ext. cendré et à deux bandes transv. noires. — C. LIVIA. Briss ★
Gran. Frug. Roches escarpees. Sed. et pass. . . . . C. Biset

57° F. Turturidés

Bec faible droit, à extrémité peu renflée. Ailes allongées. Sexes semblables.

α. — *Queue* longue, très étagée Tarses légèrement emplumés. Ongle du médian large et peu courbé (*Pl. XIII, fig. 11*). . . . . CLV. G. ECTOPISTES

β — *Queue* moyenne, arrondie Tarses nus. Ongle du médian mince, comprimé Tour de l'œil nu (*Pl. XIII, fig. 10*). . . . . CLVI G. TURTUR

CLV G ECTOPISTES ECTOPISTE. Swains. (*Fig. LIV*).

290-41 max. *Bord* ext. de l'aile noir. Rectrices lat cendrées. tachées de noir aux barbes internes — E MIGRATORIUS. Swains.
Gran. Acc Angleterre. N O . . . . E Migrateur.

CLVI. G TURTUR-TOURTERELLE Selby (*Fig LIII*)

291-29 max. *Face* sup. brune avec tête et cou cendrés et croupion à plumes bordées de roussâtre. Extrémité de la queue blanche. Rectrices médianes brunes Croissant blanc aux côtés du cou (ad.). — T AURITUS Ray. ★

Gran. Bois, bosquets. Ete N. Sed. S. . . . . — T Vulgaire

292 32 max. Sous-caudales cendré bleu ainsi que le bout des rectrices lat. et barbes ext des rectrices ext Rectrices médianes noirâtres. — T. RUPICOLA. Bp

Gran. Rochers. Acc. O. . . . . — T. Rupicole.

293 27. Sous caudales blanches. Queue noire en dessous à la base, trois rectrices ext. blanches dans le reste, les autres cendrées. — T. SENEGALENSIS Bp.

Gran. SE Acc. SO . . . . — T. du Sénégal.

Fig. LIV

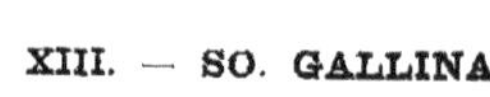

XIII. — SO. GALLINACÉS

Fig. LIII

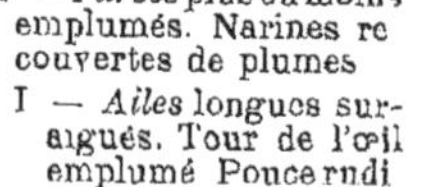

A — *Tarses* plus ou moins emplumés. Narines recouvertes de plumes

I — *Ailes* longues suraiguës. Tour de l'œil emplumé Pouce rudimentaire. Seize rectrices, les médianes les plus longues (*Pl. XIII, fig. 12 et 13*). . . . . — 58ᵉ F. PTEROCLIDÉS.

II. — *Ailes* courtes, arrondies, sub-obtuses. Dessus de l'œil nu. Queue courte, variable, de 14 à 18 rectrices, recouvertes presque toujours par les sus et sous caudales (*Pl. XIII, fig. 15 à Pl. XIV, fig. 6*). . — 59ᵉ F. TETRAONIDÉS.

B. — *Tarses* nus. Narines découvertes. Sous-caudales atteignant ordinairement au moins l'extrémité des rectrices.

I. — *Queue* courte et arrondie d'un nombre variable de rectrices.

Ailes arrondies ordinairement sub obtuses. Tarses éperonnés ou tuberculés (m.) Médian armé presque toujours plus long que le tarse. Tour de l'œil plus ou moins dénudé (*Pl. XIV, fig. 7 à 11*). 60° F. Perdicidés.

Ailes courtes, aiguës. Tarses lisses. Médian armé égal au tarse. Tour de l'œil emplumé (*Pl. XIV, fig. 12 et 13*). . . . . 61° F. Coturnicidés

II. — *Queue* très longue et très étagée, de 18 rectrices. Tour de l'œil nu. Tarses éperonnés. Ailes sur obtuses (*Pl. XIV, fig. 14*) . . . . 63° F. Phasianidés.

Famille aberrante : Trois doigts seulement (*Pl. XIV, fig. 15 et 16*). . . . 62° F. Turnicidés.

58° F. Ptéroclidés

Bec beaucoup plus court que la tête. Sexes différents.

α. — *Tarses* emplumés devant, doigts nus (*Pl. XIII, fig. 12 et 13*) . . . . . . CLVII. G. Pterocles

β. *Genre aberrant :* Pouce nul (*Pl. XIII, fig. 14*). . . . . . CLVIII. G. Syrrhaptes.

CLVII. G. PTEROCLES-GANGA. Temm.

29 I 27. *Rectrices* médianes longues, très pointues. Poitrine avec une bande transv. rousse bordée de noir de chaque côté. Gorge noire (m.) ou blanche (f.)
Gran. Herb. Plaines arides. S. Fr. Mérid. P. Alchata. Kichst ★
Séd. . . . . G. Cata.

295-30 *Taches* noires à la gorge (m.) ou gorge jaunâtre (f.). Deux bandes noires sur la poitrine et l'abdomen. Sous-caudales noires à pointe blanche. P. Arenarius. Temm.
Gran. Séd. S. . . . . G. Unibande.

CLVIII. G. SYRRHAPTES SYRRHAPTE. Illig. (*Fig. LV*).

296 33 mai *Première* rémige très longue et pointue, son bord ext. noir (m.) ou brun (f.). Bande transv. châtain sur l'aile et le ventre. S. Paradoxus Lichst
Gran. Herb. Plaines sablon. Pass. Arc. S. Paradoxal ★

Fig. LV

Fig. LVI

59. F. Tetraonidés

Mandibule sup. bien recouverte par les plumes du front, très courbée, dépassant notablement l'inf. Sexes différents.

α. — *Tarses* et doigts emplumés. Espace papilleux au dessus de l'œil. Queue arrondie de quatorze rectrices (*Pl. XIV, fig. 6*). CLXII. G. Lagopus

β. — *Tarses* emplumés, doigts nus. Espace papilleux au-dessus de l'œil. Dix-huit rectrices.
- *Queue* arrondie (*Pl. XIII, fig 15*) . . . CLIX G Tetrao
- *Queue* fourchue (*Pl. XIV, fig. 1 à 3*) . CLX G Lyrurus

γ. — *Tarses* à moitié emplumés. Etroit espace nu derrière l'œil. Seize rectrices (*Pl. XIV, fig. 4 et 5*). . . . . CLXI G. Bonasa

CLIX. G. TETRAO-TETRAS. Linn. (*Fig. LVI*)

297-100 max. (m.), 65 max. (f.). Noir à reflets dominant (m.). Plumage varié de roux, noir, gris, blanc (f.). Sous caudales blanches à l'extrémité, moins longues que les rectrices. T. Urogallus. Linn. ★
Gran. Bacc. Herb. Forêts de conifères Mont. Sed . . . . T. Urogalle.

CLX. G. LYRURUS LYRURE. Swains.

298-65 max. (m.), 46 max. (f.). Noir à reflets dominant (m.). Plumage varié de roux, noir, gris (f.). Du blanc aux rémiges. Sous-caudales blanches (m.) bordées de roux (f.). L. Tetrix. Swains ★
Gran. Bacc. Ins. Bois, Montagnes. Sed. . . . . L. des Bouleaux.

Nota. — Le mâle de cette espece s'hybride avec la femelle de Tetrao Urogallus et de Lagopus Albus.

CLXI. G. BONOSA-GÉLINOTTE Steph. (*Fig. LVII*)

299 37 max. *Plumes* de la poitrine allongées. Faible huppe. Partie sup. à taches ondulées. Bande noire au bout de la queue. Gorge noire (m.) ou grisâtre (f.) B. Sylvestris. G. R. G.
Gran. Bacc. Bois montagneux. Sed . . . . G. des Bois. ★

CLXII. LAGOPUS-LAGOPÈDE. Briss.

- *Rectrices* à bouts blancs. Plumage presque entièrement blanc l'hiver . . . a
- *Rectrices* à bout brun roussâtre. Plumage variant très peu l'hiver . . . 302

α 300-41 max. *Plumage* varié de roux, jaune et noir (été). Rachis des premières rémiges brun noir. Ongles peu arqués, blanchâtres. Pas de bande noire en travers de l'œil — L. ALBUS Vieill. ★
Gran. Herb. Bois de bouleaux. N. Hautes montagnes. Séd. . . . . — L. Blanc.

301-36 *Plumage* varié de gris, jaunâtre et noir (été). Rachis des rémiges noirâtre. Ongles bien arqués, noirâtres. Bande noire en travers de l'œil (m.) — L. MUTUS Leach ★
Gran. Herb. Endroits rocailleux. Hautes montagnes. Séd. . . . . . — L. Muet.

302-44 max. *Rémiges* brunes. Plumage vermiculé de roux et de noir — L. SCOTICUS. Bp.
Gran. Régions montagneuses. Bruyères. Angleterre. . . . . — L. d'Écosse.

60e F. Perdicidés

Bec comprimé. Narines basales demi-fermées par une membrane. Sexes assez semblables.

α. — *Ailes* sub aigues. Plus de 50 de long. Bec à narines semi-circulaires surmontées d'un caroncule. Tarses éperonnés de la longueur du médian. Rémiges secondaires presque égales aux primaires. Dix-huit rectrices (*Pl. XIV, fig. 7*) — CLXIII. G. TETRAOGALLUS.

β — *Ailes* sub obtuses. Au plus 35 de long. Bec non caronculé.

- *Ailes* à rémiges secondaires plus longues que les primaires. Médian armé plus court que le tarse, ceux-ci éperonnés. Bec allongé à arête entamant le front. Quatorze rectrices . . — CLXIV. G. FRANCOLINUS.
- *Ailes* à rémiges secondaires plus courtes que les primaires. Médian armé plus long que le tarse, ceux-ci tuberculés ou presque lisses.
  - *Bec* plus long que la moitié de la tête. Tarses tuberculés. Pieds rouges. Pouce portant bien à terre. Plumes des flancs courtes et élargies. Douze à seize rectrices (*Pl. XIV, fig. 8 et 9*). . . . . — CLXV. G. PERDIX.
  - *Bec* plus court que la moitié de la tête. Tarses presque lisses. Pieds gris. Pouce touchant le sol seulement par l'extrémité de l'ongle. Plumes des flancs longues étroites. Seize à dix-huit rectrices (*Pl. XIV, fig. 10 et 11*) . . . . — CLXVI. G. STARNA.

Fig. LVII

Fig. LVIII

CLXIII G. TETRAOGALLUS-TETRAGALLE. J. E. G.

303-60 (m.), 54 (f.). *Gorge* blanche bordée de cendré. Rectrices brun cendré à base cendrée, à extrémité rousse. — T. Caspius. Bp.
Gran. Caucase. . . . . . . — T. Caspien

CLXIV G. FRANCOLINUS-FRANCOLIN. Steph.

304-32 max. *Tête* roussâtre à taches noires. Gorge noire. Collier marron. Croupion rayé de gris et de noir (m.). Tête brune, gorge blanchâtre, croupion rayé de gris et de brun (f.). — F. Vulgaris. Steph.
Gran. Bois humides Sed. Sicile. S. . . . . — F. Vulgaire.

CLXV. G. PERDIX PERDRIX. Briss. (*Fig. LVIII*).

{ *Un collier* noir . . . . *a*
{ *Un collier* roux *308*

a — *305*-35 max. *Bande* noire partant du front et embrassant la poitrine. Dessus cendré bleu. Deux bandes transv. noires aux plumes des flancs. Troisième rémige la plus longue. — P. Græca. Briss. ★
Gran. Bacc. Endroits arides. S. C. Sed. . . . . — P. Grecque.

306-35. *Gorge* et côtés du front roussâtres. Bande noire partant de l'arrière de l'œil, encadrant la gorge. Deux bandes noires aux plumes des flancs. Troisième et quatrième rémiges plus longues. — P. Chukar. G. R. G.
Gran. Régions montagneuses. Grece, Crète . . . . — P. Chukar

307-31 max. *Gorge* et cou blancs entourés d'un collier noir partant du front. Cou et poitrine ext. au collier tachés de noir. Dessus roux cendré. Une bande transv. noires aux plumes des flancs. — P. Rubra. Briss. ★
Gran. Bacc. Côteaux, Vignes, Régions montagneuses. S et C. Sed . . . . — P. Rouge.

Nota. — Cette espèce s'hybride avec P. Græca.

308-32 max. *Collier* large et taché de blanc. Deux bandes transv. noires aux plumes des flancs. Lorums gris. Dessus cendré olivâtre. — P. Petrosa. Lath. ★
Gran. Coteaux rocailleux. S. Acc. Fr. Merid. . . . . — P. de roche

CLXVI G STARNA STARNE. Bp

309 30 *Front* et gorge roux. Poitrine gris cendré à stries onduleuses noires Tête d'un roux brun et un croissant marron sur l'abdomen (m.) — S. CINEREA. Bp. ★
Gran. Champs, prairie. N. et C. Sed. . . . . — S. Grise.

Nota. — Parmi les nombreuses variétés, une assez constante à plumage chocolat a été décrite sous le nom de S. Montana, S. de Montagnes. Briss.

309 A-22 *Même* plumage que l'espèce type (ne diffère guère que par la taille et ses habitudes migratrices) — *S. Damascena.* Briss ★
Gran. Champs. S. O Err . . . . — S de Damas.

61ᵉ F. Coturnicidés

Bec à mandibules presque égales, à base plus large que haute. Ongles courts, peu arqués Plumes des flancs longues, étroites Sexes semblables

CLXVII G. COTURNIX-CAILLE. Moehr (*Fig. LIX*)

310 17 max *Plumage* varié de roussâtre, brun et noir Une bande blanchâtre longit. sur l'occiput et chaque œil. — C. COMMUNIS Bonn. ★
Gran Champs, prés. Ete. S. et C. . . . . — C Commune.

Fig. LIX

62ᵉ F. Turnicidés

Bec très comprimé, droit Narines nues allant jusqu'au milieu du bec

CLXVIII. G. TURNIX TURNIX. Bonnat.

311-16 max. *Face* sup striée de noir, brun roux, blanc Face inf. plus ou moins rousse Rémiges primaires fortement falquées. Ailes sur aiguës — T. SYLVATICUS. Bp
Ins. Gran. Plaines S . . . . — T. Sauvage

63e F. Phasianides

Tête surmontée de deux touffes de plumes en formes de cornes (m.), lisse (f.) Joues et tour de l'œil nus Médian de la long. du tarse. Sexes différents.

CLXIX. G. PHASIANUS FAISAN. Linn. (*Fig. LX*)

312 87 (m). 75 (f.). *Tête* et cou verts à reflets (m.) ou roussâtres tachés de noir (f.). Plumage très varié, le brun dominant. . . . . . P. COLCHICUS. Linn. ★
Gran. Larr. Bois. E. Naturalisé. N. . . . . . F. de Colchide.

Fig. LX

XIV - SO. PRÈSSIROSTRES

1er GROUPE. *Pattes* à trois doigts.

A — *Bec* plus court que la tête, légèrement infléchi à la pointe. Narines sans sillon de prolongement. Plus de douze rectrices (*Pl. XV, fig. 7 à 12, Pl. XVI, fig. 2*).

{ *Tête* et cou pourvus d'ornements variés (m.). Ailes recouvrant entièrement la queue. Tarses réticulés. Doigts courts, épais, à bords membraneux. Vingt rectrices. Plumage plus ou moins vermiculé et tacheté. Au moins 45 de long (*Pl. XV, fig. 7 à 11*). . . . 64e F. OTIDIDÉS.

{ *Tête* et cou lisses. Narines basales. Ailes sur-aiguës. Tarses scutellés. Quatorze rectrices. Plumage coloré en grandes masses. Moins de 25 de long (*Pl. XV, fig. 12, et Pl. XVI, fig. 2*). 65e F. TACHYDROMIDÉS.

B — *Bec* droit. Narines ordinairement percées de part en part et à sillons de prolongement s'étendant jusqu'au milieu du bec. Douze rectrices. Tarses presque toujours réticulés (*Pl. XV, fig. 13 à Pl. XVI, fig. 4*).

{ *Bec* plus court, exceptionnellement de la longueur de la tête (CLXXIX. G. Calidris), à base molle. Moins de 35 de long.
{ *Tête* lisse. Ailes sur-aigues (*Pl. XV, fig. 14 a Pl. XVI, fig. 1*). . . . . 67e F. CHARADRIIDÉS.
{ *Tête* huppée Ailes aigues armées d'un fort éperon pointu (*Pl. XV, fig. 4*) . . . . . CLXXXII. G. HOPLOPTERUS.

Bec à base molle, de la longueur de la tête, fendu jusqu'à l'œil, comprimé sauf à la base Tête grosse Narines peu profondes Ailes aigues Plumage très taché Plus de 40 de long (*Pl XV, fig. 13*) . . . . 66e F. Œdicnémidés.

Bec bien plus long que la tête, aussi haut que large à base Ailes sur aigues Plumage non tacheté (*Pl. XVI, fig 3 et 4*). . . . . 68e F Hématopodidés.

2e GROUPE — *Pattes* à quatres doigts

A — *Queue* fourchue de quatorze rectrices. Bec infléchi, court, fendu jusqu'au dessous des yeux Tarses scutellés. Ailes sur-aigues (*Pl. XIV, fig. 17 et 18*) . . . . 69e F. Trachéléidés.

B. — *Queue* droite ou arrondie de douze rectrices Bec droit inf ou égal à la tête

Bec à sillons latéraux s'étendant sur plus de moitié. Ailes variables à poignet tuberculé Tarses habituellement réticulés. Pouce souvent ne portant pas sur le sol (*Pl XV, fig. 1, 2, 3 et 5*) . . . . 70e F. Vanellidés.

Bec de la longueur de la tête, à base membraneuse. Ailes non tuberculées sur aigues Tarses scutellés devant (*Pl. XV, fig. 6*) . . . . 71e F Strepsilidés.

64e F. Otididés

Bec déprimé à la base, fort. Sexes différents.

α. — *Ailes* sub aigues Bec sensiblement plus court que la tête. Narines basales. Sommet de la tête lisse.

Touffes de plumes de chaque côté du bec formant barbe (ad) Plus de 100 de long .(*Pl. XV, fig. 7*) . . . . CLXX G. Otis

Collerette de plumes molles, noires (m.). Au plus 45 de long (*Pl. XV, fig. 8 et 9*) . . . CLXXI G Tétrax.

β. — *Ailes* sub obtuses. Bec presque aussi long que la tête Narines presque médianes. Tête huppée Faisceau de plumes décomposées de chaque côté du cou. Trois bandes transv. à la queue (*Pl. XV, fig 10 et 11*) . . . . CLXXII. G. Houbara

CLXX. G. OTIS OUTARDE. Linn. (*Fig LXIII*)

313-103 max. *Dos* roux jaunâtre ondé de noir, devant du cou blanc Rectrices marquées de deux bandes transv noires.. O. Tarda. Linn. ★

Herb. Ins Grandes plaines. Err. . . . . O. Barbue.

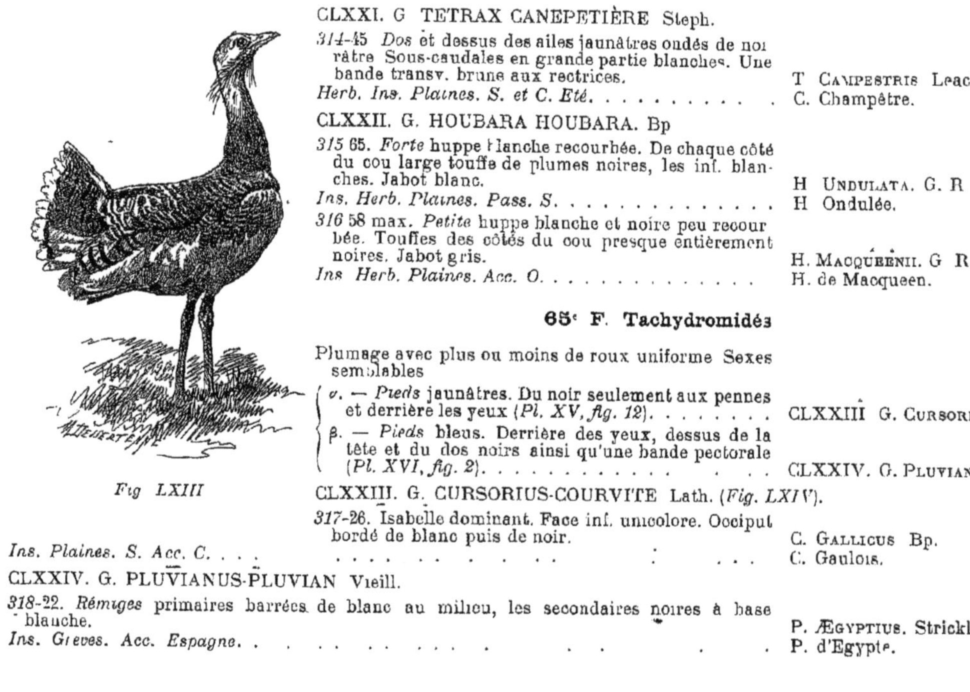

Fig LXIII

CLXXI. G TETRAX CANEPETIÈRE Steph.

314-45 *Dos* et dessus des ailes jaunâtres ondés de noirâtre Sous-caudales en grande partie blanches. Une bande transv. brune aux rectrices. — T CAMPESTRIS Leach.
Herb. Ins. Plaines. S. et C. Eté. . . . . — C. Champêtre. ★

CLXXII. G. HOUBARA HOUBARA. Bp

315 65. *Forte* huppe blanche recourbée. De chaque côté du cou large touffe de plumes noires, les inf. blanches. Jabot blanc. — H UNDULATA. G. R G
Ins. Herb. Plaines. Pass. S. . . . . — H Ondulée. ★

316 58 max. *Petite* huppe blanche et noire peu recourbée. Touffes des côtés du cou presque entièrement noires. Jabot gris. — H. MACQUEENII. G R. G.
Ins Herb. Plaines. Acc. O. . . . . — H. de Macqueen.

65e F. Tachydromidés

Plumage avec plus ou moins de roux uniforme Sexes semblables

- α. — *Pieds* jaunâtres. Du noir seulement aux pennes et derrière les yeux (*Pl. XV, fig. 12*). . . . . — CLXXIII G. CURSORIUS.
- β. — *Pieds* bleus. Derrière des yeux, dessus de la tête et du dos noirs ainsi qu'une bande pectorale (*Pl. XVI, fig. 2*). . . . . — CLXXIV. G. PLUVIANUS.

CLXXIII. G. CURSORIUS-COURVITE Lath. (*Fig. LXIV*).

317-26. Isabelle dominant. Face inf. unicolore. Occiput bordé de blanc puis de noir. — C. GALLICUS Bp. ★
Ins. Plaines. S. Acc. C. . . . . — C. Gaulois.

CLXXIV. G. PLUVIANUS-PLUVIAN Vieill.

318-22. *Rémiges* primaires barrées de blanc au milieu, les secondaires noires à base blanche. — P. ÆGYPTIUS. Strickl.
Ins. Grèves. Acc. Espagne. . . . . — P. d'Egypte.

66ᵉ F. Œdicnemidés

Ailes n'atteignant pas l'extrémite de la queue. Sous-caudales plus longues que les rectrices lat. Sexes semblables.

CLXXV. G. ŒDICNEMUS ŒDICNÈME. Temm.

319-43 max. *Une* bande jaunâtre sur l'aile. Deux premières remiges tachées de blanc. Rectrices lat. terminées de noir. Sous-caudales roussâtres à rachis noirâtres. — Œ. CREPITANS. Temm.
Ins. Plaines arides. Sed. S. C. Été. N. . . . . — Œ. Criard. ★

67ᵉ F. Charadriidés

Bec à base plus haute que large. Sous-caudales moins longues que les rectrices. Sexes semblables, mais plumage variable avec les saisons

α. — *Bec* plus court que la tête. Tarses réticulés derrière. Ailes atteignant l'extrémite de la queue. Celle-ci arrondie.

Ailes à poignet tuberculé. Bec comprimé vers la pointe Face sup. tres tachée. Nombreuses bandes transv. à la queue (*Pl. XV, fig. 14 et 15*). . . . . CLXXVI. G. PLUVIALIS

Ailes non tuberculées. Plumage coloré par grandes masses peu ou pas taché.

Bec mince, peu comprimé à la pointe, à mandib. inf. droite sur toute son étendue. Plus de 20 de long (*Pl. XV, fig. 16*). . . . . . CLXXVII G. MORINELLUS

Bec mince à mandib. inf. relevé dans sa seconde moitie. Moins de 20 de long (*Pl. XV, fig. 17*) . CLXXVIII. G CHARADRIUS

β — *Bec* de la longueur de la tête. Tarses scutellés Ailes n'atteignant pas l'extrémité de la queue Celle ci bi-échancrée (*Pl. XVI, fig. 1*). . . . . . . CLXXIX G. CALIDRIS.

Fig LXIV

CLXXVI. G. PLUVIALIS PLUVIER. Barr. (*Fig. LXV*).

320-27. *Dessus* brun noir taché de jaune et de jaunâtre Sous-caudales lat à bandes transv. brunes et jaunâtres

Fig. LXV

alternant (ad. été). Ailes de 18 au moins | P. APRICARIUS. Bp. ★
Ins. Verm. Champs, Endroits marec. Sed. et pass. | P. Doré.

321 26 max. *Dessus* brun noir taché de blanchâtre. Sous-caudales lat. tachées de brun. Ailes de 17 au plus. | P. FULVUS. Schleg. ★
Ins. Acc. O. . . . . | P. Fauve.

CLXXVII. G. MORINELLUS GUIGNARD Bp.

322 32. *Calotte* noirâtre tachée de roussâtre, bordée de blanc (ad.) ou de roussâtre. Une bande noire suivie d'une large ceinture blanche (ad). Rachis de la première rémige blanc. | M. SIBIRICUS. Bp. ★
Ins. Verm. Terr. eleves, secs. Ete. N. Pass. C. et S. | G. de Sibérie.

323 21. *Calotte* brun gris. Front et gorge blancs ou roussâtres. Poitrine rousse bordée de noir en bas (ad.). Rachis des rémiges blanc taché de brun. | M. ASIATICUS. Z. Gerbe.
Ins. Verm. Acc. O. . . . . | G. Asiatique.

CLXXVIII. G. CHARADRIUS-GRAVELOT. Linn.

Bec plus court que l'int. armé 324
Bec au moins de la long. de l'int. armé. . . . . a

324 16. *Bec* jaune à pointe noire (ad.). Pieds oranges. Rachis des rémiges primaires plus ou moins blanchâtres. Devant du front noir (ad.). Rectrice ext. blanche. Un collier blanc et un noir. | C. HIATICULA, Linn. ★
Ins. Larv. Plages, bords des etangs. Sed. et pass. . . . . | G. Hiaticule.

a 325-13. *Bec* noir (ad.). Pieds jaunâtres. Rémiges primaires brunes, la première à rachis blanc. Devant du front noir (ad.). Rectrices ext. blanches. Un collier blanc et un noir. | C. PHILIPPINUS. Scop. ★
Ins. Plages, bords de l'eau. Sed. et pass. . . . . | G. des Philippines.

326-15 max. *Bec* toujours noir. Pieds noirâtres. Rémiges primaires brun noirâtre à rachis plus ou moins blanc. Devant du front blanc. Trois rectrices ext. blanchâtres. Colliers interrompus. | C. CANTIANUS. Lath. ★
Ins. Plages. Sed. et pass. . . . . | G. de Kent.

327 19 max. *Bec* noir, pieds noirâtres. Première rémige à rachis blanc. Un large collier

roux (ad.) Bande sourcilière noire passant sur le front (ad.). — C. Mongolicus. Pall.
Ins. Larv. Acc. Russie. . . . . . G. Mongol.

Fig. LXVI

CLXXIX. G. CALIDRIS SANDERLING. Illig. (*Fig. LXVI*).

328-16 max. *Grande* tache blanche sur les couvertures sup. des ailes. Du blanc sur le côté externe des cinq dernières rémiges. Rectrices médianes et rectrices ext. plus longues que les autres. — C. Arenaria. Leach ★
Ins. Larv. Plages. Ete N. Hiv. C. et E. . . . . . S. des sables.

68e F. Hematopodidés

Bec très comprimé, peu fendu. Sous caudales moins longues que les rectrices lat. Queue droite. Plumage coloré par grandes masses. Sexes semblables.

CLXXX. G. HEMATOPUS HUITRIER. Linn. (*Fig. LXVII*)

329 42. *Plumage* noir et blanc. Bec jaune rouge. Pieds rouges (ad.). — H. Ostralegus. Linn.
Malac. Verm. Plages. Sed. . . . . H. Pie.

Fig. LXVII

69e F. Tracheleidés

Bords mandib. courbés. Ongles longs, celui du médian dentelé. Sexes semblables.

CLXXXI. G. GLAREOLA-GLARÉOLE. Briss. (*Fig. LXI*)

330 25. Le roux domine. Moyenne sous alaires d'un marron vif. Lorums gris brun. — G. Pratincola. Leach.
Ins. Verm. Plages. S. O. Acc. N. . . . G. Pratincole ★

331-26. *Face* sup. grise (ad.). Lorums et sous-alaires d'un noir brun (ad.). — G. Melanoptera. Nordm.
Ins. Terrains arides. Russie Mérid. Acc. Grèce . G. Mélanoptère

Fig. LXI

70 F. Vanellidés

Narines lat. étroites. Sexes semblables.

- α. — *Tête* huppée. Bec moins long que la tête. Ailes sub-aiguës (*Pl. XV, fig. 1 et 2*). . . CLXXXIII G. Vanellus
- β. — *Tête* lisse. Pouce ne portant pas à terre.
  - *Pouce* rudimentaire. Bec moins long que la tête. Ailes sur-aiguës (*Pl. XV, fig. 3*). CLXXXIV. G. Squatarola.
  - *Pouce* bien développé. Bec aussi long que la tête. Ailes aigues (*Pl. XV, fig. 5*). . . . CLXXXV. G. Chetusia.
- *Genre aberrant.* Trois doigts seulement (*Pl. XV, fig. 4*). . . . . CLXXXII. G. Hoplopterus.

CLXXXII. G. HOPLOPTERUS HOPLOPTÈRE. Bp. (*Fig. LXII*)

332-30. *Tête*, devant du corps, ventre, bec et pieds noirs. Face sup. gris brun. — H. Spinosus. Bp.

Ins. Champs cultivés. SO. Turquie, Grèce. . . H. Epineux.

CLXXXIII. G. VANELLUS-VANNEAU. Linn.

333-34. *Huppe* effilée de 5 à 6 plumes. Rectrices ext. blanches, les autres noires et blanches. Bec noir.

Ins. Verm. Prés humides, marécages. Eté N. Pass. C. et S. . . . . V. Cristatus. M. et W. V. Huppé. ★

CLXXXIV. G. SQUATAROLA-SQUATAROLE. Leach.

334-29 max. *Face* sup. noire ou brunâtre variée de blanchâtre (ad.), ou gris clair ondé de blanchâtre (j.). Queue blanche rayée de noirâtre ou de gris. — S. Grisea Leach. ★

Ins. Verm. Plages, maréc. N. Pass. C. et S. . . . S. Grise.

CLXXXV. G. CHETUSIA-CHETUSIE. Bp.

335-30. *Deux* rectrices ext. blanches, les autres noires et blanches. Bec et pieds noirs. Cou-

Fig. LXII

vertures supérieures moyennes des ailes blanches. Une bande noire au travers de l'œil — C. Gregaria Bp. ★
Verm. Ins. S. Acc. Fr. Merid. . . . . . . — C. Sociale.

336-27. Rectrices blanches. Bec noir. Pieds jaune verdatre. Couvertures sup. moyennes des ailes blanches barrées de noir. — C. Leucura Bp.
Verm. Ins. Endroits marec. Acc. S. . . . . — C. Albicaude.

71° F. Strepsilidés

Médian armé égal au tarse. Jambes peu dénudées au dessus de l'articulation. Plumage coloré en grande masse. Sexes semblables.

CLXXXVI. G. STREPSILAS-TOURNE-PIERRE. Illig.

337-22. Queue blanche barrée transv. de noir. Dos et dessus des ailes marqués de rouge brun. Pieds oranges. — S. Interpres Illig. ★
Malac. Verm. Plages. N. Pass. C. et S. . . . . — T. Interprète.

XV. — SO. LONGIROSTRES

A. — *Bec* très arqué, beaucoup plus long que la tête, à sillons s'étendant sur les trois quarts. Tarses en grande partie réticulés (*Pl. XVI, fig. 6 et 7*). . . . . — 72° F. Numéniidés.

B. — *Bec* droit ou faiblement courbé en haut ou en bas. Tarses plus ou moins scutellés.

- *Bec* d'une longueur au moins deux fois celle de la tête, à mandibule sup. sillonnée jusqu'à l'extrémité. Tarses réticulés derrière. 12 à 16 rectrices (*Pl. XVI, fig. 5 et 9 à 12*) — 73° F. Scolopacidés.
- *Bec* ne dépassant pas en longueur une fois et demie celle de la tête. Tarses scutellés devant et derrière. Douze rectrices.
  - *Bec* à mandib. sup. sillonnée jusqu'à l'extrémité. Doigts libres, bordés. Ailes atteignant au moins l'extrémité de la queue (*Pl. XVI, fig. 13 à 20*). . . . . . . — 74° F. Tringidés.
  - *Bec* à mandib. sup. sillonnée au plus dans ses deux tiers. Ext. et quelquefois int. unis à la base au médian par une palmure (*Pl. XVII, fig. 1 à 9*). . . . . . . — 75° F. Totanidés.

Familles aberrantes :

- I. — *Doigts* garnis d'expensions membran. à bords libres, festonnés (*Pl. XVII, fig. 10 à 12*). — 76° F. Phalaropidés.
- II. — *Tarses* très longs à doigts en grande partie palmés (*Pl. XVII, fig. 15 et 16*) . — 77° F. Recurvirostridés.
- III. — *Tarses* très longs, trois doigts en partie palmés (*Pl. XVII, fig. 13 et 14*). — 78° F. Himantopidés.

Fig. LXVIII

72ᵉ F. Numeniidés

Mandib. sup. dépassant l'inf. Narines basales. Doigts ant. faiblement palmés à la base Queue courte, légèrement arrondie. Sexes différents, seulement par la taille.

CLXXXVII G. NUMENIUS COURLIS. Moehr (Fig. LXVIII).

| Rectrices grises rayées de brun . . . *a*
| Rectrices blanches rayées de brun . . . 341

a. — 338 60. *Dessus*, sous-caudales et sous-alaires blanches à taches transv. brunes — N. ARQUATA. Lath ★
Verm. Malac. Plages maréc. Séd. et pass — C Cendré

339-43. *Calotte* brune avec une bande jaune longit. centrale. Dos et sus-caudales blanchâtres à taches brunes. — N PHÆOPUS Lath ★
Verm. Ins. Plages marec. Sed. et pass. . . . . — C Courbieu

340-33 max. *Calotte* brune divisée en long par une raie blanche Dos brun taché de roussâtre et jaunâtre. Rectrices gris roux rayées de brun — N HUDSONICUS Lath
Verm. Ins. Plages marec. Acc. Angleterre . . . . — C. de la Baie d'Udson

341 43. *Dos*, sous-caudales et sous-alaires blancs ordinairement uniforme. Sus-caudales blanches avec quelques taches — N. TENUIROSTRIS Vieill
Verm. Ins. Plages marec. Pass. S. Fr. Merid. . . . . — C à bec grêle ★

73ᵉ F. Scolopacidés

Bec mou, très flexible, à extrémité mandib sup élargie, dépassant un peu l'inf. Sexes semblables

| *v* — *Jambes* à demi dénudées Tarses plus longs que le médian. Celui-ci uni à l'ext à la base. Plumage double.
| | *Tarse* double du médian Extrémité de la mandib sup. lisse Pas de palmure entre l'int et le médian (*Pl XVI, fig 3*) . . . . — CLXXVIII G LIMOSA

Tarse moindre du double du médian. Ext. et inf. plus ou moins réunis au médian par une palmure.

Bec près de trois fois la longueur de la tête, très retroussé, à extrémité mandibulaire lisse. Palmures assez fortes (*Pl. XVI, fig. 12*) . . . . CLXXXIX. G. Terekia.

Bec près de deux fois la longueur de la tête, à extrémité mandibulaire chagrinée. Palmures faibles (*Pl. XVI, fig. 8*). . . . . CXC. G. Macroramphus.

β. — *Jambes* au moins aux deux tiers emplumées. Tarse égal ou plus court que le médian. Doigts libres. Plumage simple. Mandib, à sillons médians.

Jambes presque entièrement emplumées. Tarse égal au médian. Plus de 40 de long (*Pl. XVI, fig. 9 et 10*). . . . . CXCI. G. Scolopax.

Jambes dénudées sur un tiers. Tarse plus court que le médian. Moins de 30 de long. (*Pl. XVI, fig. 11*). . . . . CXCII. G. Gallinago.

CLXXVIII. G. LIMOSA-BARGE. Briss.

342-42. *Médian* à ongle dentelé. Queue blanche à extrémité noire. Dessous de l'aile blanc. — L. Ægocephala. Leach. ★
Verm. Ins. Plages, prairies humides. Pass. . . . . B. Egocéphale.

343-36 max. *Médian* à ongle lisse. Queue roussâtre à raies brunes. Dessous de l'aile blanc rayé transv. de brun. — L. Rufa. Briss. ★
Ins. Verm. Plages. Eté N. et C. Hiv. S. . . . . B. Rousse.

CLXXXIX. G. TEREKIA-TEREKIE. Bp.

344-20. *Face* sup. à fond cendré. Face inf. front, extrémité des rémiges sec. blancs. — T. Cinerea. Bp.
Verm. Ins. Endroits marée. Acc. O. . . . . T. Cendré.

CXC. G. MACRORAMPHUS-MACRORAMPHE. Leach.

345-27. *Croupion* blanc à taches noirâtres. Sus-caudales et rectrices blanches, à bandes noires. Rémiges sec. bordées de blanc. — M. Griseus. Leach. ★
Malac. Ins. Plages, marais. Acc. O. . . . . M. Gris.

CXCI. G. SCOLOPAX-BÉCASSE. Linn.

346-50 max. *Deux* bandes transv. noires à l'occiput. Rémiges à barbes ext. marquées de taches rousses. — S. Rusticula. Linn. ★
Verm. Ins. Bois humides. Eté N. Pass. C. et S. . . . . B. Ordinaire.

Nota. — Cette espèce présente de très grandes variations de taille, dont on a voulu faire des variétés.

CXCII. G. GALLINAGO-BÉCASSINE. Leach.

Au moins 25 de long. seize ou quatorze, exceptionnellement douze rectrices. Deux bandes noires longit. sur la tête . . . . *a*

Moins de 20 de long. Douze rectrices. Une bande noire au milieu de la tête et sur chaque œil *349*

a. — *347*-27. *Trois* ou quatre rectrices ext. blanches, avec deux ou trois taches transv noires. — G. Major. Leach. ★
Verm. Ins. Bords de l'eau, marec. Ete N. Pass. S. et C. . . . . — B. double.

348 25. *Rectrices* rousses marquées de taches transv. noires. Sous-caudales jaunâtres tachées de noirâtre. — G. Scolopacinus. Bp. ★
Verm. Larv. Bords de l'eau, marais. Etc N. et C. Pass. S . . . . — B. Ordinaire.

349-17 max. *Rectrices* ext blanchâtres, les autres brun cendré Sous-caudales blanches. Croupion noir. — G. Gallinula Bp ★
Verm. Bords de l'eau. Marée. Eté N. Pass. C. et S. . . . . — B. Gallinule.

74ᵉ F. Tringidés

Bec droit ou légèrement courbé à la pointe. Sexes semblables. Plumage double.

α — *Bec* droit, au moins de la longueur de la tête, comprimé à la base, dilaté à l'extrémité. Queue courte, légèrement conique. Jambe peu dénudée (*Pl. XVI, fig. 13 et 14*). — CXCIII. G. Tringa.

β. — *Bec* droit ou faiblement fléchi dans ses deux derniers tiers, peu dilaté à l'extrémité. Queue courte à rectrices médianes pointues et plus longues. Jambes bien dénudées (*Pl. XVI, fig. 15 à 19*) . . . . — CXCIV. G Pelidna

γ — *Bec* plus court que la tête, mince, peu dilaté à l'extrémite. Queue moyenne, étagée, à rectrices médianes rondes. Jambes nues sur plus de la moitié de leur longueur (*Pl. XVI, fig. 20*) . . . . — CXCV. G. Actiturus.

CXCIII. G. TRINGA-MAUBECHE. Linn.

350-20 max. *Rectrices* cendrées. Sus-caudales blanches (hiver) ou tachées de roux (été) avec des bandes transv. noires. Sous-alaires blanches. — T. Canutus. Linn ★
Verm. Malac. Plages. Eté N. Pass. C. et S. . . . . — M. Canut

CXCIV. G PELIDNA-PELIDNE. G. Cuv (*Fig. LXXII*).

Doigt médian plus long que le tarse *351*

Fig LXII

Doigt médian plus court que le tarse

I — *Bec* légèrement arqué vers le tiers ant. à arête mandib. sup. saillante et convexe 352

II — *Bec* droit ou presque, à arête mandib saillante et convexe dans sa première moitié, puis déprimé jusqu'à la pointe :

{ *Bec* au moins de la long de la tête. *a*
{ *Bec* plus court que la tête . . . *b*

III. *Bec* notablement fléchi en avant, à arête mandib. très déprimée et très large. . . . 358

351 21 max. *Rectrices* médianes et première lat. d'un brun noirâtre, et les autres cendrées. Sus-caudales médianes noires, les autres blanches tachetées de noirâtre Sous-alaires cendrées. — P. Maritima ★

Verm. Malac. Plages Ete N. Pass. S. et C — P. Maritime

352 21 max. *Dessous* roux plus ou moins tacheté (été) ou blanc (hiver). Sus caudales blanches avec deux à quatre taches transv. noires — P Subarquata Brehm.

Verm. Malac. Plages. Ete. N. Hic C. et S. . . . . — P. Cocorli ★

a — 353-20 max. *Poitrine* et abdomen tachés de noir (été) Dessous du corps blanc (hiver). Sus caudales médianes brunes, les autres blanches. Sous-caudales blanches — P. Cinclus. Bp ★

Verm. Plages. Ete N. Pass. C. et S. . . . . — P. Cincle.

353 A-17 max. *Plumage* analogue au précédent — *P. Torquata* Z. G. ★

Mœurs et distribution comme le précédent. . . . . . . — P à collier.

354-23 max. *Face* inf blanche avec les sous-caudales plus ou moins rayées en long de brun. Sus-caudales médianes noirâtres, les lat. blanches tachées de brun. — P. Maculata Bp

Verm. Malac Plages Acc. O. . . . . — P. Tachetée.

355-16. *Face* inf. blanche. Sus-caudales blanches tachées de brun noir — P Melanotos Bp.

Verm. Plages. Acc Angleterre. . . . . . . — P à dos noir

b — 356-13. *Queue* bi-échancrée. Rachis des rémiges primaires blancs au milieu, bruns dans le reste, des rémiges sec. blancs à pointe brune. — P. MINUTA Boie. ★
Verm. Malac. Plages, marais. Eté N Pass. C. et S . . . . — P. Minule.

357-14 max. *Queue* légèrement étagée. Rectrices lat. blanchâtres. Rachis de la première rémige blanc, les autres bruns — P TEMMINCKII. Boie. ★
Verm. Plages. Ete N. et C. Pass S. . . . . — P. Temmia

358-15. *Bande* longit. noire sur la tête. Sus-caudales médianes d'un brun noirâtre, les autres blanches tachetées de noir et de roux. Ventre et sous caudales blancs. — P PLATYRHYNCHA Bp.
Verm. Malac. Plages. Ete N. Pass. C. et S . . . . — P. Platyrhynque. ★

CXCV. G. ACTITURUS-ACTITURE. Bp.

359 20 max. *Pennes* tachées de noir à l'extrémité, bordées ext. de blanc. Sus-caudales rousses tachées de noir. — A. RUFESCENS Bp
Verm. Plages. Acc O. . . . . — A. Rousset.

75e F. Totanidés

Jambes dénudées en général sur moitié Plumage double.

α. — *Doigt* int. libre à la base.

I — *Ailes* atteignant au moins l'extrémité de la queue.

Bec de la long. de la tête, cylindrique, un peu renflé à l'extrémité. Médian armé plus court que le tarse. Sexes différents. Collerette et face verruqueuse (m. été) (*Pl. XVII, fig 1*) . . . . — CXCVI. G. MACHETES.

Bec une fois et demie la long. de la tête, comprimé à la pointe, droit ou peu retroussé Sexes semblables (*Pl. XVII, fig. 2 à 5*). . . . . — CXCVII. G TOTANUS

II. — *Ailes* n'atteignant pas l'extrémité de la queue. Sexes semblables

Bec plus long que la tête Médian armé égal au tarse (*Pl. XVII, fig. 6 et 7*) . . — CXCVIII. G. ACTITIS.

Bec plus court que la tête. Médian armé plus court que le tarse. Grandes scapulaires atteignant la troisième rémige primaire. . . . . — CXCIX G. BARTRAMIA.

β. — *Doigt* int. réuni à la base au médian. Médian armé égal au tarse. Bec un peu plus long que la tête, bien plus haut que large. Ailes plus longues que la queue. Sexes semblables (*Pl XVII, fig 8 et 9*) . . . . — CC G. SYMPHEMIA

CXCVI. G. MACHETES-COMBATTANT. G. Cuv.

360-31 (m.), 20 (f.). *Sous-alaires* et sous-caudales blanches. Rachis des rémiges blanchâtres. Rectrices rayées transv. de noirâtre, moins les trois ext. — M. Pugnax. G. Cuv. ★

Verm. Prairies marec. Ete N. Hiv. S. . . . . — C. Ordinaire.

Fig. LXIX.

CXCVII. G. TOTANUS-CHEVALIER. Bechst (*Fig. LXIX*).

Bec bien plus long que le médian armé. Queue pointue. Au moins partie postérieure du dos blanche :
- *Pieds* verdâtres ou noirs légèrement brunâtres. . . . . *a*
- *Pieds* rouges ou rougeâtres. . . . . . . *b*

Bec à peine aussi long que le médian armé. Queue presque droite. Dos unicolore. . *c*

a. — *361*-34. *Rectrices* médianes et sus-caudales blanches barrées de brun. Sous-alaires blanches tachées de brun. Mandib. inf. noirâtre — T. Griseus. Bechst. ★

Verm. Malac. Plages, bords de l'eau, marec. Ete N. Pass. S. . . . . — C. Gris.

362 24. *Queue* blanche, les rectrices médianes barrées de noir, les lat. avec deux ou trois bandes. Sous-caudales blanches avec ou sans taches noirâtres. Sous-alaires et sus-caudales blanches. Bec noir. — T. Stagnatilis. Bechst.

Verm. Malac. Plages, bords de l'eau. Ete N. Pass. C. et S. . . . . — C. Stagnatille. ★

b. — *363*-32 max. *Rectrices* et sus-caudales cendrées barrées de noirâtre. Sous-caudales blanches, les lat. et les plus grandes rayées obliquement de noirâtre. Sous-alaires blanches. Mandib. inf. à base rouge. — T. Fuscus. Bechst. ★

Verm. Malac. Plages, bords de l'eau. Ete. N. Pass. C. et S. . . . . . . — C. Brun.

364 29. *Rectrices* et sus-caudales blanches barrées de brun. Sous-caudales blanches, quelques-unes rayées de brun. Sous-alaires blanches, celles du bord cendrées. Du blanc aux rémiges sec. Bec à base rouge. — T. Calidris. Bechst. ★

Verm. Ins. Plages, bords de l'eau. Séd. S. et C. Pass. N. . . . . — C. Gambette.

c. — *365*-17 max. *Rectrices* et sus-caudales blanches rayées de brun avec les barbes int. des trois ext. blanches. Sous-caudales médianes blanches. Sous-alaires marquées de brun. Bec à base mandib. inf. verdâtre. — T. Glareola. Temm. ★

Verm. Ins. Bords de l'eau, marec. N. et E. Pass. S. et C. . . . — C. Sylvain.

366-22 max. Rectrices blanches à bandes transv noirâtres. Sus et sous-caudales blanches · Sous alaires brunes à raies transv. blanches Bec noir verdâtre — T OCHROPUS Temm ★
Verm Ins. Bords de l'eau, marais. Sed. S. Pass. N et C . . . . — C. Cul-blanc.

CXCVIII. G. ACTITIS-GUIGNETTE. Boie.

367-19 max Face inf. blanche. Sus alaires et sus-caudales à bandes transv. noirâtres et roussâtres Rectrices lat. blanches avec trois ou quatre bandes brunes. Bec et pieds gris-verdâtre. — A. HYPOLEUCOS. Boie ★
Verm. Ins. Bords de l'eau. Sed. et pass. . . . . — G. Vulgaire

368-18. Face inf. blanche plus ou moins tachée. Rectrices lat., sous-caudales, sus et sous alaires blanches rayées transv. de noirâtre. Sus caudales rousses Bec et pied couleur chair — A. MACULARIA. Boie
Verm. Bords de l'eau. Acc O. . . . . — G. Grivelée.

CXCIX. G BARTRAMIA BARTRAMIE. Less.

369-25. Rectrices lat. rousses barrées de noir. Sus-caudales roussâtres. Sus-alaires blanches rayées transv. de brun. — B. LONGICAUDA. Z. G
Ins Plaines humides. Acc. O . . . . — B. Longicaude

CC. G. SYMPHEMIA SYMPHÉMIE. Rafin.

370 40. Rectrices lat blanches tachées de cendré. Sus et sous caudales blanches, rayées ou non de zigzags bruns. Un miroir blanc à l'aile. Sous-alaires brunes, pieds gris. — S SEMIPALMATA. Hartl
Verm. Ins. Plages. Acc. O. . . . . — S. demi palmée ★

76e F. Phalaropidés

Douze rectrices. Sous-caudales plus grandes que les rectrices lat Jambes au tiers dénudées. Plumage double. Sexes peu différents.

α — Bec de la long. de la tete, épais, sillonné sur les deux tiers. Ailes plus courtes que la queue (Pl. XVII, fig. 10 et 11). . . . . — CCI. G. PHALAROPUS

β. — Bec plus long que la tête, mince à sillons peu prononcés Ailes atteignant l'extrémité de la queue (Pl. XVII, fig 12) . . . . — CCII G LOBIPES

Fig. LXXI

CCI. G. PHALAROPUS-PHALAROPE. Briss. (*Fig. LXXI*).

371-23 max. *Dessus* de la tête noir (ad. été). Scapulaires arrivant à l'extrémité de la quatrième rémige primaire. Sous alaires d'un blanc légèrement cendré. — P. Fulicarius Bp ★
Verm. Ins. Plages. Eté N. Pass. C. et S. . . . — P. Dentelé.

CCII. E. LOBIPES LOBIPÈDE. G. Cuv.

372-18. *Face* sup. brun cendré (ad. été). Scapulaires arrivant à l'extrémité de la cinquième rémige primaire. Sous-alaires cendrées. — L. Hyperboreus. Steph.
Verm. Ins. Plages. N. Pass. C. . . . . — L. Hyperboré. ★

77ᵉ F. Recurvirostridés

Bec flexible sillonné jusqu'au milieu. Tarses et jambes réticulés. Ailes dépassant l'extrémité de la queue. Sexes semblables.

CCIII. G. RECURVIROSTRA-RECURVIROSTRE. Linn.

373-47. *Plumage* noir et blanc (ad.). Tarses bleuâtres ou gris — R. Avocetta. Linn. ★
Verm. Ins Plages, etangs. Sed. S. et C . . . . — R. Avocette

Fig. LXX

78ᵉ F. Himantopidés

Bec une fois et demi la long. de la tête, sillonné sur moitié de son étendue, à narines basales. Ailes dépassant la queue. Jambes aux quatre cinquièmes nues. Tarses réticulés.

CCIV. G. HIMANTOPUS ECHASSE. Briss. (*Fig. LXX*).

374-40. *Plumage* blanc et noir plus ou moins brunâtre. Bec noir. Pieds rouges. — H. Candidus. Bonn. ★
Verm. Ins. Plages, etangs. Sed. S et C . . . . . — E. Blanche.

XVI. SO. CULTRIROSTRES

A. — *Bec* épais, droit, pointu, à bords mandib. tranchants.

Narines médianes percées de part en part. Lorums emplumés. Pouce portant à peine sur le sol. Faible palmure entre l'ext. et le médian. Ailes sub obtuses (*Pl. XVII, fig 17 et 18 et Pl. XVIII, fig. 1 et 2*) . . . . 79e F. GRUIDÉS

Narines basales. Lorums nus. Pouce en partie au moins portant sur le sol :

Bec fendu jusqu'au milieu de l'œil, à sillons nasaux bien prononcés. Pouce portant complètement sur le sol. Membrane interdigitale faible. Tarses ordinairement scutellés devant. Bord int. ongle du médian pectiné (*Pl. XVIII, fig. 3 à 12*) . . . 80e F. ARDEIDÉS.

Bec fendu jusqu'à l'œil seulement, sans sillons nasaux. Pouce portant en partie seulement sur le sol. Membrane interdigitale bien développée. Tarses réticulés. Ailes sub obtuses (*Pl. XVIII, fig. 13 à Pl. XIX, fig. 1*) . . . . 81e F. CICONIIDÉS.

B. — *Bec* infléchi à la pointe, épais à la base, flexible, à extrémité aplatie et dilatée en spatule. Face nue. Ailes aiguës (*Pl. XIX, fig 2*). . . . . 82e F. PLATALÉIDÉS.

C. — *Bec* très long, à base quadrangulaire, arrondi, dans le reste et fortement arqué. Face nue, ainsi quelquefois que le restant de la tête et partie du cou. Narines basales, tournées vers le haut (*Pl. XIX, fig 3 et 4*). . . . . 83e F. IBIDÉS.

79e F. Gruidés

Ongle de l'ext. très arqué et le plus robuste. Sexes semblables

α. — *Bec* plus long que la tête. Queue très courte. Tarses scutellés devant. Dessus de la tête nu (ad.) Dernières rémiges sec. longues, arquées, formant panache (*Pl. XVII, fig. 17 et 18*). CCV. G. GRUS

β. — *Bec* légèrement plus long que la tête. Queue très courte. Tarses scutellés devant. Tête emplumée avec touffes de plumes effilées tombant derrière chaque œil. Grandes couvertures très allongées et pointues, dépassant la queue (*Pl. VIII, fig. 1*) . . . CCVI. G. ANTHROPOIDES.

γ. — *Bec* de la long. de la tête. Queue courte. Tarses réticulés. Dessus de la tête orné d'une forte houppe de plumes filiformes. Joues et gorge nues. Devant du cou garni de plumes longues et étroites (*Pl. XVIII, fig. 2*). . . . . CCVII. G. BALEARICA.

CCV. G. GRUS-GRUE Pall.

Plumage gris (ad.) . . . . a
Plumage blanc (ad.) 377

Fig. CI

a 375 140 max. *Cendre* gris. Occiput rouge et nu (ad.) Bec à pointe rougeâtre. Pieds noirs — G. CINEREA Bechst. ★
Herb. Verm. Rept. Terrains humides. N. Pass. C. et S — G. Cendré

376-180 *Cendre* bleu. Tête et moitié du cou rougeâtres et nus (ad.). Bec à pointe brune. Pieds rougeâtres. — G. ANTIGONE Pall.
Verm. Rept. Endroits marec. Acc. Russie merid. . . — G. Antigone.

377-160 *Blanc.* Face et dessus de la tête rouges et nus (ad.) ou avec duvet jaunâtre (j.). Bec et pieds rouges (ad.). — G. LEUCOGERANUS. Pall.
Rept. Pisc. Marec. Acc. Russie Orient. . . — G. Leucogérane.

CCVI. G. ANTHROPOIDES-ANTHROPOIDE Vieill.

378-100 *Gris* bleuâtre (ad.), houppe de plumes blanches et décomposées sur les côtés de la tête. Rectrices brunes. Bec jaune à base noirâtre. Pieds brun noir (ad.) — A. VIRGO. Vieill.
Ins. Rept. Marec., steppes. O — A. Demoiselle

CCVII. G. BALEARICA BALEARIQUE. Briss. (*Fig. CI*).

379 103 *Cendre* brunâtre. Duvet noir sur le front et le vertex (ad.). Plumes du jabot noirâtres. Joues et tempes nues, les premières rouges, les secondes blanches. — B. PAVONINA G. R. G.
Ins. Verm. Plaines, rivages. S . — B. Pavonine.

80e F. Ardeidés.

Ongles longs, minces, celui du pouce le plus long. Sexes ordinairement semblables.

α — *Bec* beaucoup plus long que la tête. Médian armé généralement un tiers moins long que le tarse. Jambes demi-dénudées. Cou très long, complètement empluné.

{ *Partie* nue de la jambe réticulée. Ailes sub-obtuses. Plumage plus ou moins tacheté (*Pl. XVIII, fig. 3 et 4*) . . — CCVIII. G. ARDEA

{ *Partie* nue de la jambe plus ou moins scutellée. Ailes obtuses. Plumage blanc (*Pl. VXIII, fig. 5*) . . . . — CCIX. G. EGRETTA

β — *Bec* de la longueur de la tête. Médian armé presque égal au tarse. Cou moyen, plus ou moins déplumé derrière

I — *Jambes* nues sur au moins un tiers
Cou en partie déplumé derrière seulement. Douze rectrices.
Median armé un peu plus court que le tarse. Bec sensiblement droit Plumage blanchâtre uniforme. Ailes aigues (*Pl. XVIII, fig. 6*) . . . . CCX. G BUBULCUS.
Median armé un peu plus long que le tarse. Ailes sub-obtuses.
Bec droit, très aigu. Partie nue de la jambe et du tarse, en partie scutellée. Plumage en partie tacheté. Huppe épaisse (*Pl. XVIII, fig. 7 et 8*). . . . . CCXI. G BUPHUS.
Bec notablement infléchi à l'extrémité. Partie nue de la jambe et tarses réticulés. Plumage non tacheté chez l'adulte. Faible huppe (*Pl. XVIII, fig. 9*). . . . CCXII. G. NYCTICORAX
Cou complètement déplumé derrière. Dix rectrices. Partie nue de la jambe scutellée. Ailes sub obtuses. Plumage à taches transv. (*Pl. XVIII, fig. 10 et 11*) . . . . . . CCXIII G BOTAURUS.
II. — *Jambe* à peine dénudée Médian armé égal au tarse et au bec Cou au deux tiers déplumé. Plumage a taches longit. Dix rectrices. Ailes aiguës (*Pl. XVIII, fig. 12*). . CCXIV G. ARDEOLA.

CCVIII G. ARDEA-HÉRON. Linn.

Plumage où le gris domine. Tarses un tiers plus long que le médian . . . . *a*
Plumage où le roux domine. Tarse presque égal au médian armé. 382

a. — *380*-106. *Dessus* du cou et du corps cendrés ainsi qu'une partie des couvertures int. des ailes. Calotte et joues blanches (ad.). Calotte noire, joues grises (j.). Côtés de la poitrine noirs ou gris tachés de noir Pieds noirâtres. — A. CINEREA Linn. ★
Pisc. Rept. Malac. Bords de l'eau. Sed. et Err. . . . . — H. Cendré

381-105 max. *Dessus* de la tête, du cou, du dos, et joues noirs Couvertures inf. des ailes toutes blanches. Côtés de la poitrine cendré unicolore. — A. MELANOCEPHALA Vig.
Pisc. Rept. Malac. Bords de l'eau. S. . . . . — H. Mélanocephale. ★

382-80. *Calotte* noir verdâtre. Ligne médiane noire sur la moitié ant. du cou. Trait noir sous l œil. — A. PURPUREA Linn ★
Pisc. Ins. Malac. Bords de l'eau. C. et S. Séd. et Pass. . . . . . . — H Pourpré

CCIX. G. EGRETTA AIGRETTE. Bp. (*Fig. LXXIII*).

383-111 max *Median* armé trois fois aussi long que le pouce Aigrette dépassant la queue. Pieds verdâtres ou noirâtres. — E. ALBA. Bp. ★
Pisc. Rept. Malac. Bords de l'eau. SE. Pass. C . . . . — A. Blanche.

384-55. *Median* armé une fois plus long que le pouce. Aigrette ne dépassant pas la queue. Pieds noirs. — E GARZETTA. Bp. ★
Pisc. Ins. Malac. Bords de l'eau. S SE. Acc. C . . . . . — A Garzette

Fig. LXXIII

CCX. G. BUBULCUS-GARDE BŒUF. Pucher

385-47. *Blanc* (j.), ou avec la huppe, le dos, le jabot à plumes rousses et filiformes; pieds jaunes (ad.). Bec jaune. — B. Ibis. Bp. ★
Pisc. Verm. Malac. Bords de l'eau. Acc. S. — G. Ibis.

CCXI. BUPHUS CRABIER. Boie

386-42. *Dos* roux (ad.), ou brun (j.). Croupion blanc. Jabot roux clair. Forte huppe de plumes blanches, bordées de noir (ad.). — B. Comatus. Boie. ★
Pisc. Verm. Ins. Bords de l'eau. Sed. et pass. S. ou C. — C. Chevelu.

CCXII. G. NYCTICORAX BIHOREAU. Steph.

387-55. *Dessus* de la tête et du dos, noir verdâtre, avec quelques plumes allongées, blanches à l'occiput. Dessous blanc (ad.). Dessus de la tête et du dos brun tachés de blanc. Dessous blanchâtre plus ou moins taché (j.). — N. Europæus. Steph. ★
Pisc. Verm. Ins. Marais boisés. Sed. S. Pass. C. et N. — B. d'Europe.

CCXIII. G. BOTAURUS-BUTOR. Steph. (*Fig. LXXIV*).

388-65. *Median* armé plus long que le tarse. Plumage roux taché de brun. Dessus de la tête noir. Rémiges à bandes transv. irrégulières. — B. Stellaris. Steph. ★
Pisc. Malac. Etangs. Sed. et pass. — B. Etoilé.

389-58. *Median* armé égal au tarse. Plumage à fond roux. Dessus de la tête noir. Rémiges unicolores. Une bande noire de l'oreille au cou. — B. Freti Hudsonis. Briss. ★
Pisc. Malac. Marais. Étangs. Acc. O. — B. de la Baie d'Hudson.

CCXIV. G. ARDEOLA-BLONGIOS. Bp.

390-31. *Bas* des jambes très peu dénudé. Dos noir verdâtre (m.) ou brun (f.). Sus-alaires grises (m.) ou jaunâtres tachées de brun (f.). — A. Minuta. Bp. ★
Pisc. Ins. Malac. Etangs. Sed. et pass. S. et C. — B. Nain.

391-35. *Bas* de la jambe un peu dénudé. Face sup. gris foncé. Cou et poitrine gris noir avec du roussâtre au bord des plumes. Ongles jaunâtres. — A. Sturmii. Z. Gerbe.
Pisc. Ins. Bords de l'eau. Acc. O. — B. de Sturm.

81ᵉ F. Ciconiidés

Fig. LXXIV

Bec plus long que la tête, très fort. Narines étroites transpercées. Partie de la face nue. Bec et pattes plus ou moins rouges. Sexes semblables.

CCXV. G. CICONIA-CIGOGNE. Briss. (*Fig. LXXV*).

392-120 max. *Blanc* à ailes noires (ad.) ou brunâtres (j.). Lorums noirs.	C. ALBA. Will.	★
Rep. Malac. Carn. Endroits maréc. Eté et pass.	C. Blanche.	
393-100. *Brun* noirâtre à abdomen et sous-caudales blancs. Lorums rouges (ad.).	C. NIGRA. Gesn.	★
Pisc. Rept. Malac. Bois maréc. Pass. C. et S.	C. Noire.	

82ᵉ F. Plataléidés

Bec à sillons nasaux linéaires, à extrémité terminée par un crochet. Narines dorsales. Tête huppée. Ongles minces, pointus. Tarses réticulés. Doigts ant. réunis en partie par une membrane découpée. Sexes semblables.

CCXVI. G. PLATALEA-SPATULE. Linn.

394-72 max. *Blanc*. Poitrine rousse (été, ad.). Pieds noirs. Parties nues de la face jaunes.	P. LEUCORODIA Linn.	★
Pisc. Malac. Ins. Plages. Bords de l'eau. Eté et pass. C. et S.	S. Blanche.	

83ᵉ F. Ibidés

Bec comprimé, haut à la base. Sexes semblables.

α. — *Tête* et cou, sauf la face qui est nue, couverts de plumes étroites et pointues. Tarses scutellés devant, bien plus longs que le médian armé. Bords int. de l'ongle du médian pectiné. Plumage à reflets métalliques (*Pl. XIX, fig. 3*). . . . . CCXVII. G. FALCINELLUS.

β. — *Tête* et moitié sup. du cou nues. Tarses réticulés guère plus longs que le médian armé. Scapulaires et dernières rémiges secondaires allongées et tombant en panache (*Pl. XIX, fig. 4*). . . . . CCXVIII. G. Ibis.

CCXVII. G. FALCINELLUS-FALCINELLE. Béchst.

395-62. *Dessus* vert bronzé à reflets (ad.) ou strié au cou de blanchâtre (j.). Dessous plus ou moins brun. Face, bec et pieds plus ou moins verdâtres. F. Igneus. G. R. G. ★
Verm. Malac. Ins. Plages. Bords de l'eau. SE. Pass. S. F. Eclatant.

CCXVIII. G. IBIS-IBIS. Illig. (*Fig. LXXVI*).

396-73. *Plumage* presque entièrement blanc. Rémiges primaires à bout noir. Panache des rémiges noir à reflets. Pieds noirs. I. Religiosa. G. Cuv.
Ins. Malac. Rept. Bords de l'eau. Acc. S. O. . . . . . . I. Sacré.

Fig. LXXV

Fig. LXXVI

XVII. — SO. MACRODACTYLES

α. — *Front* couvert de plumes. Bec souvent plus court que la tête. 84e F. Rallidés.

β. — *Front* à callosité nue. Bec ordinairement de la longueur de la tête . . . . 85e F. Gallinulidés.

84e F. Rallidés

Tarse épais, très peu comprimé. Pouce arrondi, lisse. Ailes et queue courtes. Sexes semblables.

Fig. LXXVII

α. — *Bec* plus long que la tête, légèrement infléchi, assez mince. Tarses presque entièrement scutellés. Médian armé plus long que le tarse (*Pl. XIX, fig. 5 et 9*). CCXIX. G. RALLUS.

β. — *Bec* plus court que la tête. Tarses scutellés devant réticulés derrière. Bord ext. de la première rémige blanc ou blanchâtre.

Bec très élevé à la base. Médian armé plus court que le tarse (*Pl. XIX, fig. 6*). CCXX. G. CREX.

Bec peu élevé à la base. Médian armé plus long que le tarse (*Pl. XIX, fig. 7 et 8*). CCXXI. G. PORZANA.

CCXIX. G. RALLUS-RALE. Linn. (*Fig. LXXVII*).

397-27. *Dessus* roux olivâtre taché de noir. Dessous du corps cendré avec la région anale roussâtre, les sous-caudales blanches et rousses. Bec de la long. du tarse. R. AQUATICUS. Linn. ★
Ins. Malac. Etangs, marais. Séd. et pass. R. d'eau.

CCXX. G. CREX-CREX. Bechst. (*Fig. LXXVIII*).

398-26 max. *Plumage* où le brun et le roux dominent. Bord ext. de la première rémige blanchâtre. Flancs et sous-caudales variés de stries brunes ou blanchâtres. C. PRATENSIS. Bechst.
Ins. Verm. Endroits herbeux, prés humides. Eté et pass. . . . . C. des Prés. ★

Fig. LXXVIII

CCXXI. G. PORZANA-PORZANE. Vieill.

Ailes n'atteignant pas l'extrémité de la queue . . . . α

Ailes atteignant l'extrémité de la queue *401*

α. — *399-20*. Gorge cendré noir. Poitrine et flancs tachés de blanc. Sous-caudales plus ou moins blanchâtres. P. MARUETTA. G.R.G. ★
Ins. Verm. Malac. Endroits marée. Eté et pass. P. Marouette.

400 17. *Dos* taché de blanc. Face inf. unicolore moins les flancs et les sous-caudales noirs rayés de blanc. — P. BAILLONII Z. Gerbe.
Ins. Verm. Malac. Etangs. Ete et pass. . . . . — P. de Baillon. ★

401-19 max. *Dos* et face inf. unicolores moins le bas ventre qui est noirâtre rayé de blanc ou d'olivâtre. Sous-caudales roussâtres. — P. MINUTA. Bp. ★
Ins. Verm. Etangs, marais. S. et O. Ete et pass . . . . — P. Poussin.

85. F. Gallinulidés

Narines atteignant le milieu du bec. Queue courte arrondie. Doigts ant. aplatis en dessous. Sexes peu différents.

- α. — *Partie* nue de la jambe scutellée. Tarses réticulés en arrière. Callosités frontales peu larges. Bec à base assez étroite (*Pl. XIX, fig. 10*) . . . . — CCXXII. G. GALLINULA.
- β. — *Partie* nue de la jambe réticulée sauf à l'arrière. Tarses complètement scutellés. Callosité frontale large, très développée. Bec à base très large (*Pl. XIX, fig 11*) . — CCXXIII. G. PORPHYRIO
- *Genre aberrant*: Doigts garnis de membranes larges à bords libres et lobés (*Pl. XIX, fig. 12 et 13*) . . . — CCXXIV. G. FULICA

CCXXII. G. GALLINULA GALLINULE. Briss (*Fig. LXXIX*).

402 35. *Plumage* noirâtre. Sous caudales lat. et bord ext. de la première rémige blancs. Bec rouge à pointe jaune. Jarretière rouge au bas de la jambe. Pieds verdâtres. — G. CHLOROPUS. Lath ★
Ins. Verm. Gran. Bords des rivières. Etangs. Sed. . . . . — G. Ordinaire.

CCXXIII. G. PORPHYRIO-PORPHYRION. Bar.

403-50 max. *Plumage* bleu indigo avec tête et dessous du cou bleu turquoise. Sous-caudales blanches. Bec et callosité frontale rouges. — P. CÆSIUS. Barr. ★
Ins. Herb. Gran. Etangs. S. acc. Fr. Merid. — P. Bleu.

CCXXIV. G. FULICA-FOULQUE. Linn.

404 45 max. *Plumage* noir plus ou moins gri-

Fig. LXXIX

sâtre Plaque frontale lisse Bec blanc rosé. Jarretière rouge au bas de la jambe en été. F. ATRA Linn. ★
Ins. Verm. Etangs. Golfes. Sed. et pass. . . . . F Noire

405-44 max *Plumage* noir bleuâtre (ad). Deux tubercules membraneux rouge foncé (ad.), au-dessus de la plaque frontale. F. CRISTATA. Gmel. ★
Ins. Verm. Etangs, marais. Espagne merid. Acc. S. . . . . F. à Crête.

XVIII. — SO. PHŒNICOPTÉRIENS

86e F. Phœnicopteridés

Bec plus haut que large, membraneux à la base, à bords mandib. garnis de petites lames transv. Narines presque médianes, operculées. Cou très long et très flexible. Ailes aigues. Queue courte. Sexes presque semblables.

CCXXV. G. PHŒNICOPTERUS PHŒNICOPTÈRE. Linn. (*Fig. LXXX*).

406 150 max. *Plumage* rose clair avec dessus de l'aile rouge (ad.). Plumage gris taché de noirâtre (j.). Rémiges noires. Bec rose à pointe noire (ad.).
Malac. Verm. Etangs. Littoral. Sed. S. Ax. Fr. mer . . . . . P. ROSEUS. Pall. ★
P. Rose

Fig LXXX

XIX. — SO. Lamellirostres

A. — *Bec* au moins aussi large à l'extrémité qu'à la base. Mandib. inf. presque entièrement cachée par la sup. Pouce lisse ou légèrement pinné. Tarses ordinairement plus courts que le médian. Cou long, grêle.

Ext. égal au médian. Narines médianes. Lorums nus Ailes sub aigues. Rémiges cubitales presque égales aux primaires. Plumage entièrement blanc (ad) (*Pl. XIX, fig. 16 à Pl XX, fig. 2*). . . . . . . 88e F CYGNIDÉS

Ext. plus court que le médian. Narines presque toujours basales. Lorums emplumés. Ailes aigues. Un miroir sur l'aile. Plumage jamais entièrement blanc (*Pl. XX, fig. 3 a 11*) — 89ᵉ F. ANATIDÉS.

B — *Bec* plus étroit a l'extrémité qu'à la base. Narines médianes ou presque. Mandib. inf. plus ou moins découverte.

- *Tarses* plus longs que le médian. Ext. plus court que le médian. Pouce lisse. Cou long. Bec à arête sup. concave, à mandib. inf. découverte, ordinairement plus court que la tête (*Pl. XXI, fig. 10 a Pl. XXII, fig. 1*) . . . . 87ᵉ F. ANSÉRIDÉS.
- *Tarses* bien plus courts que le médian. Ext. égal au médian. Pouce largement pinné. Cou court. Bec presque toujours aussi long que la tête.
  - *Bec* à mandib. inf. en partie cachée, à onglet rarement aussi large que l'extrémité du bec. Corps massif (*Pl. XX, fig. 12 a Pl. XXI, fig. 9*). . . . . 90ᵉ F. FULIGULIDÉS.
  - *Bec* à mandib. inf. entièrement découverte, à lamelles très saillantes, dentiformes. Onglet très développé aussi large que l'extrémité du bec (*Pl. XXII, fig. 2 a 6*) . . . 91ᵉ F. MERGIDÉS.

87ᵉ F. Anséridés

Ailes aiguës, dépassant l'extrémité de la queue. Quatorze à vingt rectrices. Sexes semblables.

α. — *Bec* de la long. de la tête. Lamelles espacées, saillantes. Onglet sup. large

- *Bec* très élevé à la base. Fosses nasales médiocres. Tarses à peine plus longs que le médian (*Pl. XXI, fig. 10 a 12*). . . . . CCXXVI G. ANSER.
- *Bec* plus élevé près des narines qu'à la base qui est large et ridée obliquement. Fosses nasales très amples. Bords mandib. rentrants. Tarses bien plus longs que le médian armé (*Pl. XXII, fig. 1*) . . . . CCXXVII G. CHEN.

β. — *Bec* bien plus court que la tête. Lamelles cachées

- *Bec* mince assez élevé à la base. Onglet sup. faible. Bas de la jambe emplumé. Queue arrondie (*Pl. XXI, fig. 1*). . . . . CCXXVIII. G. BERNICLA.
- *Bec* peu élevé à la base, celle-ci ornée d'un bourrelet charnu. Onglet sup. large. Mandib. inf. légèrement cachée. Bas de la jambe dénudé. Queue presque droite. Ailes armées d'un tubercule très saillant (*Pl. XXI, fig. 14*) . . . . CCXXIX. G. CHENALOPEX.

CCXXVI. G. ANSER OIE. Barr.

- *Bec* bi colore. Face inf. sans taches noires. . . . . ‹‹
- *Bec* unicolore. Face inf. presque toujours tachée de noir chez l'adulte . . . .

{ Bec des commissures à l'extrémité inf. à l'int. armé 109
{ Bec des commissures à l'extrémité égal ou plus long que l'int. armé. . . . . . . b

a. — 407-85 max. *Bec* noir et jaune à onglet noir, égal à l'int. armé. Pieds oranges. Croupion brun noirâtre. — A. SYLVESTRIS. Briss. ★
Herb. Champs. Bords de l'eau. Ete N. Pass. C. et S. . . . . O. Sauvage.

408-65. *Bec* noir avec une étroite bande jaune, à onglet noir, plus court que l'int. armé. Pieds jaunes ou rougeâtres. Croupion cendré. — A. BRACHYRHYNCHUS. Baill. ★
Herb. Champs. Bords de l'eau. Eté N. Pass. C. et S. . . . . O. à bec court.

409-26. *Bec* et pieds gris rougeâtre, ou couleur chair, onglet blanchâtre Un bandeau blanc sur le front Croupion gris noirâtre. — A. ERYTHROPUS. Newton.
Herb. Bords de l'eau. Ete N. Pass. C. et S. . . . . O. Naine. ★

b. — 410-70. *Bec* jaune pâle, onglet jaunâtre Pieds jaunes. Croupion cendré. Un bandeau blanc sur le dessus du bec. — A. ALBIFRONS. Bechst. ★
Herb. Champs. Bords de l'eau. Eté N. Pass. C. et S. . . . . O. à front blanc.

410 A-70. *Base* du bec entourée d'un cercle blanc. Face inf. blanchâtre unicolore. Pieds rose pâle. — A. *Pallipes*. de Selys.
Herb. Champs. Bords de l'eau. Eté N. Pass. C. et S. et naturalisé. . . . . O. à pieds pâles.

411-80. *Bec* jaune orange, onglet blanchâtre. Pieds jaunâtres. Croupion cendré. — A. CINEREUS Mey. ★
Herb. Champs. Bords de l'eau. Eté N. Pass. C. et S. . . . . O. Cendrée.

CCXXVII. G. CHEN-CHEN. Boie.

412-72. *Blanc* avec rémiges primaires noires (ad.) ou brunes plus ou moins bleuatres (j.). Bande noirâtre autour du bec. Bec rougeâtre. Pieds bruns. — C. HYPERBOREUS. Boie.
Herb. Bords de l'eau. Eté N. Acc. O. . . . . C. Hyperboré.

CCXXVIII. G. BERNICLA-BERNACLE. Steph

{ *Bec* et pieds noirs. Tête et cou noirs et blancs. . . . . a
{ *Bec* brun, pieds noirs. Tête et cou noirs et roux séparés par du blanc 415
{ *Bec* rougeâtre dessus, noir dessous. Pieds fauves Tête et derrière du cou blancs, gorge noire avec ou sans taches blanches. 416

a. — 413-63. *Front*, gorge, joues blancs, le reste de la tête et du cou noir. Rémiges et rectrices noires (ad.). — B. LEUCOPSIS. Boie. ★
Herb. Côtes. Champs Eté N Pass C. et S . . . . . B. Nonnette

Fig. LXXXI

411-58. *Tête* et cou noirs avec les côtés du cou tachés de blanc ou de cendré. Rémiges brunes. Rectrices noires (ad. hiv.). — B. BRENTA. Steph. ★
Herb. Plages. Eté N. Pass. C . . . B. Cravant

115-56 max. *Onglet* noir. Gorge et derrière du cou noirs, tempes et devant du cou roux, avec une bande blanche entre le roux et le noir. Rémiges et rectrices noires. — B. RUFICOLLIS. Boie. ★
Herb. Plages, champs. NE. Acc. O. . . . B. à cou roux.

416-70. *Onglets* blanchâtres. Dessus du corps gris bleu. Côtés du dos bruns. Rémiges prim. brunes, sec. noires à rachis blanc. Rectrices blanches (ad.). — B. CANAGICA. G. R. G.
Herb. Bords de l'eau. Acc. Russie Orient. B. Canagica.

CCXXIX. G. CHENALOPEX-CHENALOPEX Steph.

417-68 max. *Dessus* du cou et tour de l'œil marron roux. Bec et pieds rougeâtres. Onglets et queue noirs. Miroir blanc à l'aile. — CH. ÆGYPTIACA. Steph. ★
Herb. Plaines, bords de l'eau. Pass. S. Acc. C. et Fr. . . . . Ch. d'Egypte.

88e F. Cygnidés.

Cou très long et grêle. Plumage des jeunes presque toujours gris clair. Onglet sup. très recourbé. Ailes plus courtes que la queue, celle-ci courte arrondie, de dix-huit à vingt-quatre rectrices. Sexes semblables.

CCXXX. G. CYGNUS-CYGNE Linn. (*Fig. LXXXI*).

{ *Sommet* du bec lisse. . . . . *a*
{ *Sommet* du bec orné d'un tubercule (ad.) . . . . *b*

a. — 418-155. *Bec* jaune de la base au-delà des narines, noir ensuite. Plumes du front s'avançant en pointe. — C. FERUS. Ray. ★
Herb. Fleuves, lacs. Eté N. Hiv. C. et S. . . . . C. Sauvage.

419-126 max. *Bec* noir, à la base jaune orange. Plumes du front s'avançant en angle obtus. C. MINOR. K. et B. ★
Herb. Fleuves, lacs. N. Hiver. Acc. O. . . . . C. de Béwick.

b. — 420-146. *Bec* rouge avec front, lorums, narines, bords mandib., onglets et pieds noirs. C. MANSUETUS. Ray. ★
Herb. Malac. Pisc. Côtes, lacs. Été. N. Hiv. C. et naturalisé. . . . . C. Domestique.

420 A. Identique au précédent mais avec les pieds grisâtres (ad.). Plumage blanc à tout âge. *C. Immutabilis.* Yar.
Herb. Malac. Côtes, lacs. Été N. Acc. Hiv. O. et C. . . . . C. Invariable.

89ᵉ F. Anatidés

Onglet sup. variable. Queue habituellement courte, conique de quatorze à vingt rectrices. Sexes différents.

NOTE. — Les Anatidés s'hybrident souvent entre eux, principalement avec le genre Anas, qui lui, s'allie même avec des Fuligulidés.

α. — *Bec* plus court que la tête, à base plus haute que large.

Tarses plus longs que le médian armé. Narines médianes distantes. Queue presque droite. Bec retroussé vers le haut (*Pl. XX, fig. 3*). . . . . CCXXXI. G. TADORNA.

Tarses plus courts que le médian armé. Narines presque basales. Queue conique (*Pl. XX, fig. 4*). . . . . CCXXXV. G. MARECA.

β. — *Bec* aussi long que la tête. Narines basales rapprochées.

Queue conique.

Bec mince, déprimé. Lamelles de la mandib. sup. longues, très en saillie, visibles sur deux tiers du bec. Onglet sup. moyen (*Pl. XX, fig. 5*). . . . . CCXXXIV. G. CHAULELASMUS.

Bec assez élevé à la base, demi cylindrique. Lamelles presque entièrement cachées. Onglet sup. petit (*Pl. XX, fig. 6*) . . . . CCXXXVII. G. QUERQUEDULA.

Queue assez longue, très pointue. Lamelles courtes à peine visibles. Onglet sup. petit. Tarses de la long. de l'int. (*Pl. XX, fig. 7 et 8*). . . . . CCXXXVI. G. DAFILA.

γ. — *Bec* plus long que la tête, déprimé. Narines presque basales, rapprochées.

Tarses de la long. de l'int. armé. Bec demi-cylindrique à la base, très large dans sa moitié ant. Lamelles fines, très longues et saillantes jusqu'au milieu du bec (*Pl. XX, fig. 9*). CCXXXII. G. SPATULA.

Tarses de la long. du médian. Bec peu élevé à la base. Lamelles courtes, très peu visibles. Plusieurs rectrices retournées vers le haut (m.) (*Pl. XX, fig. 10 et 11*) . . . . . . CCXXXIII. G. ANAS.

CCXXXI. G TADORNA-TADORNE. Flemin.

421-61 max. *Bec* rouge à tubercule basal (m. été). Miroir de l'aile vert pourpre. Rémiges sec. blanches a la base. Rémiges tert. a barbes ext. rousses Queue blanche a extrémité noire — T. BELONII. Ray. ★
Herb. Ins. Malac. Plages, rivieres, lacs. Sed. et pass. . . . . — T. de Belon

422-58 max. *Bec* noir sans tubercule en été. Miroir de l'aile vert pourpre. Rémiges sec brunâtres ou grisâtres a la base. Rémiges tert à barbes ext roux marron. Queue noire. — T. CASARCA. Macgill.
Herb. Malac. Cours d'eau. E. Acc. C. . . . . — T. Casarca.

CCXXXII. G. SPATULA-SOUCHET. Boie

423-49. *Miroir* de l'aile vert doré. Grandes sus-alaires sec. noirâtres ou brunes a bout blanc. Rémiges tert. vert doré en dehors, brunes en dedans (m.) ou brunes et roussâtres (f.). — S. CLYPEATA Boie. ★
Pisc. Herb. Rivieres, lacs. N. Pass. C. et S. . . . . — S. Commun.

CCXXXIII. G. ANAS-CANARD. Linn.

424-55 max. *Miroir* de l'aile violet à reflets verts, limité de chaque côté par deux bandes, une noire et une blanche. Grandes sus alaires sec. blanches à bout noir. — A. BOSCHAS. Linn ★
Pisc. Ins. Herb. Etangs, rivieres. Ete N. Sed. et pass. C. et S. . . . . — C Sauvage

CCXXXIV. G. CHAULELASMUS-CHIPEAU. G. R. G.

425-50. *Miroir* de l'aile blanc bordé de noir. Grandes sus-alaires sec. a partir de la sixième, tachées de noir à l'extrémité. Rémiges sec à partir de la troisième, gris brun terminées de blanc, les dernieres brunes en dedans. — C STREPERA. G.R.G. ★
Herb. Malac. Etangs, lacs, rivieres. Ete N. Hiv. S. . . . . — C. Bruyant.

CCXXXV. G. MARECA-MARÈQUE. Steph

426-47. *Miroir* de l'aile vert doré limité de chaque côté par une bande noire. Grandes sus-alaires sec. blanches à bout noir Rémiges tert. noires en dehors. Sus caudales médianes et sous alaires striées de brun. — M. PENELOPE. Selby. ★
Herb. Malac. Etangs, lacs, rivières. NE. Pass. C. et S. . . . . — M. Penelope.

427-50. *Miroir* de l'aile vert doré, limité de chaque côté par une bande noire. Grandes sus alaires sec. blanches à bout noir Sus caudales médianes brunes et roussâtres. Sous alaires blanches. Bandes vertes de l'œil à la nuque. — M. AMERICANA Steph.
Herb. Malac. Bords de l'eau. Acc. Angleterre. . . . . — M. Américaine.

CCXXXVI. G. DAFILA PILET. Leach (*Fig. LXXXII*).

428-65 max. *Miroir* de l'aile vert noir limité de chaque côté par du fauve remplacé quelquefois en arrière par du blanc. Grandes sus-alaires sec. cendrées ou gris brun avec large bande terminale fauve. Bec bleu noir (m.) ou noirâtre (f.).
Herb. Malac. Côtes, étangs, rivieres. Ete N. Hiv. S. . . . . D. ACUTA. Eyton ★ P. Acuticaude.

CCXXXVII. G. QUERQUEDULA-SARCELLE. Steph.

Un miroir brillant sur l'aile :
- *Grandes* sus alaires sec. terminées de blanc ou de jaune. . . . . *a*
- *Grandes* sus-alaires sec. terminées de vert doré. *433*

Ailes sans miroir brillant *434*

Fig. LXXXII

a. — 429 36. *Miroir* vert doré bordé de blanc de chaque côté Grandes sus-alaires sec. terminées de blanc. Rémiges tert. brunes frangées ext. de blanc. Raie sourcilière blanche sur les côtés de la nuque (m.).
Herb. Malac. Ins. Etangs, rivieres. Ete N. et C. Hiv. S. . . . . Q. CIRCIA Steph. ★ S. d'été.

430-41. *Miroir* de l'aile vert doré limité de chaque côté par des bandes blanches, celles d'avant larges. Grandes sus-alaires sec. blanches dans leur seconde moitié. Face avec une tache blanche descendant vers la gorge (m.). Bec noir. Pieds rouges ou oranges (m.).
Herb. Malac. Etangs, rivieres. Acc. O. . . . . Q. DISCORS. Z. Gerbe. S. Soucrourou.

431-32. *Miroirs* vert doré et noir superposés, limités de chaque côté par une bande jaunâtre ou blanchâtre. Grandes sus-alaires sec. terminées de jaunâtre. Rémiges tert brunes frangées ext. de roussâtre. Raie sourcilière vert doré sur les côtés de la nuque (m.).
Herb. Etangs, rivieres. Sed. et pass. . . . . Q. CRECCA. Steph. ★ S. Sarcelline.

432-45 max. *Miroir* de l'aile noir velouté limité de chaque côté par une étroite bande blanche. Grandes sus-alaires sec. grises à bout blanc. Front taché de blanc (m.). Rémiges tert. longues étroites avec deux lignes blanches et deux noires.
Herb. Malac. Lacs, fleuves. Acc. F. . . . . Q. FALCATA Bp. S. à Faucilles.

433-41 (m.); 38 (f.) *Miroir* noir violet limité en avant par une bande vert doré, en arrière par une bande blanche. Grandes sus alaires sec. rouge brique à la base, vert doré à l'extrémité. Tache chamois sur les joues. — Q. FORMOSA. Bp ★
Herb. Malac. Etangs, rivières. Acc. E. Fr. . . . . — S. Formose.

434-42 max. *Ailes* sans miroir proprement dit. Rémiges sec. grisâtres à bout blanc. Plumage brun roussâtre vermiculé de blanchâtre. Bec et pieds noirs. — Q. ANGUSTIROSTRIS. Bp
Herb. Malac. Lacs, cours d'eau. Acc. S. . . . . — S. Angustirostre.

90ᵉ F. Fuligulidés

Jambes emplumées jusqu'à l'articulation du tarse. Ceux-ci très comprimés latéralement. Ailes presque toujours aigues, quatorze à dix-huit rectrices. Sexes différents.

α. — *Bec* de la longueur de la tête. Tarses plus courts que l'int.

- *Lamelles* larges, visibles sur la moitié ant. du bec. Onglet sup. assez large, saillant. Queue courte arrondie (*Pl. XX, fig. 12*). . . . . — CCXXXVIII. G. BRANTA
- *Lamelles* entièrement ou presque entièrement cachées :
  - I. — *Queue* très courte, à rectrices pointues. Quatorze à seize rectrices.
    - *Bec* peu élevé à la base. Lamelles larges. Onglet sup. petit, ovale. Pouce court. Queue arrondie (*Pl. XX, fig. 13 et 14*). . . . . — CCXXXIX. G. FULIGULA.
    - *Bec* élevé, renflé à la base, convexe. Lamelles sup. petites. Plumes de la face s'avançant assez loin sur les côtés et le milieu de la mandib. sup. Onglet aussi large que l'extrémité du bec. Pouce long, grêle. Queue conique. Rémiges cubitales longues, falciformes (*Pl. XXI, fig. 1*). . . . . — CCXLIII. G. SOMATERIA
    - *Bec* fort, élevé à mandib. sup. gibbeuse à la base. Lamelles larges fortes. Onglets très larges. Queue conique. Ailes sur-aigues (*Pl. XXI, fig. 2 et 3*). . . . . — CCXLIV. G. OIDEMIA.
  - II. — *Queue* allongée, conique, à dix-huit rectrices pointues. Bec très élevé et renflé à la base. Mandib. sup. très recourbée. Lamelles petites. Onglet sup. très petit. Pas de miroir à l'aile, celle-ci atteignant à peine l'extrémité de la queue (*Pl. XXI, fig. 4 et 5*). — CCXLV. G. ERIMISTURA

β. — *Bec* plus court que la tête.

- *Tarses* de la long. de l'int. Bec à base très élevée. Narines médianes lat. Lamelles dentiformes, courtes, peu visibles. Onglets petits. Queue assez allongée, étagée, pointue (*Pl. XXI, fig. 6*). . . . . — CCXL. G. CLANGULA
- *Tarses* plus courts que l'int. Queue conique à rectrices pointues

I. — *Narines* presque basales. Bec à mandib. sup. d'une hauteur égale sur toute sa long. Lamelles saillantes dentiformes, visibles sur la moitié basale. Onglet sup. petit. Pas de miroir à l'aile (*Pl. XXI, fig. 7 et 8*) . . . . CCXLI. G. Harelda.

II. — *Narines* médianes. Bec demi-cylindrique à mandib. inf. très recouverte par la sup. Lamelles très petites invisibles, manquant sur le tiers ant. du bec. Onglets de la larg. de l'extrémité du bec. Rémiges tert. longues, falciformes (*Pl. XXI, fig. 9*) . . . . CCXLII. G. Eniconetta

CCXXXVIII. G. BRANTA-BRANTE. Boie.

435 57 max. *Large* miroir blanc à l'aile. Rémiges sec. blanches (m.) ou blanc rougeâtre (f.) terminées de brun. Rémiges tert. gris cendré. Tête ornée d'une huppe plus ou moins marron et touffue (ad.). — B. Rufina. Boie. ★

Herb. Malac. Côtes, lacs, étangs. E. SE. Hiv. C. et S. — B. Roussâtre.

Fig. LXXXIII

CCXXIX. G. FULIGULA FULIGULE. Steph. (*Fig. LXXXIII*).

- *Plumes* de l'occiput allongées, formant une touffe pendante (ad.). . . . . *a*
- *Plumes* de l'occiput ne formant jamais une touffe pendante :
  - *Tête* et cou noir verdâtre (m.). *438*
  - *Tête* et cou marron roussâtre. . . . . *b*

a. — *436*-40. *Tête* et cou noirs à reflets violets (m.) ou noir brunâtre (f.). Miroir de l'aile blanc. Rémiges sec. bordées de noir. Flancs unicolores. — F. Cristata. Steph. ★

Malac. Herb. Fleuves, rivières. Été N. Hiv. S. . . . . F. Morillon.

437-40. *Cou* noir à reflets avec un collier roux. Tache blanche à la gorge. Miroir de l'aile cendré bleuâtre. Rémiges sec. cendrées à extrémité brunâtre, l'extrême pointe blanche. Flancs ondés de brun foncé. — F. Collaris. Bp.

Malac. Herb. Bords de l'eau. Acc. O. . . . . F. à collier.

438 40. *Tête* et cou noir brunâtre (f.). Miroir de l'aile blanc. Rémiges sec. bordées de noir. Flancs unicolores (m.) ou vermiculés de brun foncé. (f.) — F. Marila. Steph ★

Malac. Côtes, fleuves. Été N. Hiv. Pass. C. et S. . . . . F. Milouinan

b. — *439-45.* *Tête* et haut du cou marron. Miroir cendré. Rémiges sec. bordées de blanc. Flancs, abdomen vermiculés. F. FERINA. Steph. ★
Malac. Herb. Marais, étangs. Été N. Hiv. C. et S. . . . . F. Milouin.

440-40. *Tête* et cou marron roussâtre. Gorge tachée de blanc. Miroir blanc. Rémiges sec. terminées de brun. Flancs brun roux. Iris blanc. F. NYROCA. Steph. ★
Malac. Herb. Marais, étangs. Séd. E. Pass. C. et S. . . . . F. Nyroca.

CCXL. G. CLANGULA-GARROT. Flem.

{ *Ailes* avec une large tache blanche, ou un miroir blanc. Rémiges tert. noires . . . *a*
{ *Miroir* de l'aile bleu pourpre. Rémiges tert. blanches et cendrées liserées de noir. *444*

a. — *441-49* (m.); 41 (f.). *Tache* blanche de l'aile non interrompue. Tête et cou vert foncé à reflets (m.) ou brun roux (f.). Tache blanche à la base du bec. Barbes ext. des rémiges sec. blanches. C. GLAUCION. Brehm. ★
Ins. Malac. Étangs, lacs. Été N. Hiv. S. . . . . G. Vulgaire.

442-54 max. *Tache* blanche de l'aile barrée obliquement de noir. Tête et haut du cou pourpre à reflets verts (m.) ou brun roux (f.). Un croissant blanc en arrière du bec. Barbes ext. des rémiges sec. et partie des sus-alaires blanches. C. ISLANDICA. Bp.
Ins. Malac. Côtes. Islande . . . . G. Islandais.

443-40. *Tête* et haut du cou vert doré (m.) ou tête, cou, dos, sus-alaires et sus-caudales brun foncé (f.). Une bande blanche de l'œil à la nuque. Partie des rémiges sec. à barbes ext. blanches. Face inf. blanche (m.). C. ALBEOLA. Steph.
Ins. Malac. Lacs, marée. Acc. Angleterre . . . . G. Albéole.

444-43 (m.); 36 (f.). *Tache* blanche en arrière de l'oreille. Premières grandes sus-alaires sec. à extrémité blanche, les autres cendré bleu. Pattes jaunâtres à membranes noires. C. HISTRIONICA. Boie.
Ins. Malac. Bords de l'eau. Islande . . . . G. Histrion.

CCXLI. G. HARELDA-HARELDE. Leach.

445-60 (m.); 40 (f.). *Tête* et cou plus ou moins blancs. Rémiges tert. à barbes ext. brun rouge. Scapulaires longues et effilées (m.). H. GLACIALIS. Steph. ★
Malac. Herb. Côtes. Été N. Hiv. C. . . . . H. Glaciale.

CCXLII. G. ENICONETTA-ENICONETTE. G. R. G.

446-46 max. *Miroir* bleu violet. Grandes sus-alaires sec. à barbes ext. bleu violet, à extrémité blanche. Quatre premières rémiges sec. brunes. Rémiges tert. à barbes ext. blanches (m.) ou grises (f.). E. STELLERI. G. R. G. ★
Herb. Malac. Côtes. N. Acc. C. . . . . E. de Steller.

CCXLIII. G. SOMATERIA EIDER. Leach. (*Fig. LXXXIV*).

417-65. *Plumes* des côtés du bec dépassant celles du front et atteignant les narines. Dessus de la tête noir violet (m.) ou roussâtre (f.). Bas du dos, sus et sous-caudales noires ou noirâtres. — S. MOLLISSIMA. Boie. ★
Malac. Côtes, parfois lacs. N. Pass. Hiv. C. . . . E. Vulgaire.

418-63 (m.). *Plumes* des côtés du bec s'avançant moins loin que celles du front, n'atteignant pas les narines. Dessus de la tête et du cou gris bleu (m.) ou roux taché de noir (f.). — S. SPECTABILIS. Boie.
Malac. Côtes. N. Acc. C. . . . . E. à Tête grise.

Fig. LXXXIV

CCXLIV. G. OIDEMIA-MACREUSE. Flem.

{ *Un miroir* blanc sur l'aile *449*
{ *Pas de miroir* à l'aile . . . . *a*

449 55 max. *Plumage* noir (m.) ou brun avec deux taches blanchâtres sur les côtés du cou (f.). Plumes des joues dépassant bien les commissures du bec. — O. FUSCA. Flem. ★
Malac. Côtes. N. Hiver. Pass. C. . . . . M. Brune.

a. *450*-48. *Plumage* noir (m.) ou brun à joues cendrées (f.). Bec à protubérance noire à la base (m.). — O. NIGRA. Flem. ★
Malac. Côtes. N. Hiver. Pass. C. . . . . M. Ordinaire.

451 50. *Plumage* noir à front et nuque blancs (m.) ou brun à côtés du cou blanchâtres (f.). Plumes du front se prolongeant sur les deux tiers du bec. — O. PERSPICILLATA. Steph.
Malac. Côtes. Pass. Irr. O. . . . . M. à lunette. ★

CCXLV. G. ERIMISTURA ERIMISTURE. Bp.

452-51 (m.). *Tête* blanche ou blanchâtre à vertex noir ou brun foncé. — E. LEUCOCEPHALA. Bp.
Herb. Malac. Pisc. Côtes, lacs. NE. Acc. C. . . . . E. Leucocéphale. ★

91e F. Mergidés

Bec presque cylindrique. Onglet sup. aussi large que la mandib. Narines médianes. Ailes aigues moins longues que la queue. Pouce ne portant pas sur le sol que par l'extrémité. seize à dix-huit rectrices. Sexes différents.

CCXLVI. G. MERGUS HARLE. Linn. (*Fig. LXXXV*).

{ *Tête* et partie sup. du cou noires à reflets (m.) . . . . a
{ *Tête* et partie sup. du cou plus ou moins marquées de blanc (m.). . . . . b

a. — *453*-66 (m.); 61 (f.). *Huppe* courte tombante. Pas de miroir proprement dit. Grandes sus-alaires sec. blanches dans leur moitié post. (m.) ou blanchatres (f.). Cinquième à onzième rémiges sec. blanches. Rémiges tert. blanches bordées ext. de noir (m.) ou de cendré (f.). — M. MERGANSER. Linn. ★
Pisc. Lacs, côtes. Ete N. Hic. C. . . . . H. Bièvre.

454-57 max. *Huppe* forte, dressée. Miroir blanc barré obliquement de noir. Grandes sus-alaires sec. blanches dans leur moitié terminale. Cinquième à onzième rémiges sec. noires à la base, blanches sur la seconde moitié. Rémiges tert. blanches bordées ext. de noir (m.) ou grises bordées ext. de brun (f.). — M. SERRATOR Linn. ★
Pisc. Côtes. Ete N. Hic. C. . . . . H. Huppé.

b. — *455*-42. *Huppe* forte, dressée, semi-circulaire et joues vert bronzé avec un large triangle blanc (m.). Grandes sus-alaires sec. blanches avec deux bandes transv. noires. Rémiges tert. blanches à bord ext. noir. — M. CUCULLATUS. Linn.
Pisc. Côtes. Acc. O. . . . . H. Couronné.

456-42. *Huppe* courte. Miroir noir barré obliquement de blanc. Grandes sus-alaires sec. et rémiges sec. à barbes ext. noires bordées de blanc. Deux rémiges tert. à barbes ext. blanches, les autres cendrées (m.) ou brunâtres (f.). — M. ALBELLUS. Linn. ★
Pisc. Lacs, côtes. Ete N. Pass. C. . . . . H. Piette.

Fig LXXXV

XX. — SO. LONGIPENNES

A. *Narines* percées de part en part dans la partie dure du bec. Tarses en partie scutellés. Ailes sur aigues. Pouce bien développé (sauf dans CCLIV. G. Rissa) . . . . 1er GROUPE.

B. — *Narines* s'ouvrant à l'extrémité d'un tube ou de deux tubes accolés. Tarses réticulés. Pouce rudimentaire . . . . 2 GROUPE.

1er GROUPE

I. — *Bec* entièrement corné.

Mandibules égales ou presque, pointues à l'extrémité. Narines presque basales. Queue plus ou moins fourchue (*Pl. XXII, fig. 7 à 12*). 92e F. STERNIDÉS.

Mandibule sup. crochue à la pointe; mandib. inf. plus ou moins anguleuse à l'intersection des branches. Narines généralement médianes. Queue ordinairement droite (*Pl. XXII, fig. 13 à 18*). . . . . 93e F. LARIDÉS.

II. — *Bec* couvert d'une sorte de cire s'étendant sur plus de la moitié. Mandib. sup. terminée par un onglet comme sur-ajouté. Narines percées à l'extrémité de la cire. Queue conique (*Pl. XXIII, fig. 1 et 2*) . . . . 94e F. LESTRIDÉS.

2e GROUPE

I. — *Bec* plus court que la tête. Narines s'ouvrant dans un seul orifice. Tarses ordinairement plus courts que le médian armé.

Bec épais, peu comprimé, à mandib. inf. tronquée à l'extrémité, à mandib. sup. garnie de lames int. obliques. Quatorze rectrices. Ailes sur aigues. Pouce réduit à l'ongle (*Pl. XXIII, fig. 3*). . . . . 95e F. PROCELLARIDÉS.

Bec mince, très comprimé, à mandib. inf. courbée vers le bas à l'extrémité qui est crochue. Douze rectrices. Ailes aigues. Pouce verruqueux (*Pl. XXIII, fig. 4*). . . . . . 96e F. OCÉANIDÉS.

II. — *Bec* au moins de la long. de la tête. Narines distinctes séparées par une épaisse cloison. Tarses au moins de la long. du médian armé. Pouce réduit à l'ongle. Ailes sur-aiguës. Douze rectrices (*Pl. XXIII, fig. 5 à 7*). . . . . 97e F. PUFFINIDÉS.

Famille aberrante : Pouce nul (*Pl. XXIII, fig. 8*). . . . . 98e F. DIOMEDEIDÉS.

92e F. Sternidés

Bec légèrement courbé, comprimé. Ailes au moins aussi longues que la queue. Médian armé au moins égal au tarse très habituellement. Sexes semblables.

α. — *Bec* plus long que la tête, aussi haut que large à la base. Narines presque médianes, se continuant en un sillon. Queue légèrement fourchue. Médian armé bien plus long que le tarse. Membranes interdigitales larges, pleines. Plumage assez foncé. . . . . CCXLVII. G. ANOUS.

β. — *Bec* ordinairement au moins égal à la tête. Queue fourchue. Membranes interdigi tales peu échancrées. Ongle du médian très recourbé. Manteau presque toujours cendré. Face inf ordinairement plus claire (*Pl. XXII, fig. 7 à 10*). . . . . CCXLVIII. G. STERNA.

γ. — *Bec* plus court que la tête. Bords mandib. presque droits. Queue très peu fourchue. Membranes interdigitales très échancrées. Ongle du médian peu recourbé. Face inf. ordinairement très foncée (*Pl. XXII, fig. 11 et 12*). . . . . CCXLX. G. HYDROCHELIDON.

CCXXLVII. G. ANOUS NODDI. Léach.

457 35. *Bec* double au tarse. Grandes sus-alaires prim. atteignant presque la huitième rémige. Dessus de la tête gris. Bec et pieds noirs avec rémiges et rectrices brun noir (ad.). A. STOLIDUS. Leach.
Pisc. Côtes. Acc. O. . . . . N. Niais.

CCLVIII. G. STERNA STERNE. Linn. (*Fig. LXXXVI*).

Bec au plus un tiers plus long que le tarse. Plumes occipitales peu allongées et pointues. Queue peu fourchue. Méd. armé légèrement plus court que le tarse. Pieds noirs (ad.). *a*

Bec au moins double du tarse :

Plumes occipitales allongées et pointues. Queue bien fourchue. Médian armé à peu près de la long. du tarse. Pieds noirs (ad.). . . . . *b*

Plumes occipitales petites, arrondies. Queue très fourchue. Médian armé généralement plus long que le tarse. Pieds rouges ou oranges (ad.). . . . . *c*

Plumes occipitales peu allongées, arrondies. Queue très fourchue. Médian plus long que le tarse. Manteau brun. *467*

a. — *458*-55. Bec rouge brunâtre à pointe jaunâtre, d'un tiers plus long que le tarse. Dessus de la tête noir, taché de blanc en hiver (ad.). Huitième rémige dépassant les grandes sus alaires d'un centimètre. Queue cendré blanchâtre. S. CASPIA. Pall. ★
Pisc. Malac. Côtes, embouchures. S. Acc. C. . . S. Tschegrava.

459-34 max. *Bec* noir ou noirâtre, de la long. du tarse. Dessus de la tête et du cou noirs, tachés de blanc en hiv. (ad.). Face inf blanche. Queue gris cendré. Huitième rémige dépassant les grandes sus alaires d'env. un centim. S. ANGLICA. Mont. ★
Pisc. Côtes, embouchures. S. Acc. C. . . . . . S. Hansel.

Fig. LXXXVI

b. -- 460-40 max. *Bec* noir à pointe jaune (ad.) ou noirâtre à pointe grise (j.). Front noir en été (ad.). Queue et face inf. blanches. Huitième rémige de la long. des grandes sus-alaires. — S. CANTIAGA. Gmel. ★
Pisc. Malac. Côtes, embouchures. Sed. et pass. . . . . S. Caugek.

461-39 max. *Bec* jaune. Dessus de la tête noir avec la nuque blanche (ad. été). Front et devant de la tête blancs tachés de noir (ad. hiv.). Joues et face inf. blanches. Huitième rémige dépassant d'environ un centimetre les grandes sus-alaires. — S. AFFINIS. Ruppell.
Pisc. Malac. Côtes. Acc. S. E. . . . . S. Voyageuse.

462-48. *Bec* jaunâtre à base verdâtre ou noirâtre. Front toujours blanc. Dessus de la tête noir (ad. été). Rémiges de la teinte du manteau. Face inf. blanche. Huitième rémige de la long. ou un peu plus long. que les grandes sus-alaires. — S. BERGII. Lichst.
Pisc. Malac. Côtes. Acc. S. E. . . . . S. de Berge.

c. = 463-40 max. *Bec* rouge et noirâtre à pointe claire (ad.) ou noire, à base mandib. inf. rougeâtre (j.). Dessus de la tête noir en été seulement (ad.). Face inf. grisâtre. Queue blanche à rectrices ext. grisâtres. Huitième rémige dépassant de un demi centimètre les grandes sus-alaires. — S. HIRUNDO. Linn. ★
Pisc. Malac. Côtes, lacs. Sed. et pass. . . . . S. Hirondelle.

464 38 max. *Bec* rouge (ad.) ou brun à base rougeâtre (j.). Dessus de la tete noir (été) ou blanc (hiv.). Face inf. d'un gris aussi foncé que le dessus. Huitième rémige dépassant très peu ou pas les grandes sus-alaires. — S. PARADISEA. Brun. ★
Pisc. Malac. Côtes, embouchures. F. Pass. C. et L. . . . . S. Paradis.

465-37. *Bec* noir à pointe roussâtre. Dessus de la tête noir. Face inf. blanc rosé. Queue cendré clair. Huitième rémige de près de deux centimètres plus longue que les grandes sus alaires. — S. DOUGALLII. Mont. ★
Pisc. Malac. Côtes, embouchures. N. Sed. et pass. C. . . . . S. de Dougall.

466 22. *Bec* jaune à pointe noire (ad.) brune ou jaunâtre (j.). Dessus de la tête noir, taché de blanc en hiver. Front blanc. Face inf. et queue blanches. Huitième rémige dépassant les grandes sus-alaires de moins d'un demi centimètre. — S. MINUTA. Linn. ★
Pisc. Malac. Côtes. Sed. et pass. C. et S. . . . . S. Naine.

467-38. *Bec* noir, devant du front blanc (ad. été). Dessus de la tête et du corps, lorums brun noir (ad.). Huitième rémige dépassant de très peu les grandes sus-alaires. — S. FULIGINOSA. Gmel.
Pisc. Côtes. Acc. O. . . . . S. Fuligineuse.

CCXLIX. G. HIDROCHELIDON-GUIFETTE. Boie.

{ *Bec* toujours noir 466
{ *Bec* rouge ou plus ou moins rougeâtre. . . . . a

468 24. *Pieds* brun rougeâtre. Sous alaires cendré clair. Queue brun cendré. Dixième rémige bien plus courte que les grandes sus-alaires. — H. FISSIPES. G. R. G.
Ins. Laro. Marais, étangs. Côtes C. et S. Été et pass. . . . . G. Fissipède. ★

a. — 469 24. *Pieds* rouges, queue blanche (ad.). Pieds rougeâtres, queue cendrée (j.). Sous-alaires noires. Dixième rémige égale aux grandes sus-alaires ou légèrement plus courte. — H. NIGRA. G. R. G. ★
Ins. Laro. Marais, étangs, côtes. S. Fr. Mérid. Acc. C. . . . . G. Noire.

470 26. *Pieds* rouges (ad.) ou pieds couleur chair (j.). Sous alaires blanches. Queue cendrée à rectrices ext. blanches. Dixième rémige de quelque millimètres plus courtes que les grandes sus-alaires. — H. HYBRIDA. G. R. G. ★
Ins. Laro. Marais, côtes. S. Fr. Mérid. Acc. C. . . . . G. Hybride.

93. F. Laridés.

Bec très habituellement plus court que la tête, plus ou moins comprimé, fendu jusqu'aux yeux. Douze rectrices. Sexes semblables.

α. — *Pouce* bien développé.

Bec comprimé, de même haut. de la base au niveau de l'angle mandib. inf. Membrane interdigitale pleine. Tarses de la long. du médian. Queue très conique (*Pl. XXII, fig. 15*). . . . . CCL. G. RHODOSTETIA.

Bec renflé près des narines. Membrane interdigitale très échancrée. Tarses bien plus courts que le médian, robuste. Queue droite. Plumage blanchâtre (*Pl. XXII, fig. 13*) CCLI. G. PAGOPHILA.

Bec très comprimé sur toute sa long. Membrane interdigitale pleine. Tarses au moins de la long. du médian et minces. Queue droite ou légèrement échancrée.

Espèces sans capuchon. Pieds exceptionnellement rouges (*Pl. XXII, fig. 14*). . . . . CCLII. G. LARUS.

Espèces à capuchon foncé (ad. plumage d'été). Pieds rouges ou rougeâtres (*Pl. XXII, fig. 16 et 17*). CCLIII. G. XEMA.

β. — *Pouce* rudimentaire. Queue échancrée chez les jeunes, droite chez l'ad. Tarses plus courts que le médian (*Pl. XXII, fig. 18*). . . . . CCLIV. G. RISSA.

CCL. G. RHODOSTETIA-RHODOSTÉTIE. Macgill.

471 35. *Bec* noir plus court que l'ext. Pieds rouges. Collier noir oblique. Première rémige à barbes ext. noires. Face inf. rose (m. été). — R. ROSSII. Macgill.
Pisc. Malac. Côtes Acc. Angleterre. . . . . R. de Ross.

CCLI. G. PAGOPHILA-PAGOPHILE. Kaup.

472-46 (m.), 42 (f.). *Plumage* blanc plus ou moins rosé (ad.) ou tache de noir et de brun (j.). Bec jaune à pointe rouge (ad.), ou gris (j.). Pieds noirs. Paupières rouges (ad.). — P. EBURNEA. Kaup. ★
Pisc. Malac. Côtes. N. Acc. C. — P. Blanche.

CCLII. G. LARUS GOELAND. Linne. *fig.* (*LXXXVII*).

{ *Remiges* sans noir. Manteau gris cendré (ad.) . . . . *a*
{ *Rémiges* où le noir domine. Manteau gris ardoise foncé (ad.) . . . . *b*
{ *Remiges* où le gris et le blanc dominent. Manteau gris bleu plus ou moins clair (ad.). *c*

a. — *473*-72 (m.); 69 (f.). *Bec* jaune à angle mandib. inf. rouge égal à l'ext. armé. Rémiges blanches ou gris clair. Pieds couleur chair pâle. — L. GLAUCUS. Brun. ★
Pisc. Malac. Côtes, lacs. N. Hiver. C. et S. — G. Bourgmestre.

474 54 (m.); 51 (f.). *Bec* jaune à angle mandib. inf. rouge égal à l'ext. armé. Rémiges blanches ou gris clair. Pieds jaunâtres. — L. LEUCOPTERUS. Fab.
Pisc. Malac. Côtes, lacs. N. Acc. Hiv. C. — G. Leucoptère. ★

b. — *475* 70 (m.); 65 (f.). *Bec* jaunâtre à angle mandib. inf. rouge, plus court que l'ext. armé. Deux premières rémiges en partie noires. Pieds couleur chair très pâle. — L. MARINUS. Linn. ★
Pisc. Malac. Côtes, lacs. N. et C. Pass. S. — G. Marin.

476 52 (m.); 49 (f.). *Bec* jaune à angle mandib. inf. rouge, égal à l'ext. armé. Trois premières rémiges noires à pointe blanche. Pieds jaunes. — L. FUSCUS. Linn. ★
Pisc. Malac. Côtes, lacs. N. et C. Hiv. S. — G. Brun.

c. — *477*-62 (m.); 56 (f.). *Bec* jaune d'ocre à angle mandib. inf. rouge (ad.), plus court que le doigt ext. armé. Trois premières rémiges noires et cendrées à pointe blanche. Pieds livides. — L. ARGENTATUS. Brun.
Pisc. Malac. Côtes, lacs. Sed. C. Pass. L. — G. Argenté. ★

477 A. Ne diffère de l'espèce type que par une taille un peu plus faible. Bec plus court et plus fort. Pieds jaunes. — *L. Leucophæus.* Lich.
Pisc. Malac. Côtes. C. et S. — G. Leucophée. ★

478-50. *Bec* rouge barré obliquement de noir vert l'extrémité (ad.), plus long que l'ext. armé. Première rémige noire à pointe blanche, les deux suivantes grises puis noires terminées de blanc. Pieds noirâtres. — L. AUDOUINI. Payr.
Pisc. Malac. Côtes. C. et S. — L. d'Andouin. ★

479-44. *Bec* rouge (ad.), au moins égal à l'ext. armé. Première rémige blanche finement bordée de noir,

Fig. LXXXVII.

les deux suivantes blanches bordées ext. de noir. Pieds rouges. — L. Gelastes Linn. ★

Pisc. Malac. Cotes, lacs. Sed. S. . . . . G. Railleur.

480-43 max. *Bec* jaunâtre à base verdatre (ad.) ou à pointe noiratre (j.), égal à l'ext. armé. Trois premières rémiges cendrées, noires à l'extrémité et sur une grande partie du côté int.; pointes blanches. Pieds jaunes (ad.), ou gris de plomb (j.). — L. Canus. Linn. ★

Pisc. Malac. Côtes, lacs. Etc. N. Sed. C. Pass. S. . . . . G. Cendré.

480 A 45 max. *Bec* jaune d'ocre, plus long que l'ext. armé. Pieds jaune d'ocre (été) ou bien bleuâtre (hiver). — *L. Niveus*. Pall.

Pisc. Malac. Côtes, fleuves. SE. . . . . G. Blanc.

CCLIII. G. XEMA-MOUETTE. Boie.

- *Queue* droite (ad.). Capuchon unicolore. Bec souvent rouge ou rougeâtre.
  - *Remiges* ou le noir domine. Manteau gris brun (ad.). . . . . *a*
  - *Remiges* où le gris cendré et le blanc dominent. Manteau gris bleuâtre (ad.) . . . *b*
- *Queue* assez échancrée. Capuchon bordé par un collier plus foncé. *488*

a. — *481*-42. *Bec* corail à pointe noire, plus long que le médian armé. Trois premières rémiges noires. Rémiges secondaires noires ou brun noir extérieurement, et à pointe blanche. Capuchon bordé de blanc en arrière. Pieds oranges. — X. Leucophthalmus. Lichst.

Pisc. Malac. Côtes. Acc. SE. . . . . M. Leucophthalme.

482 40. *Bec* rouge à pointe jaunâtre, plus long que l'ext. armé. Trois premières rémiges noires à base blanchâtre, et parfois petite pointe blanche. Pieds rouge brun. Capuchon noir. — X. Atricilla. Boie. ★

Pisc, Sarcoph. Côtes, lacs. Acc. O. . . . . M. Atricille.

b. — *483*-68 max. *Bec* jaune a pointe rouge avec une ou deux bandes verticales noires, plus long que l'ext. armé. Première rémige blanche avec une bande et les barbes ext. noires. Seconde barrée de noir. Pieds brun rouge. — X. Ichthyaetus. Pall.

Pisc. Malac. Côtes. Acc. SE. . . . . M. Ichthyacte.

484-38 max. *Bec* rouge aussi long que l'ext. armé. Première rémige blanche bordée extérieurement et terminée de noir. Deuxième et troisième blanches bordées intérieurement et terminées de noir. Pieds rouge foncé. Capuchon brun descendant plus bas en avant (ad. été). — X. Ridibundus. Boie. ★

Pisc. Malac. Côtes, lacs, marais. Sed. et pass. . . . . M. Rieuse.

485-82 max. *Bec* rouge vif barré verticalement de noir, plus court que l'ext. armé. Rémiges blanches ou grisâtres, la première plus ou moins bordée de noir ext. Pieds rouges. Capuchon descendant aussi bas devant que derrière (ad. été). — X. Melanocephala Boie.

Pisc. Malac. Côtes, lacs. S. Acc. C. . . . . M. Mélanocéphale. ★

486-32. *Bec* toujours noir plus court que l'ext. armé. Première rémige blanche à bordure

ext. et à pointe noire. Deuxième et troisième blanches à bout noir avec une légère tache terminale blanche (ad.). Médian égal au tarse. Pieds rougeâtres. — X. BONAPARTII. Richard.
Pisc. Malac. Côtes. Acc. Angleterre. . . . . M. de Bonaparte.

487-27. *Bec* brun rougeâtre (ad.) ou noir (j.), égal à l'ext. armé. Rémiges cendrées à pointe blanche. Pieds rouges. Capuchon descendant un peu plus en avant. — X. MINUTUM. Boie. ★
Pisc. Malac. Côtes, lacs. S. SE. Acc. C. et O. . . . . M. Pygmée.

488-35. *Bec* noirâtre à pointe jaunâtre, plus court que l'ext. armé. Trois premières rémiges noires à pointe et bords int. blancs. Pieds brun rouge. Capuchon gris foncé bordé de noir. — X. SABINEI. Léach. ★
Pisc. Malac. Côtes, lacs. N. Pass. C. . . . . M. de Sabine.

CCLIV. G. RISSA-RISSE. Steph.

489-38. *Bec* jaune verdâtre plus court que l'ext. armé. Premiere rémige grise bordée ext. et terminée de noir. Deuxième et troisième grises terminées de noir, à pointe blanche. Pieds brun verdâtre. — R. TRIDACTYLA. Margill.
Pisc. Malac. Côtes, lacs. Ete N. Hiv. C. et S. . . . . R. Tridactyle. ★

94ᵉ F. Lestridés

Bec moins long que la tête. Deux rectrices médianes plus longues que les autres. Tarses scutellés devant, au plus égaux au médian. Ongles grands et recourbés. Brun dominant dans le plumage. Sexes semblables.

CCLV. G. STERCORARIUS LABBE. Briss. (*Fig. LXXXVIII*).

Rectrices médianes dépassant les autres de quelques centimètres seulement (ad.). *490*
Rectrices médianes dépassant les autres d'environ une dizaine de centimètres (ad.) . . . . *a*
Rectrices médianes dépassant les autres de plus de 22 centimètres (ad.). *493*

490 57 max. *Dessus* brun plus ou moins foncé. Miroir blanc à l'aile. Plumes de la nuque acuminées (été). Rectrices médianes planes et arrondies à l'extrémité — S. CATARACTES. Vieill.
Pisc. Malac. Côtes. N. Acc. C. O . . . . L. Cataracte. ★

a. — *491*-33 max. *Dessus* brunâtre plus ou moins foncé. Rectrices médianes contournées, arrondies à l'extrémité. Vertex noir à huppe effilée. Plumes de la nuque acuminées (été). — S. POMARINUS. Vieill. ★
Pisc. Malac. Côtes. N. Acc. C. O. . . . . L. Pomarin.

Fig. LXXXVIII.

492-62 max. *Manteau* brun noirâtre. Rectrices médianes planes à extrémité pointue — S. PARASITICUS. G R. G.
Pisc. Malac. Côtes. N. Acc. Hiv. C. O. . . . L. Parasite. ★

493-60. *Manteau* brun grisâtre. Rectrices médianes planes à extrémité pointue. Plumes occipitales effilées formant huppe. — S. LONGICAUDUS. Briss. ★
Pisc. Malac. Côtes. N. Hiv. C. O. . . . . . . L. Longicaude.

95e F. Procellaridés

Bec droit, renflé à la base, à mandib. inf. creusée en gouttière. Quatorze rectrices. Jambes peu dénudées. Tarses réticulés plus courts que le médian. Sexes semblables.

CCLVI. G. PROCELLARIA-PETREL. Linn. (*Fig. LXXXIX*).

{ *Queue* arrondie. Tube nasal atteignant le milieu du bec . . . . *a*
{ *Queue* conique. Tube nasal arrivant au tiers du bec. *496*

Fig. LXXXIX

a. — *494*-43. *Face* sup. et queue cendrées. Face inf. blanche (ad. été) ou tête et cou gris clair (hiver et j.). Rachis des rémiges prim. à base jaune. Bec à pointe jaune. — P. GLACIALIS. Linn. ★
Malac. Sarc. Côtes. N. Acc C. Fr. . . . . P. Glacial.

495-33. *Face* sup. blanche tachée de noir. Rectrices blanches à tiers inf. noir. Remiges sec. blanches à bouts noirs. Bec noir (ad.). Pieds noirs. — P. CAPENSIS. Linn.
Pisc. Malac. Acc. S. . . . . P. du Cap.

496-38 max. *Face* sup. brun noir, plus ou moins marquée de gris. Rectrices blanches à seconde moitié noir brun. Rémiges sec. brunes à barbes int. blanches sauf à l'extrémité. Tarses jaunâtres. — P. HASITATA. Kuhl.
Pisc. Malac. Acc. O. . . . . P. Hasite.

96e F. Océanidés

Bec très crochu à mandib. inf. en gouttière étroite. Ailes dépassant la queue. Tarses grêles. Jambes plus ou moins nues à la base. Sexes semblables.

Fig. XC

CCLVII. G. THALASSIDROMA-THALASSIDROME. Vig. (*Fig. XC*).

{ *Queue* droite plus courte que les ailes. Moins de 20 de long. . . . . *a*
{ *Queue* fourchue. Tarse égal au médian armé. Au moins 20 de long. . . . . . *b*

a. — 497 15. *Médian* armé plus long que le tarse. Extrémité des grandes sus-alaires, sec. grise. Partie des sous alaires blanches. Sus-caudales et plumes du bas-ventre blanches, à pointe noire. Bec et pieds noirs (ad.). — T. Pelagica. Selby. ★
Pisc. Malac. Côtes. Sed. . . . . Th. Tempête.

498-17,5 max. *Médian* armé plus court que le tarse. Ailes barrées obliquement de clair. Sus-caudales et partie du bas-ventre et sous-caudales blanches. Bec noir. Pieds noirs à partie de palmure jaune — T. Oceanica. Schin. ★
Pisc. Malac. Côtes. Acc. O. . . . . Th. Océanien.

b. — 499 20. *Ailes* barrées obliquement de clair. Sus-caudales blanches à rachis brun. Bas ventre et partie des sous-caudales plus ou moins blanches. Bec et pieds noirs (ad.). — T. Leucorhoa. D et G.
Pisc. Malac. Côtes. Acc. O. Fr. . . . . Th. Cul Blanc. ★

500-30 max. *Ailes* barrées obliquement de gris roux. Sus, sous-caudales et bas-ventre brun noir. Bec noir. Pieds brun noirs. — T. Bulweri. Bp.
Malac. Pisc. Côtes. SO. . . . . Th. de Bulwer.

97. F. Puffinidés

Bec grêle, déprimé et large à la base, comprimé et crochu à l'extrémité. Queue ordinairement arrondie. Ongles recourbés. Sexes semblables.

CCLVIII. G. PUFFINUS-PUFFIN. Briss.

{ *Bec* aussi long que l'int. Ailes plus longues que la queue 501
{ *Bec* plus court que l'int.
{ } *Face* inf. en grande partie blanche. . . . . *a*
{ } *Face* inf. entièrement brune 506

501-49. *Bec* et pieds jaunes. Sus caudales brunes, sous caudales blanches. Flancs et bas ventre blancs. — P. CINEREUS. G. Cuv. ★
Pisc. Malac. Verm. Côtes. Sed. S. et O. . . . . P. Cendré.

a. — 502 62. *Bec* noirâtre. Pieds grisâtres ou brunâtres. Ailes plus longues que la queue. Sus caudales brun cendré, bordées de blanchâtre. Sous-caudales brunes bordées plus ou moins de blanc. Flancs et anus bruns. — P. MAJOR Faber. ★
Pisc. Malac. Côtes. Acc. Angleterre. Fr. Occ. . . . . P. Majeur.

503-35. *Bec* brun noirâtre. Palmures jaunâtres ou grisâtres. Ailes plus longues que la queue. Sus caudales noires, sous caudales lat. blanches bordées de noir. Flancs blancs. — P. ANGLORUM. Boie. ★
Pisc. Malac. Côtes. NO. Pass. C. et S. . . . . P. des Anglais.

504-28 max. *Bec* brun verdâtre à base mandib. inf. claire. Pieds blanchâtres liserés de noir. Ailes plus longues que la queue. Sus caudales brun noir. Sous-caudales lat. gris foncé. Flancs grisâtres. — P. YELKOUAN. Bp.
Pisc. Malac. Verm. Côtes. SE. . . . . P. Yelkouan.

505 30 max. *Bec* noir brunâtre. Doigts jaunes, membranes interdigitales oranges. Ailes plus courtes que la queue. Sus-caudales et sous caudales lat. noires. — P. OBSCURUS. Boie.
Pisc. Verm. Côtes. Acc. Angleterre, Hollande. . . . . P.^s Obscur.

506-45 max *Bec* orangé ou vert olive, à pointe noire. Plumage fuligineux. Pieds couleur chair. — P. FULIGNOSUS. Strickl.
Pisc. Malac. Côtes. Acc. D. Fr. Occ. . . . . P. Fuligineux. ★

98° F. Diomédéidés

Bec plus long que la tête, robuste, droit, comprimé. Ailes très longues, sur aigues Queue plus ou moins conique. Tarses réticulés, plus courts que le médian. Ongles faibles Sexes semblables.

CCLIX. G. DIOMEDEA ALBATROS. Linn. (*Fig. XCI*).

507-170. *Bec* épais jaunâtre. Pieds rougeâtres. Queue tres courte arrondie. Pennes cubitales de 4 centimètres plus courtes que les rémiges primaires. — D. EXULANS. Linn. ★
Pisc. Malac. Sarc. Côtes. Acc. O. Fr. Occid. . . . . A. Hurleur.

508-70? *Bec* très comprimé, noir à arête mandib sup. orangée. Pieds jaunes. Queue légèrement conique. Pennes cubitales de 7 centim. plus courtes que les rémiges primaires. — D. CHLORORHYNCHOS Gmel.
Pisc. Malac. Côtes. Tres. acc. O. . . . . A. Chlororhynque.

XXI — SO. STEGANOPODES

Fig. XCI

A. — *Mandibule* inf. droite ou presque à l'extrémité. Tarses et ordinairement bas des jambes nus. Membranes interdigitales entières. Queue arrondie ou conique.

Bec pointu, légèrement fléchi à la pointe, plus ou moins comprimé, à bords finement dentelés (*Pl. XXIII, fig. 9 et 10*). . . . . 99e F. PISCATRICIDÉS.

Bec droit terminé par une pointe crochue :

Bec ordinairement plus long que la tête, assez épais, comprimé, à bords lisses. Ailes ne recouvrant que la base de la queue, celle-ci de douze à quatorze rectrices. Plumage foncé (*Pl. XXIII, fig. 11 à 13*) . . 101e F. HALIÉIDÉS.

Bec beaucoup plus long que la tête, large, très déprimé. Membrane sous-mandib. énorme. Face nue. Vingt rectrices. Plumage blanc (*Pl. XXIII, fig. 15*). . . . . . 102e F. PÉLICANIDÉS.

B. — *Mandibule* inf. recourbée à l'extrémité. Tarses à moitié recouverts par les plumes des jambes. Membranes interdigitales très échancrées. Queue bien fourchue (*Pl. XXIII, fig. 14*). 100e FRÉGATIDÉS.

99e F. Piscatricidés

Bec épais à la base. Narines basales plus ou moins prolongées. Queue conique. Médian plus long que le tarse. Douze à quatorze rectrices. Sexes semblables.

α. — *Face* et gorge nues. Ailes aiguës. Médian à ongle dentelé sur le bord int. Pouce long. Queue médiocre (*Pl. XXIII, fig. 9*). . . . . CCLX. G. SULA.

β. — *Face* et gorge emplumées. Ailes suraiguës. Narines recouvertes par une membrane. Pouce court. Rectrices médianes très longues et étroites (*Pl. XXIII, fig. 10*) . . . . . CCLXI G. PHAÉTON.

Fig. XCII

CCLX. G. SULA FOU. Briss (*Fig. XCII*).

509-86. *Blanc* à rémiges noires (ad.). Brun noirâtre taché de blanc et queue blanche (j.). Bec bleu livide et face bleu noir (ad.). — S. BASSANA. Briss. ★
Pisc. Côtes. N. O. . . . . F. de Bassan.

CCLXI. G. PHAETON PHAÉTON. Linn. (*Fig. XCIII*).

510-92. *Face* sup. blanche ondulée de noir. Cinq à six premières rémiges à barbes ext. noires. Rectrices blanches à rachis plus ou moins noir. Bec et tarses rouges. — P. ÆTHEREUS. Linn.
Pisc. Malac. Côtes. Tres acc. O. . . . . P. Ethéré.

100ᵉ F. Frégatidés

Bec plus long que la tête. Ailes très longues plus courtes que la queue, sur-aigues. Ongles aigus et recourbés. Sexes semblables.

CCLXII. G. FREGATA-FREGATE. Barr. (*Fig. XCV*).

511-100. *Plumage* noir à reflets (ad.). Rectrices ext. dépassant les autres de 40 cent. Bec et partie nue de la gorge rouges (ad.). — F. MARINA. Barr
Pisc. Côtes. Tres acc. O . . . . F. Marine.

101ᵉ F. Haliéidés

Bec à mandib. inf. tronquée à l'extrémité. Narines basales peu prolongées. Queue longue, arrondie. Jambes emplumées. Médian à ongle pectiné, un tiers plus long que le tarse, plus court que l'ext. Sexes semblables.

Fig. XCIII

Fig XCXIV

CCLXIII. G. PHALACROCORAX-CORMORAN. Briss. (Fig. XCIV).

} Bec plus long que la tête. Au moins 60 de long . . *a*
} Bec plus court que la tête. 55 de long au plus . . *514*

a. — *512*-78 max *Plumes* du dos et des épaules cendré roux, largement bordées de noir Vertex et côtés de la tête tachés de blanc (ad.). Quatorze rectrices. Pieds noirs — P. Carbo. Leach. ★ C. Ordinaire

Pisc. Côtes, Lacs. Sed. et pass. . . . .

513-60 max. *Epaules* et sus-alaires à plumes vert noirâtre bordées de noir. Huppe verticale (ad.). Bec brun, face jaune et pieds noirs (ad.). Douze rectrices. — P. Cristatus. Steph. ★ C. Huppé.

Pisc. Côtes. Séd. et pass. O. SO. . . . . .

514 55 max. *Epaules* et sus-alaires à plumes gris brun bordées de noir. Joues, cou et jambes pointillés de blanc (ad. été). Bec et face noirs. Pieds cendré noirâtre (ad. été). Douze rectrices. — P. Pygmæus Gum. C. Pygmée.

Pisc. Côtes. SE. S . . . . .

102ᵉ F. Pélicanidés

Bec à mandib. sup. très aplatie, à mandib. inf. flexible. Narines basales, dans le sillon mandib Queue moyenne. Jambes à base dénudée. Ongle du médian lisse. Sexes presque semblables.

CCLXIV. G. PELICANUS-PELICAN. Linn. (Fig. XCVI)

515-196. *Blanc* rosé. Tour de l'œil très dénudé. Huppe effilée et tombante. Plumes du front formant un angle aigu. — P. Onocrotalus. Linn. ★ P. Onocrotale

Pisc. Côtes, fleuves. SE. Acc. SO. .

516-200 *Blanc* d'argent. Tour de l'œil peu dénudé Tête et cou à plumes

Fig XCXV

Fig. XCVI

étroites et frisées (ad.). Plumes du front coupées carrément . . . P. Crispus. Bruch.
Pisc. Côtes, fleuves, lacs. SE. . . . . . P. Frisé

XXII. — SO. BRACHYPTÈRES

4 doigts. Tarses très comprimés. Doigt ext. plus long que le médian. Narines découvertes percées de part en part.	1er Groupe.
3 doigts. Tarses peu comprimés. Doigt ext. armé plus court que le médian. Narines généralement cachées par les plumes du front.	2e Groupe.

1er GROUPE

Doigts ant. lobés. Tarses scutellés (*Pl. XXIV, fig. 1 à 4*)	103e F. Podicipidés.
Doigts ant. à palmure complète. Tarses réticulés (*Pl. XXIV, fig. 10 à 12*).	104e F. Colymbidés.

2e GROUPE

Bec lisse, convexe peu comprimé, peu élevé. Tarses plus ou moins réticulés (*Pl. XXIV, fig. 5 à 7, 14 et 15*)	105e F. Uriidés.
Bec sillonné sur les côtés, très comprimé, élevé, à mandib. sup. à extrémité crochue. Tarses scutellés devant (*Pl. XXIV, fig. 8 et 9, 13 et 16*)	106e F. Alcidés.

103e F. Podicipidés

Bec au plus égal à la tête. Lorums nus. Ailes aigues. Jambes emplumées. Scapulaires au moins égales aux rémiges primaires. Sexes semblables.

CCLXV. G. PODICEPS GRÈBE. Lath. (*Fig. XCVII*).

Fig. XCVII

Plus de 30 de long. Ordinairement collerette plus ou moins développée (ad été) :	
Joues blanches ou grises. Plus de 35 de long. .	a
Joues et une partie du cou noirs (ad.). Au plus 35 de long.	b
Moins de 25 de long. Tête toujours lisse	522

a. — 517-52. *Joues* blanches. Deux taches blanches sur l'aile. Bec droit, des commissures plus long que l'int armé. Lorums bruns. . . . . P. CRISTATUS. Lath. ★
Verm. Ins. Herb. Lacs, marais. Séd. et pass. . . . . . G. Huppé.

518-40 max. *Joues* grises. Rémiges sec. blanches moins les trois premières. Grandes sus alaires sec. brunes. Bec droit, des commissures plus court que l'int. armé. Base mandib. inf. jaune orange. P. GRISEGENA. G. R. G.
Verm. Ins. Lacs, marais. Séd. et pass. . . . . G. Jougris. ★

518 A-48. *Rémiges* sec. blanches. Bec droit, des commissures plus long que l'int. armé. Mandib. inf. jaunâtre. Reste comme précédent. *P. Holbolli*. Reinh.
Verm. Ins. Herb. Bords de l'eau. Acc. O. . . . . H. de Holboll.

519-52. *Joues* blanchâtres. Rémiges sec. blanches. Grandes sus-alaires sec. à barbes ext. blanches. Bec légèrement retroussé, plus long que le médian armé, à mandib. inf. jaunâtre. P. LONGIROSTRIS. Bp.
Verm. Ins. Etangs, marais. Sardaigne. . . . . G. Longirostre.

b. — 520-35. *Haut* du cou noir (ad.). Moitié des grandes rémiges blanches. Bec droit, plus haut que large en arrière des narines, rougeâtre à milieu noir. P. AURITUS. Lath. ★
Verm. Ins. Herb. Lacs, marais. N. E. Irr. O. . . . . G. Oreillard.

521-31. *Cou* entièrement noir (ad.). Moitié des grandes rémiges blanches. Bec déprimé vers le milieu, à pointe retroussée, plus large que haut en arrière des narines, noir. P. NIGRICOLLIS. Sund. ★
Verm. Ins. Lacs, étangs. Séd. et pass. N. et C. . . . . G. à cou noir.

522-24 max. Grandes rémiges brunes, les sec. ayant les barbes int. blanches. Bec jaunâtre à la pointe et à la base mandib. inf. Lorums blanchâtres. P. FLUVIATILIS. D. et G. ★
Verm. Ins. Herb. Etangs, rivières. Séd. et pass. . . . . G. Castagneux

104ᵉ F. Colymbides

Bec au moins aussi long que la tête, légèrement retroussé, à bords très rentrants. Lorums emplumés. Narines basales. Ailes sur aiguës. Queue très courte, arrondie. Jambes emplumées. Tarses plus longs que l'int. Sexes semblables.

CCLXVI. G. COLYMBUS-PLONGEON. Linn.

{ *Bec* des commissures bien plus long que le médian armé. Plus de 75 de long . . . *523*
{ *Bec* des commissures au plus égal au médian armé. Moins de 70 de long. . . . . *a*

523 76. *Flancs* noirs tachés de blanc. Cou noir avec deux demi colliers tachés de blanc (été). *Pisc. Malac. Côtes. Grands lacs. N. Pass. C.* . . . . C. Glacialis. Linn. P. Imbrin. ★

a. — 524-68. *Flancs* noirs unicolores. Devant du cou noir avec un demi-collier taché de blanc (été). Bec des commissures plus court que le médian armé. *Pisc. Malac. Côtes, lacs. N. Hiver.* . . . . C. Arcticus. Linn. P. Lumne. ★

525 62. *Flancs* noirs tachés de brun. Devant du cou marron roux bordé de gris (été). Bec des commissures au plus égal au médian armé. *Pisc. Malac. Côtes, grands lacs. N. Hiv. O.* . . . . . . C. Septentrionalis Linn. P. Cat-Marin. ★

Fig. XCVIII

105ᵉ F. Uriidés

Bec plus court que la tête. Queue courte, arrondie de douze rectrices. Ailes sur-aiguës. Ongles comprimés, pointus. Sexes semblables.

{ *α.* — *Bec* pointu, comprimé, anguleux en dessous. Narines à moitié cachées par les plumes. Tarses réticulés (*Pl. XXIV, fig. 5 et 6, 14 et 15*) . . . . CCLXVII. G. Uria.
{ *β.* — *Bec* court, épais, renflé, très anguleux en dessous. Narines operculées. Tarses en partie scutellés (*Pl. XXIV, fig. 7*) . . . . CCLXVIII. G. Mergulus

CCLXVII. G. URIA-GUILLEMOT. Briss. (*Fig. XCVIII*).

{ *Pieds* brun jaune ou noirs. Au moins 40 de long . *a*
{ *Pieds* rouges. Moins de 35 de long . . *b*

a — 526-43. *Face* sup. brune. Flancs tachés de brun noirâtre. Bec à base un peu plus haute que large. — U. TROILE. Lath. ★
Verm. Malac. Pisc. Côtes. N. Sed. et hiv. O. . . . . . — G. Troile.

526 A-43. *Face* sup. et flancs comme Uria-Troile. Une bande blanche sur les yeux. — *U. Ringvia.* Brunn. ★
Verm. Malac. Côtes. N. Pass. O. . . . . — G. Bridé.

527-40. *Face* sup. noire. Flancs à taches longit. noires. Bec aussi haut que large à la base. — U. ARRA. K. et B.
Verm. Malac. Pisc. Côtes. N. Acc. Angleterre. . . . . — G. Arra.

b — 528-34 max. *Face* sup. noire (été) ou tachée de blanc (hiv.). Rémiges noires. Grandes sus alaires sec. et moyennes sus alaires blanches (ad.) ou tachées de noir (j.) — U. GRYLLE. Lath. ★
Verm. Malac. Côtes. N. Pass. O. . . . . . . — G. Grylle.

528 A. *Ne* diffère de Uria-Grylle que par un bec plus grêle, des tarses plus longs et les rémiges sec. à bout blanc. — *U. Mandtii.* Lichst.
Verm. Malac. Côtes. Spitzberg. . . . . — G. de Mandt

Fig. XCIX

CCLXVIII. G. MERGULUS-MERGULE. Vieill

529-23. *Scapulaires* bordées de blanc. Sous alaires cendrées ou brun foncé. — M. ALLE. Vieill. ★
Verm. Malac. Côtes. N. Pass. Irr. O. . . . . — M. Nain.

106ᵉ F. Alcidés

Bec au plus de la long. de la tête. Narines très étroites. Queue courte de douze à seize rectrices. Tarses plus courts que l'int. armé. Sexes semblables.

α. — *Bec* au moins aussi haut que long, à mandib. sup. surmontant le sommet du crâne. Tour des narines nu. Ailes aigues. Pieds orangés (ad.) (*Pl. XXIV, fig. 8 et 9*) . CCLXIX. G. FRATERCULA.

β. — *Bec* droit à peu près de la long. de la tête, moins élevé à la base que vers la pointe. Narines presque ent. cachées. Ailes sur-aigues. Pieds noirs (ad.) (*Pl. XXIV, fig. 13 et 16*). CCLXX. G. ALCA.

CCLXIX G. FRATERCULA-MACAREUX. Briss. (*Fig.* XLIX)

530-30. *Bec* à teintes très vives (ad.) au moins égal à l'int. à sillons obliques. Demi collier noir ou noirâtre.	F. ARCTICA. Vieill.	★
Malac. Verm. Côtes. N. Sed. C. Pass. S. . .	M. Arctique.	
531-38 max. *Bec* presque unicolore (ad.) bien plus court que l'int. à sillons perpendic. Collier noir complet. Protubérance charnue au-dessus de l'œil. Souvent une bande noire de l'œil à la nuque.	F. CORNICULATA. Brandt.	
Malac. Verm. Côtes. N. NO .	M. à Croissants	

Fig. C

CCLXX. G. ALCA PINGOUIN. Linn. (*Fig.* C)

532-38. *Ailes* dépassant la base de la queue. Bord du front blanc. Trois à quatre sillons sur les côtés du bec	A. TORDA. Linn.	★
Pisc. Malac. Côtes. N. Pass. O . .	P. Torda.	
533-65. *Ailes* rudimentaires. Lorums blancs. Sept à huit sillons sur les côtés du bec.	A. IMPENNIS. Linn.	
Pisc. Malac. Côtes. N. Acc. O. Fr. sept . .	P. Brachyptère.	

Nota. — Cette espèce, considérée comme disparue, ne pondait qu'un seul œuf, le plus gros de ceux d'Europe.

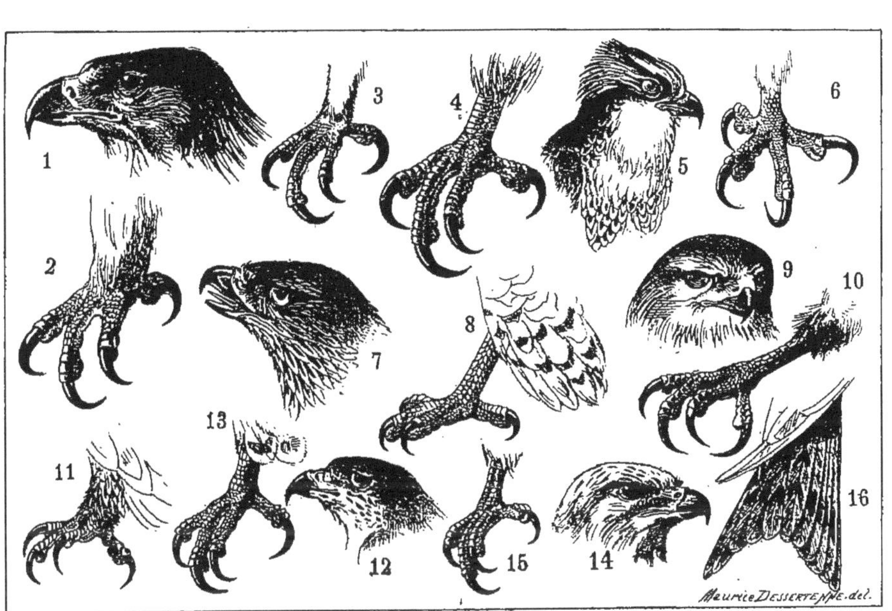

Pl. I. — 1, 2. Aigle doré. — 3 Pseudaëte Bonelli. — 4. Pygargue vulgaire. — 5, 6. Balbuzard pêcheur. — 7, 8. Circaëte Jean le Blanc. — 9, 10. Buse vulgaire. — 11. Busaigle pattue. — 12, 13. Bondrée apivore. — 14, 15, 16. Milan royal.

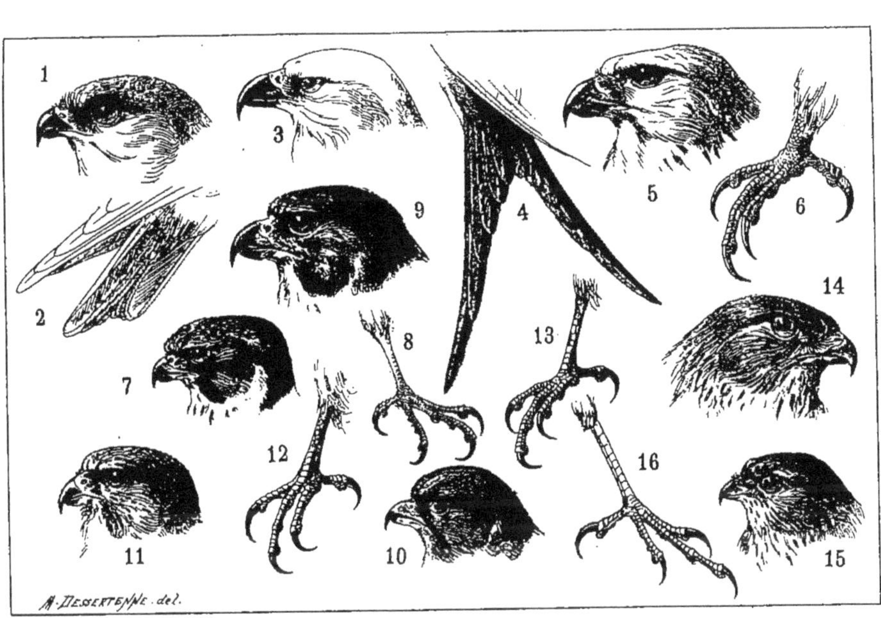

Pl. 11 — 1, 2. Elanion blac. — 3, 4. Naucler martinet. — 5, 6. Gerfaut blanc. — 7, 8. Hobereau vulgaire. — 9. Faucon pèlerin. — 10. Kobez vespéral. — 11, 12. Crécerelle vulgaire. — 13. Emerillon vulgaire. — 14. Autour des palombes. — 15, 16. Epervier vulgaire.

Pl. III. — 1, 2. Busard harpaye. — 3. Strigiceps Saint-Martin. — 4. Gypaète barbu. — 5, 6. Vautour moine. — 7. Gyps fauve. — 8. Otogyps oricou. — 9. Néophron percnoptère. — 10. Grand-Duc. — 11, 12. Hibou ordinaire. — 13. Hibou brachyote. — 14, 15. Scops d'Europe. — 16, 17. Surnie caparacoch.

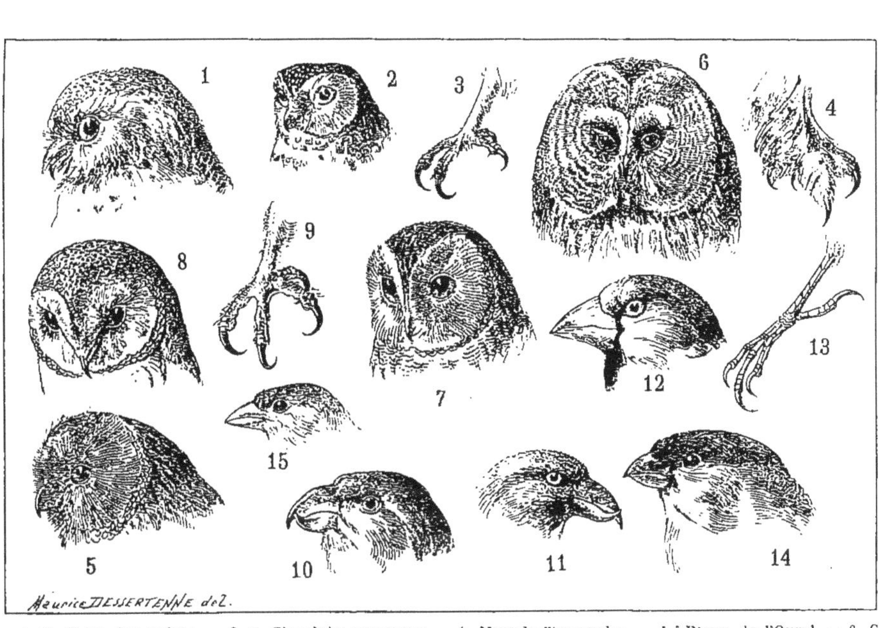

Pl. IV. — 1. Harfang des neiges. — 2, 3. Chevêche commune. — 4. Nyctale Tengmalm. — 5. Ptynx de l'Oural. — 6. Chouette laponne. — 7. Hulotte chat-huant. — 8, 9. Effraye commune. — 10. Bec-croisé perroquet. — 11. Bec-croisé ordinaire. — 12, 13. Gros-bec vulgaire. — 14. Bouvreuil vulgaire. — 15. Roselin cramoisi.

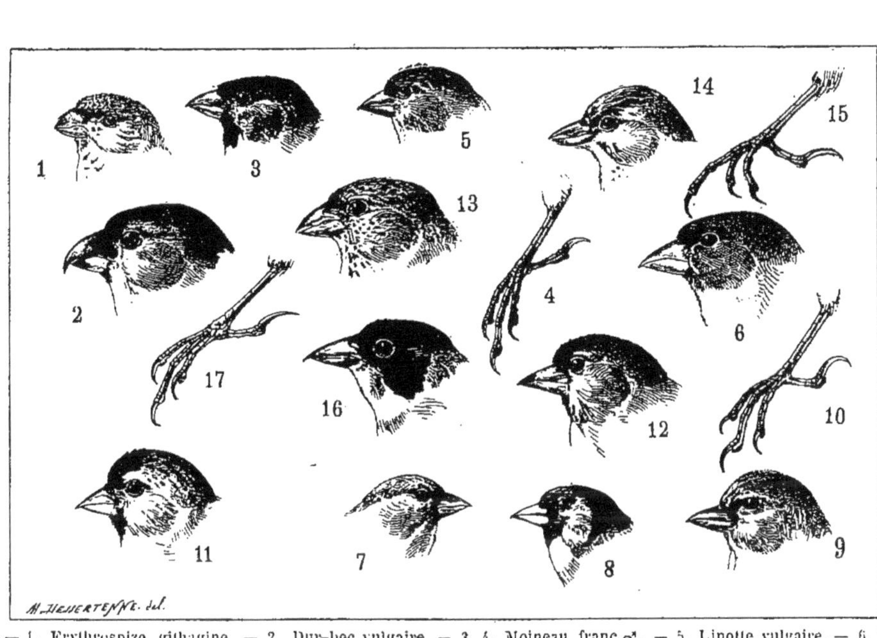

Pl. V. — 1. Erythrospize githagine. — 2. Dur-bec vulgaire. — 3, 4. Moineau franc ♂. — 5. Linotte vulgaire. — 6. Verdier ordinaire. — 7. Venturon alpin. — 8. Chardonneret élégant. — 9, 10. Pinson ordinaire. — 11. Sizerin boréal. — 12. Tarin ordinaire. — 13. Proyer d'Europe. — 14, 15. Bruant jaune. — 16. Passerine melanocéphale ♂.

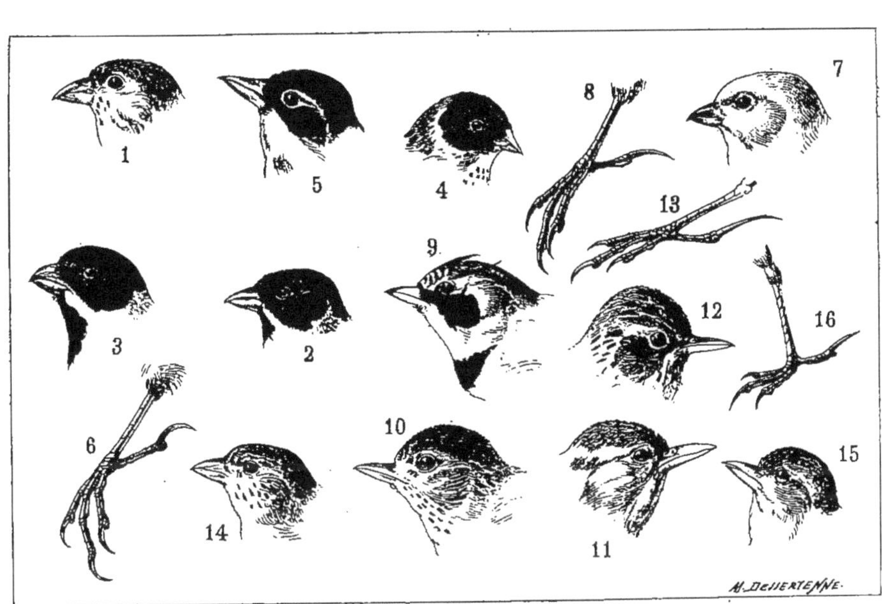

Pl. VI. — 1. Fringillaire striolé. — 2, 6. Cynchrame schœnicole ♂. — 3. Cynchrame pyrrhuloïde ♂. — 4. Cynchrame nain ♂. — 5. Cynchrame rustique. — 7, 8. Plectrophane des neiges. — 9. Otocoris des Alpes ♂. — 10. Alouette des champs. — 11. Alouette isabelline. — 12, 13. Lulu des arbres. — 14. Calandrelle pispolette. — 15, 16. Calandrelle brachydactyle.

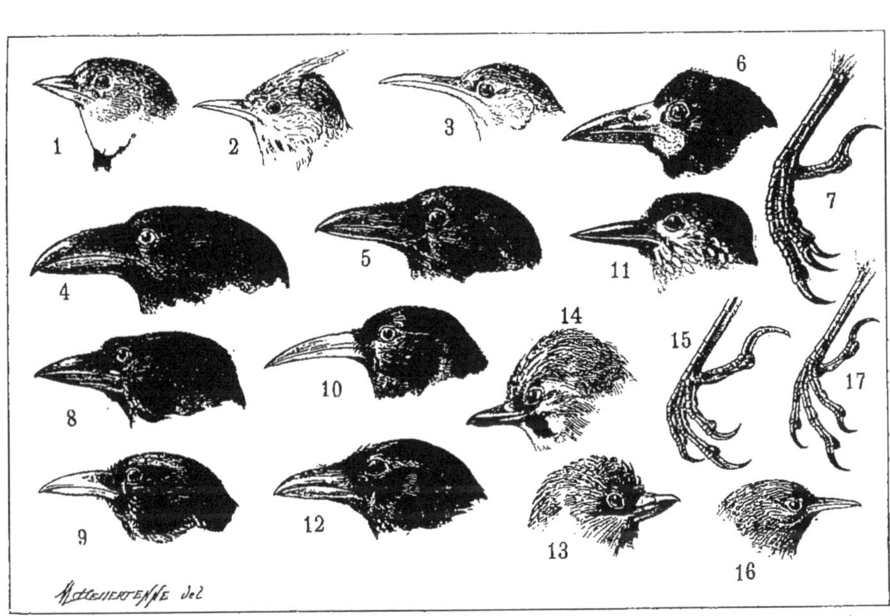

Pl. VII. — 1. Calandre ordinaire. — 2. Cochevis huppé. — 3. Sirli des déserts. — 4. Corbeau commun. — 5. Corneille noire. — 6. 7. Freux des moissons. — 8. Choucas des tours. — 9. Chocard des Alpes — 10. Crave vulgaire. — 11. Casse-noix vulgaire. — 12. Pie ordinaire. — 13. Mésangeai imitateur. — 14, 15. Geai glandivore. — 16, 17. Etourneau ordinaire.

Pl. VIII. — 1. Martin rose. — 2. Loriot jaune ♂. — 3, 4. Pie-grièche grise. — 5. Enneoctone écorcheur. — 6. Téléphone tschagra. — 7. Jaseur de Bohême. — 8, 9. Gobe-mouche noir. — 10. Butalis gris. — 11. Erythrosterne nain. — 12. Rossignol ordinaire. — 13. Gorge-bleue suédoise. — 14. Calliope du Kamischatka. — 15, 16. Rouge-gorge vulgaire. — 17, 18. Rouge-queue des murailles ♂.

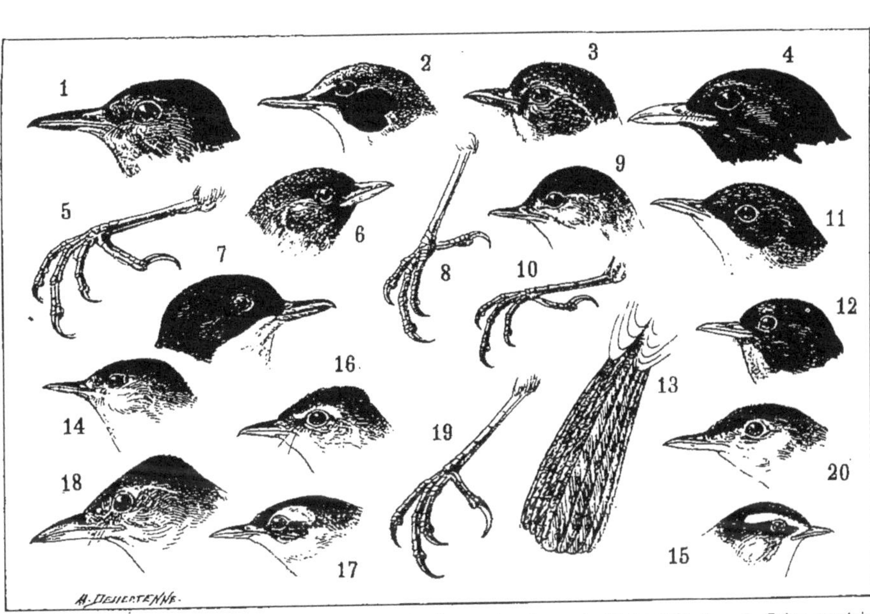

Pl. IX. — 1. Petrocincle bleu. — Traquet motteux ♂. — 3. Tarier pratincole. — 4. Merle noir ♂. — 5. Grive musicienne. — 6. Turdoïde obscur. — 7, 8. Cincle aquatique. — 9, 10. Fauvette à tête noire. — 11. Babillarde vulgaire. — 12. 13. Pitchou provençal. — 14. Pouillot fitis. — 15. Réguloïde à grands sourcils. — 16. Hypolaïs ictérine. — 17. Amnicole à moustaches noires. — 18, 19. Rousserolle turdoïde. — 20. Locustelle tachetée.

Pl. X. — 1. Lusciniole luscinoïde. — 2. Phragmite des joncs. — 3. Cisticole schœnicole. — 4, 5. Troglodyte mignon. — 6. Accenteur des Alpes. — 7, 8. Mouchet chanteur. — 9, 10. Corydalle de Richard. — 11. Agrodrome champêtre. — 12, 13, 14. Pipi des arbres. — 15. Pipi des prés. — 16. Bergeronnette printanière. — 17, 18. Hoche-queue grise ♂.

Pl. XI. — 1, 2. Roitelet huppé. — 3. Lophophane huppé. — 4, 5. Mésange charbonnière. — 6. Nonnette vulgaire. — 7. Orite longicaude. — 8. Remiz penduline ♂. — 9, Panure à moustaches ♂. — 10. Sittelle Torchepot. — 11, 12, 13. Grimpereau brachydactyle. — 14. Tichodrome des murailles. — 15. Huppe vulgaire. — 16, 17. Hirondelle rustique. — 18. Cotyle des rivages.

Pl. XII. — 1, 2. Chelidon des fenêtres. — 3. Progné pourpre. — 4, 5. Engoulevent d'Europe. — 6, 7. Martinet noir. — 8, 9. Rollier vulgaire. — 10. Guêpier vulgaire. — 11, 12. Martin-pêcheur. — 13. Céryle pie. — 14, 15. Coucou gris. — 16. Oxylophe geai. — 17. Coulicou américain.

Pl. XIII. — 1, 2. Pic épeiche. — 3, 4. Gecine vert. — 5. Apterne tridactyle. — 6, 7. Torcol vulgaire. — 8, 9. Palombe à collier. — 10. Tourterelle vulgaire. — 11. Ectopiste migrateur. — 12, 13. Ganga cata. — 14. Syrrhapte paradoxal. — 15. Tetras urogalle ♀.

Pl. XIV. — 1, 2, 3. Lyrure des bouleaux ♂. — 4, 5. Gelinotte des bois. — 6. Lagopède blanc. — 7. Tétragalle caspien. — 8, 9. Perdrix rouge. — 10, 11. Starne grise. — 12, 13. Caille commune. — 14. Faisan de Colchide ♂. — 15, 16. Turnix sauvage. — 17, 18. Glaréole pratincole.

Pl. XV. — 1, 2. Vanneau huppé. — 3. Squatarole grise. — 4. Hoploptère épineux. — 5. Chetusie sociale. — 6. Tournepierre interprète. — 7. Outarde barbue ♂. — 8, 9. Canepetière champêtre ♀. — 10. Houbara ondulée ♂. — 11. Houbara de Macqueen ♂. — 12. Courvite isabelle. — 13. Œdicnème criard. — 14, 15. Pluvier doré. — 16. Guignard de Sibérie. — 17. Gravelot hiaticule.

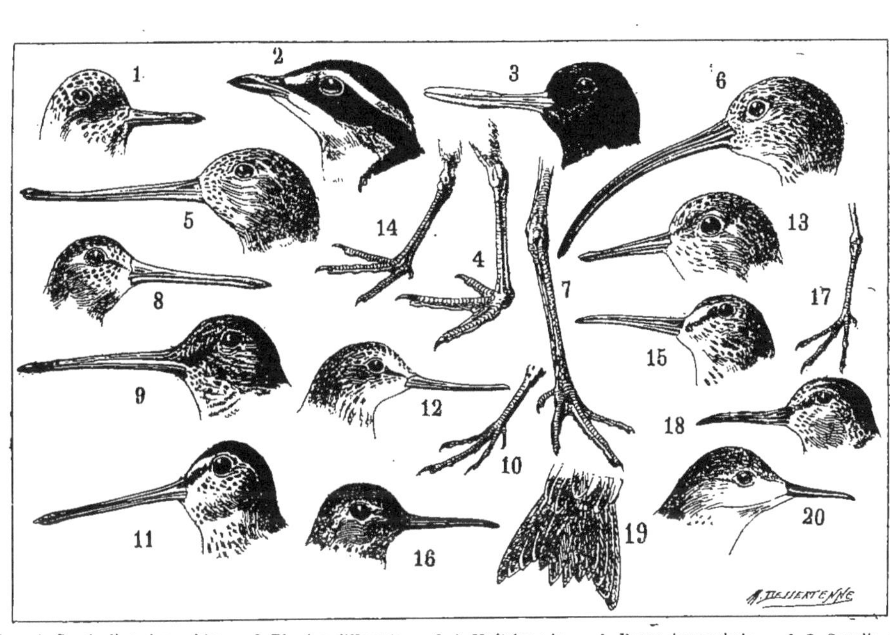

Pl. XVI. — 1. Sanderling des sables. — 2. Pluvian d'Egypte. — 3, 4. Huîtrier pie. — 5. Barge égocephale. — 6, 7. Courlis cendré. — 8. Macroramphe gris. — 9, 10. Bécasse ordinaire. — 11. Bécassine ordinaire. — 12. Térékie cendrée. — 13, 14. Maubèche canut. — 15. Pelidne cocorli. — 16, 17. Pelidne cincle. — 18, 19. Pelidne platyrhynche. — 20. Actiture roussel.

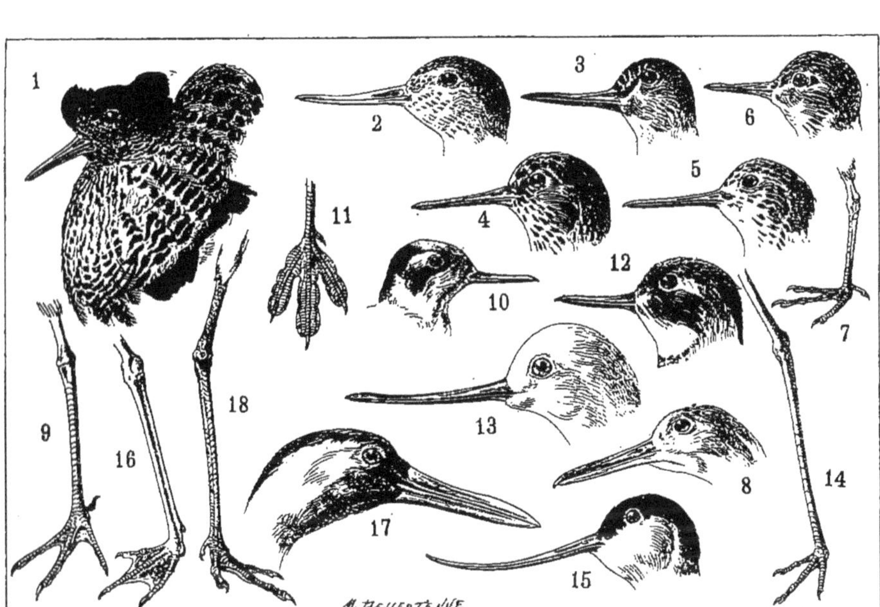

Pl. XVII. — 1. Combattant ordinaire ♂. — 2. Chevalier gris. — 3. Chevalier sylvain. — 4. Chevalier gambette. — 5. Chevalier cul-blanc. — 6, 7. Guignette vulgaire. — 8, 9. Symphémie semi-palmée. — 10, 11. Phalarope dentelé. — 12. Lobipède hyperboré. — 13, 14. Echasse blanche. — 15, 16. Recurvirostre avocette. — 17, 18. Grue cendrée.

Pl. XVIII. — 1. Anthropoïde demoiselle. — 2. Baléarique pavonine. — 3, 4. Héron gris. — 5. Aigrette blanche. — 6. Garde-Bœuf ibis. — 7, 8. Crabier chevelu. — 9. Bihoreau d'Europe. — 10, 11. Butor étoilé. — 12. Blongios nain. — 13, 14. Cigogne blanche.

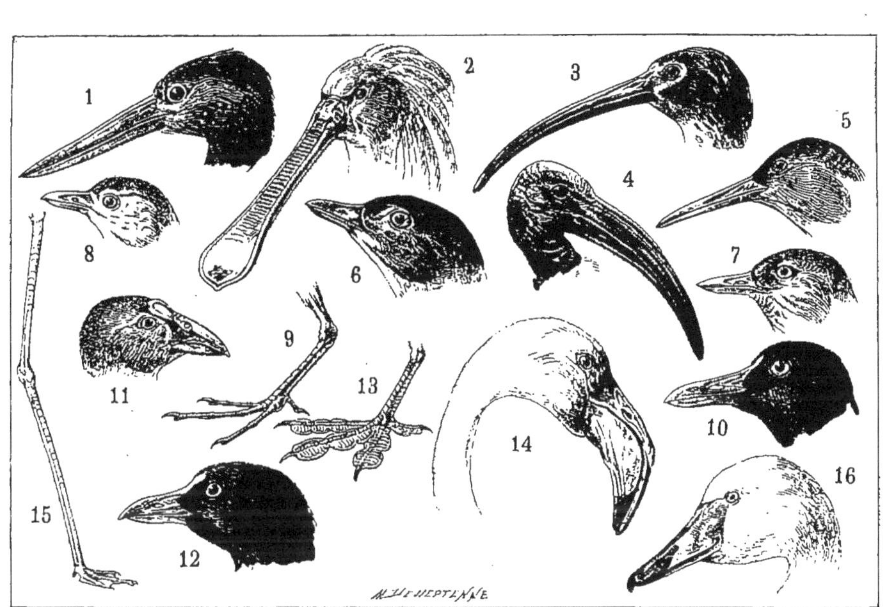

Pl. XIX. — 1. Cigogne noire. — 2. Spatule blanche. — 3. Falcinelle éclatant. — 4. Ibis sacré. — 5, 9. Râle d'eau. — 6. Crex des prés. — 7. Porzane Marouette. — 8. Porzane de Baillon. — 10. Gallinule ordinaire. — 11. Porphyrion bleu. — 12, 13. Foulque noire. — 14, 15. Phœnicoptère rose. — 16. Cygne sauvage.

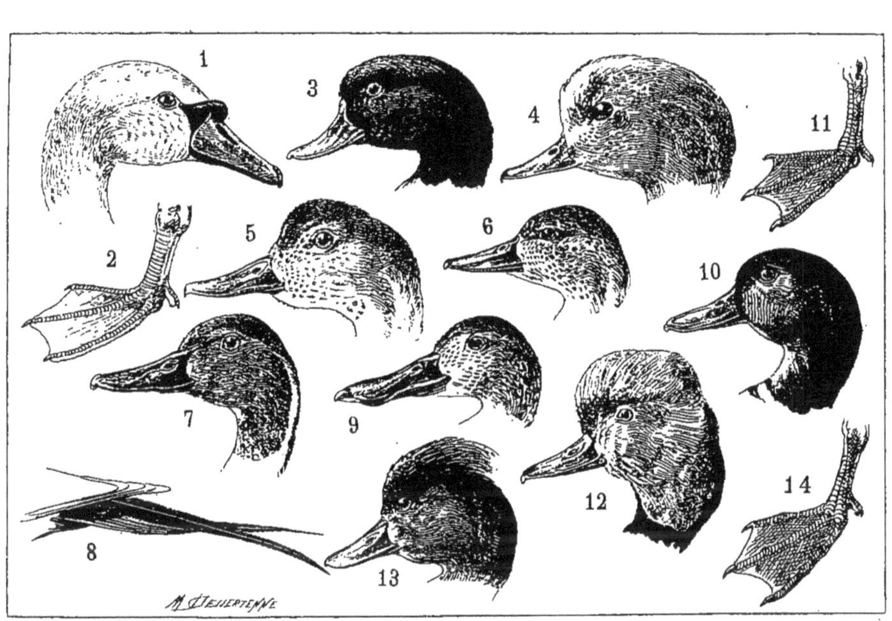

Pl. XX. — 1, 2. Cygne muet. — 3. Tadorne de Belon. — 4. Mareque Pénélope. — 5. Chipeau bruyant. — 6. Sarcelle d'été ♀. — 7, 8. Pilet acuticaude. — 9. Souchet commun. ♀. — 10, 11. Canard sauvage ♂. — 12. Brante roussâtre. — 13, 14. Fuligule morillon.

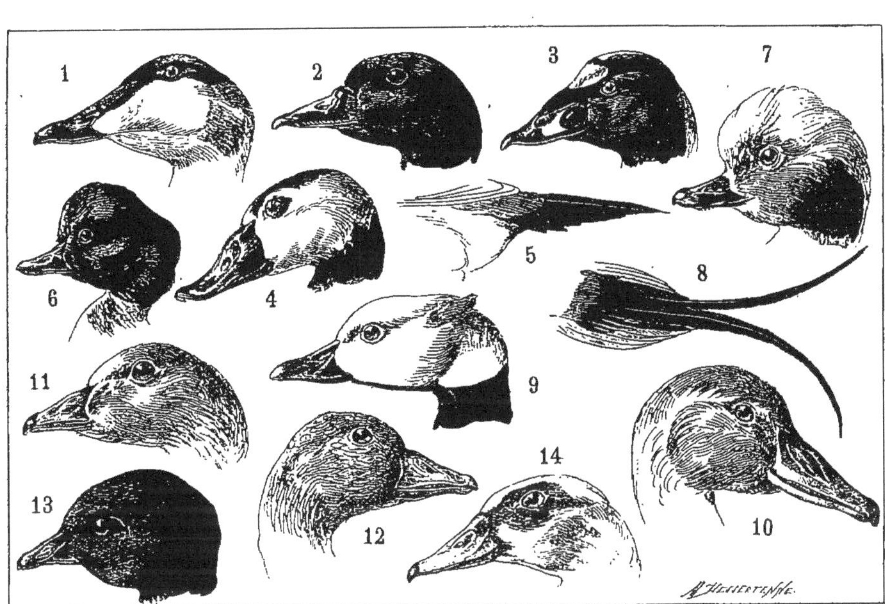

Pl. XXI. — 1. Eider vulgaire. — 2. Macreuse brune. — 3. Macreuse à lunettes. — 4. 5. Erimisture leucocéphale. — 6. Garrot vulgaire. — 7, 8. Harelde glaciale. — 9. Eniconette de Steller. — 10. Oie sauvage. — 11. Oie à bec court. — 12. Oie cendrée. — 13. Bernacle cravant. — 14. Chenalopex d'Egypte.

Pl. XXII. — 1. Chen hyperboré. — 2. Harle bièvre. — 3. Harle huppé. — 4. Harle couronné. — 5, 6. Harle piette ♀. — 7, 10. Sterne hirondelle. — 8. Sterne hansel. — 11, 12. Guifette fissipède. — 13. Pagophile blanche. — 14. Gœland marin. — 15. Rhodostétie de Ross. — 16, 17. Mouette rieuse. — 18. Risse tridactyle.

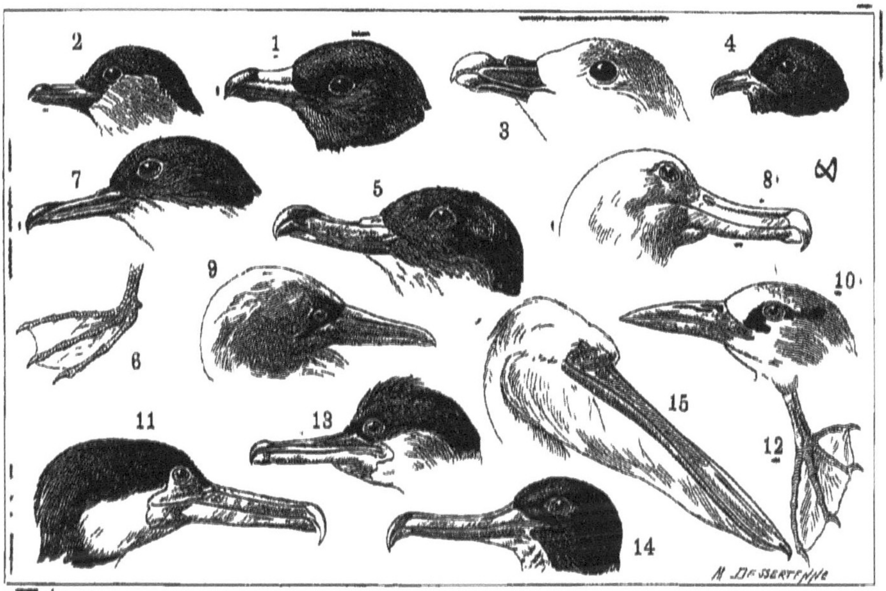

Pl. XXIII. — 1. Labbe cataracte — 2. Labbe longicaude. — 3. Pétrel du Cap. — 4. Thalassidrome tempête — 5, 6. Puffin cendré — 7. Puffin des Anglais — 8. Albatros du Cap. — 9. Fou de Bassan. — 10. Phaéton éthéré. — 11, 12. Cormoran ordinaire — 13. Cormoran huppé — 14. Frégate marine. — 15. Pélican blanc

Pl. XXIV. — 1. Grèbe huppé. — 2. Grèbe oreillard. — 3, 4. Grèbe castagneux. — 5, 6. Guillemot troïle. — 7. Mergule nain. — 8, 9. Macareux moine. — 10. Plongeon imbrin. — 11, 12. Plongeon cat-marin. — 13, 16. Pingouin torda. — 14, 15. Guillemot grylle.

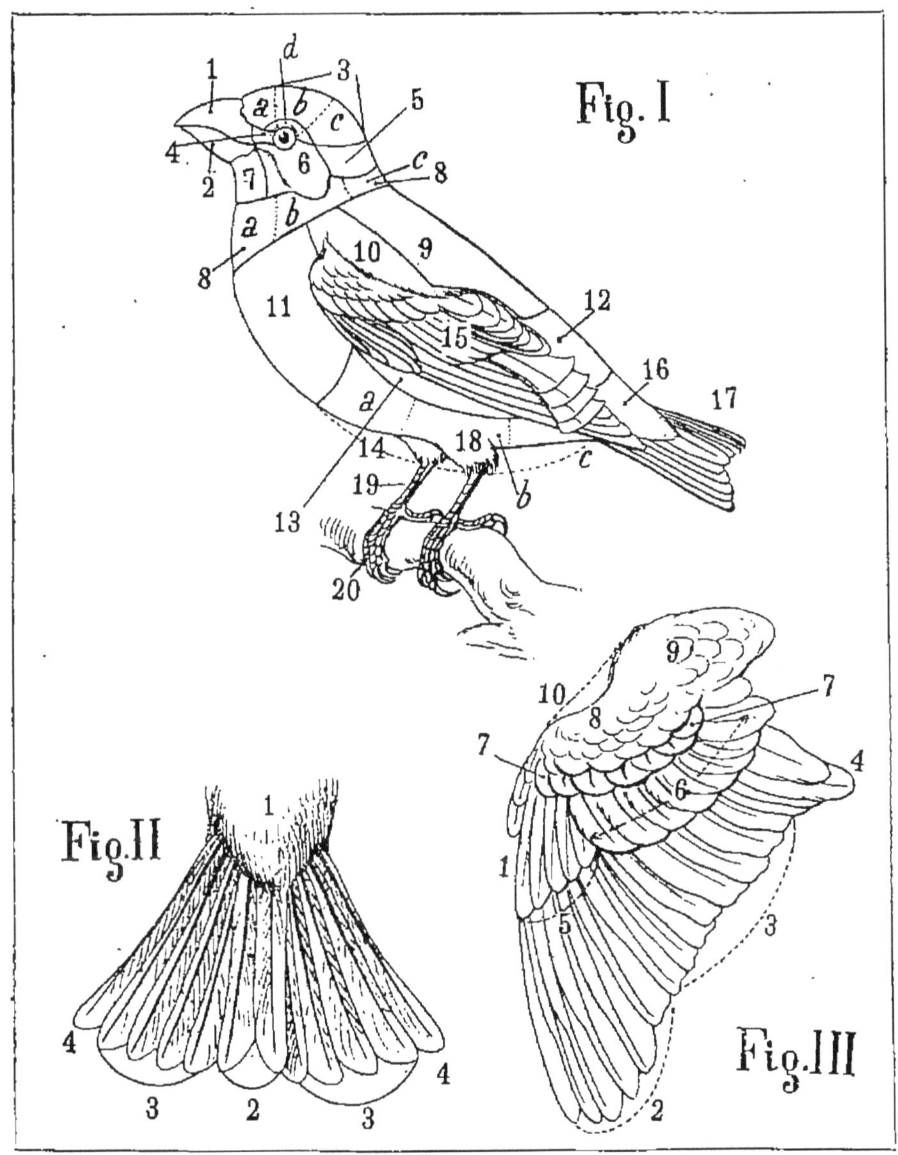

Pl. XXV

Fig. 1. Gros-Bec. — 1. Mandibule sup. — 2. Mandibule inf. — 3. Bonnet : *a*, front ; *b*, vertex ; *c*, occiput ; *d*, sourcil. — 4. Lorum. — 5. Nuque. — 6. Région parotique et joue. — 7. Gorge. — 8. Cou ; a, devant ; *b*, côté ; c, derrière. — 9. Dos. — 10. Epaule. — 11. Poitrine. — 12. Croupion. — 13. Flanc. — 14. Abdomen ; a. epigastre ; *b*, ventre ; *c*, région anale. — 15. Aile. — 16. Sus-caudales. — 17. Queue. — 18. Jambe. — 19. Tarse. — 20. Pied.

Fig. 2. Queue de Pinson ordinaire. — 1. Sus-caudales. — 2. Rectrices médianes. — 3. Rectrices intermédiaires. — 4. Rectrices externes.

Fig. 3. Aile d'Alouette des champs — 1. Rémiges bâtardes ou polliciales. — 2. Rémiges primaires. — 3. Rémiges secondaires. — 4. Rémiges cubitales ou tertiaires. — 5. Grandes sus-alaires primaires. — 6. Grandes sus-alaires secondaires. — 7. Moyennes sus-alaires. — 8. Petites sus-alaires. — 9. Scapulaires. — 10 Dossier de l'aile.

TABLE DES PLANCHES

Fig.

Pl.^e^ I

1 T. Aigle doré.
2 P. Aigle doré.
3 P. Pseudaote Bonnelli.
4 P. Pygargue vulg.
5 T. Balbuzard.
6 P. Balbuzard.
7 T. Circaëte.
8 P. Circaëte.
9 T. Buse vulgaire.
10 P. Buse vulgaire.
11 P. Busaigle.
12 T. Bondrée apivore.
13 P. Bondree.
14 T. Milan royal.
15 P. Milan royal.
16 Q. Milan royal

Pl. II

1 T. Elanion.
2 Q. Elanion.
3 T. Naucler.
4 Q. Naucler
5 T. Gerfaut blanc.
6 P. Gerfaut blanc.
7 T. Hobereau vulg.
8 P. Hobereau vulg.
9 T. Faucon pélerin.
10 T. Kobez.
11 T Crecerelle vulg.
12 P. Crecerelle vulg
13 P. Emerillon.
14 T. Autour.
15 T. Epervier vulg.
16 P Epervier vulg.

Pl. III

1 T. Busard Harpaye
2 P. Busard Harpaye.
3 T. Strigiceps Saint-Martin.
4 T. Gypaete.
5 T. Vautour moine.
6 P. Vautour moine.
7 T. Gyps fauve.
8 T. Otogyps oricou.
9 T. Néophron.
10 T. Grand-Duc.

Fig.
11 T. Hibou ordinaire.
12 P. Hibou ordinaire.
13 T. Hibou brachyote.
14 T. Scops d'Europe.
15 P Scops d'Europe.
16 T Surnie caparacoch
17 P Surnie caparacoch

Pl. IV

1 T Harfang des neiges
2 T. Chévêche commune
3 P. Chévêche commune
4 P. Nyctale tengmalm.
5 T. Ptynx de l'Oural.
6 T. Chouette Laponne
7 T Hulotte chat huant
8 T Effraye.
9 P Effraye.
10 T Bec-croisé Perroquet.
11 T Bec croisé ordinaire
12 T Gros-bec.
13 P Gros-bec commun
14 T. Bouvreuil vulgaire
15 T Roselin cramoisi.

Pl. V

1 T. Erythrospize githagine
2 T Dur-bec
3 T Moineau franc ♂.
4 P Moineau franc
5 T Linotte vulgaire
6 T Verdier.
7 S Venturon.
8 T Chardonneret.
9 T Pinson ordinaire
10 P Pinson ordinaire
11 T Sizerin boréal.
12 T Tarin.
13 T Proyer
14 T. Bruant jaune
15 P. Bruant jaune
16 T. Passerine mélanocéphale.

Pl. VI

1 T. Fringillaire.
2 T. Cynchrame schœnicole ♂
3 T Cynchrame pyrrhuloïde
4 T. Cynchrame nain ♂.

Fig.
5 T. Cynchrame rustique.
6 P. Cynchrame schœnicole
7 T. Plectrophane des neiges.
8 P. Plectrophane des neiges.
9 T. Otocoris des Alpes ♂.
10 T. Alouette des champs
11 T Alouette Isabelline.
12 T. Lulu des arbres.
13 P. Lulu des arbres.
14 T Calandrelle pispolette.
15 T Calandrelle brachydactyle.
16 T. Calandrelle brachydactyle.

Pl. VII

1 T. Calandre ordinaire.
2 T. Cochevis huppé.
3 T. Sirli des déserts
4 T. Corbeau commun.
5 T. Corneille noire.
6 T. Freux des moissons.
7 P. Freux des moissons.
8 T. Choucas des tours.
9 T. Chocard des Alpes
10 T. Crave ordinaire.
11 T Casse noix
12 T. Pie ordinaire
13 T Mésangeai
14 T. Geai glandivore.
15 P Geai glandivore
16 T Etourneau ordinaire
17 P Etourneau ordinaire

Pl VIII

1 T Martin rose
2 T Loriot jaune ♂
3 T Pie grièche grise
4 P. Pie grièche grise.
5 T Enneoctone écorcheur ♂.
6 T Téléphone tschagra
7 T Jaseur.
8 T Gobe mouche noir
9 P Gobe-mouche noir
10 T Butalis gris.
11 T Erythrosterne nain.
12 T Rossignol ordinaire.
13 T. Gorge bleue suédoise.
14 T Calliope
15 T Rouge gorge
16 P Rouge-gorge.
17 T Rouge-queue des murailles ♂
18 P. Rouge-queue des murailles

Pl. IX

1 T Pétrocincle bleu.
2 T Traquet motteux ♂
3 T Tarier pratincole
4 T Merle noir ♂.
5 P. Grive musicienne
6 T Turdoïde obscur

Fig
7 T. Cincle aquatique.
8 P. Cincle aquatique.
9 T. Fauvette à tête noire
10 P Fauvette à tête noire
11 T Babillarde vulgaire
12 T Pitchou provençal.
13 Q Pitchou Provençal
14 T Pouillot fitis
15 T Réguloïde à grands sourcils
16 T. Hypolais ictérine.
17 T Amnicole.
18 T Rousserolle turdoïde
19 P Rousserolle turdoïde
20 T Locustelle tachetée.

Pl. X

1 T. Lusciniole luscinoïde.
2 T. Phragmite des joncs
3 T Cisticole schœnicole
4 T. Troglodyte mignon
5 P. Troglodyte
6 T Accenteur des Alpes.
7 T. Mouchet chanteur
8 P. Mouchet chanteur
9 T Corydalle de Richard.
10 P Corydalle de Richard.
11 T. Agrodrome champêtre.
12 T Pipi des arbres
13 P Pipi des arbres
14 A Pipi des arbres
15 P Pipi des prés
16 T Bergeronnette printannière
17 T Hochequeue grise ♂.
18 P Hochequeue grise

Pl. XI

1 T. Roitelet huppé
2 P. Roitelet huppé
3 T Lophophane huppé.
4 T Mésange charbonnière
5 T Mésange charbonnière
6 T Nonnette vulgaire.
7 T Orite longicaude.
8 T. Remiz penduline ♂.
9 T Panure à moustache ♂.
10 T Sittelle torchepot.
11 T Grimpereau brachydactyle
12 P. Grimpereau brachydactyle
13 Q. Grimpereau brachydactyle.
14 T Tichodrome échelette
15 T Huppe vulgaire
16 T. Hirondelle rustique
17 P Hirondelle rustique
18 T Cotyle des rivages

Pl. XII

1 T Chélidon des fenêtres.
2 P. Chélidon des fenêtres
3 T. Progné pourpre

Fig.
4 T. Engoulevent d'Europe.
5 P. Engoulevent d'Europe.
6 T. Martinet noir.
7 P. Martinet noir
8 T. Rollier.
9 P. Rollier.
10 T Guêpier vulgaire
11 T Martin-pêcheur.
12 P. Martin pêcheur
13 T. Ceryle Pie.
14 T Coucou gris.
15 P. Coucou gris.
16 T. Oxylophe geai.
17 T. Coulicou américain.

Pl. XIII

1 P. Pic épeiche.
2 T Pic épeiche.
3 Q. Gécine vert.
4 T. Gécine vert
5 P. Apterne tridactyle
6 T Torcol.
7 P. Torcol.
8 T. Palombe à collier
9 P. Palombe à collier
10 T. Tourterelle.
11 Q. Ectopiste migrateur.
12 T. Ganga cata.
13 P. Ganga cata.
14 P Syrrhapte
15 T Tétras urogalle ♀.

Pl. XIV

1 T. Lyrure des bouleaux ♂
2 P Lyrure des bouleaux.
3 Q. Lyrure des bouleaux ♂
4 T. Gélinotte des bois.
5 P. Gélinotte
6 P. Lagopède blanc.
7 T. Tétragalle Caspien
8 T. Perdrix rouge.
9 P Perdrix rouge.
10 T. Starne grise.
11 P. Starne grise.
12 T Caille commune.
13 P Caille.
14 T. Faisan de Colchide ♂.
15 T Turnix sauvage.
16 P. Turnix sauvage.
17 T. Glaréole pratincole.
18 P. Glaréole pratincole.

Pl XV

1 T. Vanneau huppé.
2 P. Vanneau.
3 T. Squatarole grise
4 T Hoploptère épineux.
5 T Chétusie sociale.
6 T. Tournepierre interprète

Fig.
7 T Outarde barbue ♂.
8 T Canepetière ♀
9 P Canepetière
10 T. Houbara ondulée ♂
11 T. Houbara de Macqueen ♂
12 T. Courvite isabelle
13 T Œdicnème criard
14 T Pluvier doré
15 P. Pluvier doré
16 T Guignard de Sibérie
17 T Gravelot hiaticule

Pl. XVI

1 T Sanderling des sables
2 T Pluvian d'Egypte
3 T Huîtrier pie.
4 P. Huîtrier pie.
5 T. Barge égocéphale
6 T Courlis cendré
7 P Courlis cendré
8 T Macroramphe gris
9 T. Bécasse ordinaire
10 P. Bécasse ordinaire
11 T Bécassine ordinaire
12 T. Térékie cendrée
13 T Maubèche canut
14 P. Maubèche canut.
15 T Pélidne cocorli.
16 T. Pélidne cincle
17 P. Pélidne cincle
18 T. Pélidne platyrhynche
19 Q Pélidne platyrhynche
20 T. Actiture Rousset.

Pl XVII

1 T. Combattant ordinaire
2 T. Chevalier gris.
3 T Chevalier sylvain
4 T. Chevalier gambette
5 T. Chevalier cul blanc
6 T Guignette vulgaire
7 P Guignette vulgaire.
8 T Symphémie semi-palmée.
9 P. Symphémie semi-palmée
10 T. Phalarope dentelé.
11 P. Phalarope dentelé
12 T Lobipède hyperboré
13 T Echasse blanche.
14 P. Echasse blanche.
15 T. Recurvirostre.
16 P. Recurvirostre.
17 T. Grue cendrée
18 P. Grue cendrée

Pl. XVIII

1 T Anthropoïde demoiselle.
2 T Baléarique pavonine
3 T. Héron gris
4 P. Héron gris

Fig.
5 T. Aigrette blanche.
6 T. Garde-bœuf ibis.
7 T. Crabier chevelu.
8 P. Crabier chevelu.
9 T. Bihoreau d'Europe.
10 T. Butor étoilé.
11 P. Butor étoilé.
12 T. Blongios nain.
13 T. Cigogne blanche.
14 P. Cigogne blanche.

Pl. XIX

1 T. Cigogne noire.
2 T. Spatule blanche.
3 T. Falcinelle éclatant.
4 T. Ibis sacré.
5 T. Râle d'eau.
6 T. Crex des prés.
7 T. Porzane marouette.
8 T. Porzane de Baillon.
9 P. Râle d'eau.
10 T. Gallinule ordinaire.
11 T. Porphyrion bleu.
12 T. Foulque noire.
13 P. Foulque noire.
14 T. Phœnicoptère rose.
15 P. Phœnicoptère rose.
16 T. Cygne sauvage.

Pl. XX

1 T. Cygne muet.
2 P. Cygne muet.
3 T. Tadorne de Belon.
4 T. Marèque pénélope.
5 T. Chipeau bruyant.
6 T. Sarcelle d'été ♀.
7 T. Pilet acuticaude.
8 Q. Pilet acuticaude.
9 T. Souchet commun ♀.
10 T. Canard sauvage ♂.
11 P. Canard sauvage.
12 T. Brante roussâtre.
13 T. Fuligule morillon.
14 P. Fuligule morillon.

Pl. XXI

1 T. Eider vulgaire.
2 T. Macreuse brune.
3 T. Macreuse à lunettes.
4 T. Erimisture leucocéphale.
5 Q. Erimisture leucocéphale.
6 T. Garrot vulgaire.
7 T. Harelde glaciale.
8 Q. Harelde.
9 T. Eniconette de Steller.
10 T. Oie sauvage.
11 T. Oie à bec ouvert.

Fig.
12 T. Oie cendrée.
13 T. Bernacle cravant.
14 T. Chenalopex d'Egypte.

Pl. XXII

1 T. Chen hyberboré.
2 T. Harle bièvre.
3 T. Harle huppé.
4 T. Harle couronné.
5 T. Harle piette ♀.
6 P. Harle piette.
7 T. Sterne hirondelle.
8 T. Sterne Dougall.
9 T. Sterne Hansel.
10 P. Sterne hirondelle.
11 T. Guifette fissipède.
12 P. Guifette fissipède.
13 T. Pagophile blanche.
14 T. Goëland marin.
15 T. Rhodostétie de Ross.
16 T. Mouette rieuse.
17 P. Mouette rieuse.
18 P. Risse tridactyle.

Pl. XXIII

1 T. Labbe cataracte.
2 T. Labbe longicaude.
3 T. Petrel du Cap.
4 T. Thalassidrome tempête.
5 T. Puffin cendré.
6 P. Puffin cendré.
7 T. Puffin des Anglais.
8 T. Albatros du Cap.
9 T. Fou de Bassan.
10 T. Phaëton éthéré.
11 T. Cormoran ordinaire
12 P. Cormoran ordinaire.
13 T. Cormoran huppé.
14 T. Frégate marine.
15 T. Pélican blanc.

Pl. XXIV

1 T. Grèbe huppé.
2 T. Grèbe oreillard.
3 T. Grèbe castagneux.
4 P. Grèbe castagneux.
5 T. Guillemot troile.
6 P. Guillemot troile.
7 T. Mergule nain.
8 T. Macareux moine.
9 P. Macareux moine.
10 T. Plongeon imbrin.
11 T. Plongeon cat-marin.
12 P. Plongeon cat-marin.
13 T. Pingouin torda.
14 T. Guillemot grylle.
15 P. Guillemot grylle.
16 P. Pingouin torda.

TABLE DES FIGURES DU TEXTE

TABLE DES NOMS SCIENTIFIQUES

TABLE ALPHABÉTIQUE DES NOMS FRANÇAIS

TABLE DES NOMS VULGAIRES

Abafou : Engoulevent d'Europe.
Acoriot : Pie-grièche grise.
Agasse : Pie ordinaire.
Agasse-Crouer : Ennéoctone écorcheur.
Aigle à queue blanche : Pygargue vulgaire.
A. à tête blanche : Pygargue leucocéphale
A. à queue fourchue : Milan royal
A. de mer . Pygargue vulgaire.
A. pêcheur . Balbuzard fluviatile
A. plongeur . Balbuzard fluviatile
Aile blanc : Marèque pénélope.
Alcyon : Martin pêcheur vulgaire.
Alimoche . Néophron percnoptère.
Alouette coursière . Sirli des déserts
A. de mer : G. pélidne
A. de champagne : lulu des arbres
A. des marais : agrodrome champêtre.
A. des montagnes : Otocoris des Alpes.
A. de Sibérie : Otocoris des Alpes.
A. des bois : Lulu des arbres.
A. hausse-col : Otocoris des Alpes.
A. huppée : Cochevis huppé.
A. locustelle : Locustelle tachetée.
A noire : Calandre nègre.
A. pipi : Pipi spioncelle.
Alouyou : Loriot jaune.
Annonciade . Mésange bleue.
Arcanette . Sarcelle d'hiver.
Arderet : Pinson d'Ardennes
Attagas : Lagopède d'Ecosse
Avocette : Recurvirostre avocette.
Barge à queue barrée : Barge agocéphale.
B. à queue noire : Barge rousse
B. brune : Chevalier brun.
B. grise : Chevalier gris.
Bartarelle . Perdrix grecque.
Becasseau : G pélidne.
Becasse de mer . Huîtrier pie.
B. de rivage : G barge
Becassine muette . Bécassine gallinule.
B. sourde . Bécassine gallinule.
Bec-bois : Picidès
Beche-bois : Picides.
Bec croisé d'Allemagne : Bec croisé ordinaire.
Bec en cuiller : Souchet commun.
Bec en sabre : Récurvirostre avocette.
Bec-figue : Pipi des arbres ; Gobe mouche noir.
Bec fin subalpin : Babillarde subalpine.
Becot : Bécassine gallinule.
Belloli : Effraye commune.
Bergerette : Motacillidés
Bergeronnette de printemps . Bergeronnette printanière.
Beguinette : Pipi des prés
Biset : Colombe bisot.
Bisonnette : Bécusse commune.
Blongios de Suisse : Blongios nain
Bœuf d'eau : Butor étoilé.
Bonnetier : Proyer d'Europe.
Bosote : Rouge-gorge familier.
Bouscarle de Provence : Bouscarle cetti
Boutequelon : Grive mauvis
Bout-Bout : Huppe commune.
Branle queue Motacillidés.
Bruant-alouette : G. plectrophane.
B. des prés : Bruant fou.
B. des roseaux . Cynchrame schœnicole.
Buse à queue fourchue · Milan royal
B. d'étang . Busard harpaye.
Busard blafard : Strigiceps blafard
Caille d'eau : Porzane marouette
Calandrote : Grive litorne.
Canard à longue queue : Pilet acuticaude.
C. de Miquelon : Harelde glaciale
C. Jensen : Marèque américaine.
C siffleur : Marèque pénélope.
C. siffleur huppé : Brante roussâtre.
Canapetrelle : Canepetière vulgaire
Canne-poche : Souchet commun
Casse neugeotte : Casse-noix vulgaire.
Chacha : Grive lithorne.
Chantre : Pouillot fitis.
Charpentier ; Picidés.
Chasse-perdrix · G. faucon ; Autour
Chasserot : G. faucon ; Buse ; Autour
Chasserot blanc : G. gerfaut.
Chat-Huant : Hulotte chat huant.
Chauche branche : G. engoulevent
Chavoche : Cheveche commune
Choucas des Alpes : Crave vulgaire
Chouette à oreilles : Hibou vulgaire
Chouette des tours : Effraye commune.
Chouette épervière : Surnie caparacoch.
Chouette cornerote : Hibou vulgaire
C. à longue queue : Surnie caparacoch.

Cigogne brune : Cigogne noire.
Cincle : G pélidne.
Cini : Serin méridional.
Colombe de mer . Guillemot grylle
C. maillée : Tourterelle du Sénégal
Col-vert : Canard sauvage
Contrefaisant : Hipolais ictérine
Coq de bouleaux : Lyrure des bouleaux
Coq de bruyere Tétras urogalle
Coq des bois : Huppe vulgaire
Coquillade : Cochevis huppé
Corbeau de mer : Cormoran ordinaire
C. des montagnes : Crave vulgaire
C. solitaire : Corbeau commun
Coracias des Alpes : Crave vulgaire
Corbigeau : Courlis cendré.
Corbine : Corneille noire
Corneille de mer : G goëland
C des tours . Choucas des tours
C d'hiver Freux des moissons
C impériale . Crave vulgaire.
Coucou cendrillard Coulicou américain
C. de Carolines : Coulicou américain
C geai : Oxylophe geai
Coureur du desert : Courvite gaulois.
Courlis de terre : Œdicnème criard.
Courlis d'Italie : Falcinelle éclatant
Coulon-chaud . Tournepierre interprete.
Courrier : Chevalier gambette
Crapaud volant · G. Engoulevent
Cravant : Bernacle cravant
Cresserelette : Cresserelle cresserine.
Crèce chien . Porzane marouette
Crosse queue · G. motacilla.
Cujelier : Pipi des arbres
Cul blanc Traquet motteux : Chevalier cul blanc
Cygne de Pologne : Cygne invariable
Dame d'eau : Griebe huppé
Demi-Becassine : Bécassine gallinule.
Demoiselle de Numidie Anthropoide demoiselle
Diable : Potrel hasite.
Draine : Grive viscivore
Drap de mort : Gobe-mouche noir.
Drapier : Martin-pêcheur vulgaire
Echelette . Tichodrome des murailles
Edredon : Eider vulgaire
Eider roi : Eider à tête grise.
Embrocheur . Ennéoctone écorcheur.
Émouchet : Emérillon vulgaire.
Epeic : G. pic
Epervier à serpent . Naucler martinet.
Épouvantail : G thalassidrome
Étourneau mâle Martin rose.
E. des sauterelles : Martin rose
Eudromie : G. guignard.
Faisan de mer : Pilet longicaude.
Farlouse : Pipi des prés
Farlouse éperonnée . Corydalle de Richard
Fauchot : G faucon : Autour.
Faucon à pieds rouges . Kobez vespéral.
F blanc : G gerfaut
F noir . Faucon commun
F pelerin . Faucon commun
Fausse aguasse : Pie-grieche grise
Fauvette d'eau : F. Rousserolle, Phragmite
F. des Alpes . Accenteur des Alpes.
F. des roseaux . Hypolais ictérine
F. d'hiver : Mouchet chanteur.
Fenerotet : Pouillot fitis
Fifi : Pipi des prés
Fiste de Provence . Agrodrome champetre
Flamant : Phœnicoptere rose
Flambant : Phœnicoptere rose
Fou tacheté : Fou de bassan
Foulque de Madagascar . Foulque à crête
Fourmillier : Torcol vulgaire
Fourre-buisson : Troglodyte mignon
Foutraque : Traquet motteux
Fretillot : Pouillot fitis
Fresaie : Effraye vulgaire
Fregate aigle . Frégate marine
Friquet : Moineau friquet
Froissard . Marèque pénélope
Ganga setile . Ganga cata
Garde-robe . Martin pecheur vulgaire.
Garrot de Barrow Garrot islandais
Geai de montagnes Casse noix vulgaire
Geai de Sibérie . Mesangeai imitateur.
Gelinotte blanche . Lagopede des Alpes
G des Pyrénées . Ganga cata
Gerolle : Alouette des champs
Gligne queue . Motacillidés
Grand-aigle : Aigle fauve
Grand-aigle de mer Pygargue vulgaire.

G. courlis : courlis cendré.
G. grèbe : Grèbe huppé.
G. harle : Harle bièvre.
G. macreuse : Macreuse brune.
G. manteau noir : Goëland marin.
G. mion : Fuligule milouin.
G. mouette cendrée : Goëland cendré.
G. motteux : traquet motteux.
G. plongeon : Plongeon lumne.
G. pingouin : Pingouin brachyptère.
G. pluvier : Œdicnème criard.
G. pouillot : Hypolaïs ictérine.
G. rougeot : Fuligule milouin.
G. tetras : Tétras urogalle.
Grasset : Pipi des arbres.
Gracier : Chevalier gambette.
Grèbe cornu : Grèbe huppé.
Griffon : Gyps fauve; Martinet noir.
Grimpant : Grimpereau brachydactyle.
Grimpereau bleu : Sittelle torchepot.
G. des murailles : Tichodrome des murailles.
Grisard : Goëland marin.
Grisette : Babillarde grisette.
Grive d'eau : Rousserolle turdoïde.
Grive de Champagne : Grive mauvis.
G. de genièvre : Merle à plastron.
G. de vignes : Grive musicienne.
G. du Canada : Grive migratrice.
Grolle : Corneille noire.
Gros-Bec : Proyer d'Europe.
Gros-Bec du Canada : Durbec vulgaire.
Grosse Mésange : Mésange charbonnière.
Grualer : Gravelot des Philippines.
Grue à collier : Grue antigone.
Guêpier : Bondrée apivore.
G. savigny : Guêpier d'Egypte.
Gyntel : Linotte vulgaire.
Haute Grive : Grive viscivore.
Héron blanc : G. aigrette.
H. des bœufs : Garde-bœuf ibis.
H. huppé de Mahon : Crabier chevelu.
H. noble : Aigrette blanche.
Heronnet : Butor étoilé.
Hibou des marais : Hibou brachyote.
Hirondelle à cul blanc : Chélidon de fenêtre.
H. de Louisiane : Progne pourpre.
H. des marais : Glaréole pratincole.
H. de mer : G. sterne.
Hoche-cul : G. motacilla.
Jacque : Geai glandivore.
Jacquet : Bécassine gallinule.
Jalabre : Lagopède des Alpes.
Jean-le-Blanc : Circaëte Jean-le-Blanc.
Judelle : Foulque noire.
Kingura : Rousserolle turtoïde.
Laire : Buse vulgaire.
Lacandière : Motacillidés.
Linot : Linotte vulgaire.
Linotte de vigne : Linotte vulgaire.
Maçon : Sittelle torchepot.
Macroule : Foulque noire.
Malard : Canard sauvage.
Marouette : Porzane marouette.
Martin-pêcheur du Sénégal : Céryle pie.
Mauviette : Alouette des champs.
Mégronère : Ennéoctone écorcheur.
Merle à bec jaune : Merle vulgaire.
Merle bleu : Pétrocincle bleu.
M. d'eau : Cincle aquatique.
M. de montagnes : Merle à plastron.
M. plongeur : Cincle aquatique.
M. de roche : Pétrocincle de roches.
Merlouasse : Pie-grièche grise.
Mésange à bourse : Rémiz penduline.
M. à longue queue : Orite longicaude.
M. de Languedoc : Rémiz penduline.
M. de marais : Nonnette vulgaire.
M. de roseaux : Panure à moustaches.
M. de Sibérie : Nonnette vulgaire.
M. huppée : Lophophane huppé.
Milan blanc : Elanion blac.
M. bleu : Elanion blac.
M. de Caroline : Naucler martinet.
Mitilène de Provence : Cynchrame rustique.
Moineau d'eau : Cynchrame schœnicole.
M. des bois : Soulcie des rochers.
M. des rochers : Soulcie des rochers.
Morelle : Foulque noire.
Mouette cendrée : Risse tridactyle.
M. des lacs : Mouette rieuse.
M. d'ivoire : Pogophile blanche.
Mouton du Cap : Albatros hurleur.
Moyen Duc : Hibou vulgaire.
Mûrier : Pipi des arbres.
Mussot : Troglodyte mignon.
Noir manteau : Goëland brun.
Noirot : Fuligule nyroca.
Nonnette cendrée : Nonnette vulg.

Nordette : Bécasse vulgaire.
Offroy : Circaete Jean le-Duc.
Oie des Esquimaux Chen hyperboré.
O des neiges : Chen hyberbore
O du Nil Chenalopex d'Egypte
O. renard : Chenalopex d'Egypte
Oiseau d'Afrique : Casse noix vulgaire
O arctique : Labbe cataracte
O à bec tranchant : Pingouin torda
O. à couronne . Baléarique pavonine.
O. beni . Troglodyte mignon
O. bleu . Martin pêcheur vulgaire. Pétrocincle bleu.
O des bœufs : Garde bœuf ibis
O de Cadane : Chevêche commune.
O. des cerises . Loriot jaune
O de Diomède . G puffin.
Oiseau dunette : Grive musicienne
O fétiche · Butor étoilé
O des glaces · Plectrophane des neiges
O goitreux : Pélican onocrotale.
O des joncs . Cynchrame schœnicole.
O de mai . Calandre ordinaire
O de mauvaise figure · Effraye commune
O. à miroir : Gorge bleue suédoise
O mon père : Freux des moissons
O de la mort . Effraye commune
O. des neiges : G plectrophane : Niverolle
O de nerte : Grive litorne.
O. mais : Marèque pénélope
O de Notre Dame . Martin pêcheur vulgaire
O de Palamède : grue cendrée
O. pecheur · Balbuzard pecheur
O. de la Pentecôte : Loriot jaune
O. pluvial : Gécine vert
O pourpré . Porphyrion bleu.
O royal : Baléarique pavonine.
O de sauge · G. rousserolle
O sorcier : Effraye commune
O teigne · Martin pêcheur vulgaire
O. du Tropique : Phaeton éthéré
O. de Turquie Casse-noix vulgaire
O tempête : G. thalassidrome
Orfraye Pygargue vulgaire
Ortolan : Bruant Ortolan, Torcol vulgaire.
O de Lorraine . Bruant fou.
Paille en queue · Phaeton éthéré.
Paon de mer : Combattant vulgaire.
Papillon de roche : Tichodrome des murailles
Parasite : Milan parasite.
Passe-fagot · Troglodyte mignon.
Pegot : Accenteur des Alpes
Perdrix blanche · Lagopède blanc
P de mer : Glaréole pratincole
P gambia Perdrix de roche
P. grise Starne grise
Perroquet de mer . Macareux arctique
Petite Alouette huppée . Lulu des arbres
Petit bœuf Troglodyte mignon
P bœuf d'eau : Blongios nain
P chasserot . Cressorelle vulgaire
P coq de bruyère . Lyrure des bouleaux
P courlis : Œdicnème criard.
P duc : Scops d'Europe
Petite charbonnière · Mésange noire
P. pie-grieche Pie grièche d'Italie.
Petit héron blanc : Aigrette garzette
P. manteau noir : Goëland brun.
Petite aigrette . Aigrette garzette
P. fauvette Fauvette des jardins
Petit gris . Gobe-mouche noir.
P héron roux : Crabier chevelu.
P martinet . Chélidon de fenêtres
P mion : Marèque pénélope.
Petit pic . Pic epeichette
P pic varié : Pic épeichette
P. pluvier à collier : Gravelot des Philippines
P râle d'eau . Porzane marouette
Petrel damier : Petrel du Cap.
Petrel fulmar . Petrel glacial
P hirondelle G Thalassidrome.
Phalarope de Sibérie Lopibède hyperbore
Pic à trois doigts : Apterne tridactyle
Pic bleu : Sittelle torchepot
Picousstan : Gecine vert
Pic-maçon : Sittelle torchepot
Pic rouge Pic épeiche.
Pic varié : Pic épeiche
P. varié à tête rouge Pic mar
Pie bécasse Huîtrier pie
Pie de mer Huîtrier pie
Pie-grieche à poitrine rose Pie grièche d'Italie
Pie-grieche de Pomeranie Fineone tone roux.
Pieds rouges : Chevalier gambette.
Pierre garin · Sterne hirondelle.
Pierrot : Moineau domestique
Pingouin pie Pingouin torda
Pinson blanc Gobe mouche à collier

Pinson de montagnes : Pinson d'Ardennes.
P. royal : Gros-bec vulgaire.
Pionne : Bouvreuil vulgaire.
Piotte : Harle piette.
Pipi des buissons : Pipi des prés.
Piquebois : Pic-épeiche.
Pivert : Gécine vert ; Martin-pêcheur vulgaire.
Pivoine : Bouvreuil vulgaire.
Pivotte ortolane : Agrodrome champêtre.
Pivoton : Pipi des arbres.
Plongeon : Grèbe castagneux.
Plongeur des marais : Grèbe castagneux.
Plongeur nain : Grèbe castagneux.
Pluvier à collier : Gravelot hiaticule.
P. à collier interrompu : Gravelot de Kent.
P. des Alpes : Guignard de Sibérie.
P. armé : Hoploptère épineux.
Poul : Roitelet triple bandeau.
Poule d'eau : Gallinule ordinaire.
P. de Carthage : Canepetière champêtre.
P. des coudriers : Gélinotte des bois.
P. des sables : Glaréole pratincole.
P. des steppes : Syrrhapte paradoxal.
P. sultane : Porphyrion bleu.
Poulette d'eau : Râle d'eau.
Procureur de meunier : G. gécine.
Pupue : Huppe vulgaire.
Queue de poêle : Orite longicaude.
Q. de poisson : Milan royal.
Râle des genêts : Crex des prés.
R. rouge : Crex des prés.
R. roux : Crex des prés.
R. tigré : Porzane marouette.
Ramier : Palombe à collier.
Religieuse : Harle piette.
Ricard : Geai glandivore.
Ridenne : Chipeau bruyant.
Rochassière : Perdrix de roches.
Roi de cailles : Crex des prés.
Rochier : Emerillon vulgaire.
Roi de froidure : Troglodyte mignon.
Roitelet : Troglodyte mignon.
Roquette : Starne de Damas.
Rossignol bâtard : Hipolaïs ictérine.
Rossignol des murailles : Rouge-queue des murailles.
Rouge-aile : Grive mauvis.
R. cul : G. rouge-queue.
R. de rivière : Souchet commun.
Rouget : Fuligule milouin.
Rougeot : Fuligule milouin.
Rougeot gris : Marèque pénélope.
Rougri : Buse des déserts.
Roule cailloux : Gravelot hiaticule.
Rousseline : Agrodrome champêtre.
Rubiette : Humicolidés.
Rutant : Verdier ordinaire.
Sansonnet : Etourneau vulgaire.
Sapinette : Grive mauvis.
Sarcelle d'Egypte : Fuligule nyroca.
Satanite : G. thalassidrome.
Sénateur : Pagophile blanche.
Sérène : Guêpier vulgaire.
Serin de Provence : Serin méridional.
Serrurier : Mésange bleue.
Sifflard : Marèque pénélope.
Silard : Martinet noir.
Sotte : Combattant ordinaire (femelle).
Souache crapaud : G. engoulevent.
Soubuse : Strigyceps Saint-Martin.
Souci : Roitelet huppé.
Talève : Porphyrion bleu.
Tarin bruyant : Verdier ordinaire.
Têtechèvre : Engoulevent d'Europe.
Teiteille : Sizerin boréal.
Tiatia : Grive lithorne.
Tiercelet : Falconidés ; asturidés.
Tioquet : Pinson d'Ardennes.
Tique motte : G. traquet.
Tiribara : G. rousserolle.
Touite : Pouillot fitis.
Tourde : Grive musicienne.
Tourne-cou : Torcol vulgaire.
Tourdelle : Grive lithorne.
Tourterelle du Canada : Ectopiste migrateur.
Traîne-buisson : Mouchet chanteur.
Tritri : Troglodyte mignon.
Turlu : Œdicnème criard.
Vaisseau de guerre : Albatros hurleur.
Vanneau couronné : Vanneau huppé.
V. Suisse : Squatarole grise.
Vautour d'Egypte : Néophron percnoptère.
V. de Malte : Néophron percnoptère.
V. de Norwège : Néophron percnoptère.
Verdière : Bruant jaune.
Verdon : Verdier ordinaire.
Vert-montant : Verdier ordinaire.
Vigneron : Bruant ortolan.
Vignon : Fuligule milouinan.
Vinette : Pipi des arbres.
Vitelet : Pipi des arbres.
Volet : Bécasse ordinaire.

CLASSIFICATION

Ordre des Rapaces

I. SO. FALCONIENS. — Aquilidés, Butéonidés, Milvidés, Falconidés, Asturidés, Circidés.

II. SO. VULTURIENS. — Gypaëtidés, Vulturidés, Cathartidés.

III. SO. STRIGIENS. — Otidés, Surniidés, Strigidés.

Ordre des Passereaux

IV. SO. CONIROSTRES. — Loxiidés, Coccothraustidés, Pyrrhulidés, Passéridés. Fringillidés, Emberizidés. Alaudidés.

V. SO. CORACIROSTRES. — Corvidés, Garrulidés, Sturniidés, Oriolidés.

VI. SO. DENTIROSTRES. — Laniidés, Bombycillidés, Muscicapidés, Humicolidés, Monticolidés, Turdidés, Timaliidés, Cinclidés, Sylviadés, Philloscopidés, Calamoherpidés, Drymoicidés, Troglodytidés, Accentoridés, Anthidés, Motacillidés, Régullidés, Paridés.

VII. SO. TENUIROSTRES. — Sittidés, Certhiidés, Tichodromidés. Upupidés.

VIII. SO. FISSIROSTRES. — Hirundinidés, Caprimulgidés, Cypsélidés.

IX. SO. SYNDACTYLES. — Coraciidés, Méropidés, Alcédinidés.

Ordre des Grimpeurs

X. SO. CUCULIENS. — Cuculidés, Cozzyzidés.

XI. SO. PICIENS. — Picidés, Torquillidés.

Ordre des Colombins

XII. SO. Colombidés, Turturidés.

Ordre des Gallinacés

XIII. SO. Ptéroclidés, Tétraonidés, Perdicidés, Coturnicidés, Turnicidés, Phasianidés.

Ordre des Échassiers

XIV. SO. PRESSIROSTRES. — Otididés, Tachydromidés, Œdicnémidés, Charadriidés, Hématopodidés, Trachéléidés, Vanellidés, Strepsilidés.

XV. SO. LONGIROSTRES. Numéniidés, Scolopacidés, Tringidés, Totanidés. Phalaropidés, Recurvirostridés, Himantopidés.

XVI. SO. CULTRIROSTRES. - Gruidés, Ardéidés, Ciconiidés, Plataleidés, Ibidés.

XVII. SO. MACRODACTYLES — Rallidés, Gallinulidés.

Ordre des Palmipèdes

XVIII. SO. PHŒNICOPTERIENS. — Phénicoptéridés.

XIX. SO. LAMELLIROSTRES. — Anséridés, Cygnidés, Anatidés, Fuligulidés, Mergidés.

XX. SO. LONGIPENNES. - Sternidés, Laridés, Lestridés, Diomédéidés, Procellaridés, Océanidés, Puffinidés.

XXI. SO. STEGANOPODES. — Piscatricidés, Frégatidés, Haliéidés, Pélicanidés.

XXII. SO. BRACHYPTERES. — Podicipidés, Colymbidés, Uriidés, Alcidés.

SYNONYMIES

1. AQUILA FULVA. Savig.
A. Barthelemyi Jaub.
A. nigra Briss.
A. nobilis Pall.
A. regia Less.
Falco fulvus Linn.
F. melanaetos Linn.
F. regalis Temm.
2. AQUILA CHRYSÆTOS. Brehm.
Falco chrysaetos Linn.
3. AQUILA IMPERIALIS. Keys. et B.
A. chrysaetos Pall.
A. heliaca Savig.
F. imperialis Becht.
4. AQUILA NÆVIOIDES. Kaup.
A. vindhiana Franklin.
F. albicans Rüppel.
F. Belisarius Levaill.
F. naevioides G. Cuv.
F. rapax Temm. et Laug.
5. AQUILA NÆVIA. Briss.
A. melanaetos Savig.
A. planga Vieill.
F. naevius Gmel.
5. A. *AQUILA CLANGA*. Pall.
A. pomarina Brehm?
6. AQUILA PENNATA. Brehm.
Falco pedibus pennatis Briss.
F. pennatus Gmel.
Hieraetus pennatus Kaup.
7. PSEUDÆTUS BONELLII. Bp.
Aquila fasciata Vieill.
A. intermedia Boitard.
Falco Bonellii Tem.
F. ducalis Lichst.
Hieraetus Bonellii Kaup.
Nisaetus grandis Hodgs.
Tolmaetus Bonellii Blyth.
8. HALLÆTUS ALBICILLA. Leach.
Aquila albicilla Briss.
A. ossifraga Briss.
Falco albicilla ossifragus Gmel.
F. albicaudus Gmel.
F. hinnularius Lath.
F. ossifraga Linn.
Haliaetus nisus Savig.
Vultur albicilla Linn.
9. HALLÆTUS LEUCOCEPHALUS. Less.
Aquila leucocephalos Briss.
Falco leucocephalus Linn.
F. pygargus Daud.
10. HALLÆTUS LEUCORYPHUS K. et B.
Aquila deserticola Eversm.
A. leucorypha Pall.
Cucuma Macei a leucorypha Bp.
Falco leucoryphos Gmel.
Falco Macei G. Cuv.?
Haliætus fulviventer Vieill.?
H. Macei Less.?
11. PANDION HALLÆTUS. G. Cuv.
Accipiter ichthyaetus Pall.
Aquila balbuzardus Dumont.
A. haliaetus M. et W.
A. marina Briss.
Balbuzardus haliaetus Flem.
Falco haliætus Linn.
Pandion fluviatilis Savig.
P. haliaetos K. et B.
12. CIRCÆTUS GALLICUS. Vieill.
Accipiter hypoleucos Pall.
Aquila brachydactyla M. et W.
A. leucamphoma Borkhaus.
A. pygargus Briss.
Circætus anguinum Brehm.
C. leucopsis Brehm.
Falco brachydactylus Temm.
F. gallicus Gmel.
F. leucopsis Bechts.
13. BUTEO VULGARIS. Bechst.
Accipiter buteo Pall.
Buteo albus Daud.
B. fasciatus Vieill.
B. mutans Vieill.
Falco cinereus Gmel.
F. obsoletus Gmel.
F. pojana Savig.
F. variegatus Gmel.
F. versicolor Gmel.
F. vulgaris Linn.
14. BUTEO DESERTORUM. Daud.
B. Tachardus a Martini-Hardy.
Falco cirtensis Le Vaill.
15. BUTEO FEROX. Thienm.
B. leucurus J. Fr. Naum.
Falco ferox S. G. Gmel.
f. rufinus Rüppel.
16. ARCHIBUTEO LAGOPUS. Brehm.
Accipiter lagopus Pall.
Butaetes buteo Less.
B. lagopus Bp.
Buteo lagopus Vieill.
Falco lagopus Brün.

Falco plumipes Daud.
F. sclavonicus Lath.
17. PERNIS APIVORUS. Bp.
Accipiter lacertarius Pall.
Buteo apivorus Briss.
Falco apivorus Linn.
F. poliorhynchos Bechst.
18. MILVUS REGALIS. Briss.
Accipiter regalis Pall.
Falco austriacus Gmel.
F. milvus Linn.
Milvus castaneus Daud.
M. ictinus Savig.
M. ruber Brehm.
M. russicus Daud.
19. MILVUS PARASITICUS. Schleg.
Falco ægyptius Gmel.
F. Forskahlii Gmel.
F. parasiticus Lath.
F. parasitus Daud.
Hydroictinia parasitica Kaup.
Milvus ægyptius G. R. G.
M. ætolius Savig.
M parasitus Bp.
20. MILVUS NIGER. Briss.
Accipiter milvus Pall.
Falco ater Gmel.
F. fusco ater M. et W.
Milvus ætolius Vieill.
M. ater Daud.
M. fuscus Brehm.
21. ELANUS CÆRULEUS. Bp.
Elanoides cæsius Savig.
E. melanopterus Leach.
Falco cæruleus Desfontaines.
F. melanopterus Lath.
22. NAUCLERUS FURCATUS. Vig.
Elanoides furcatus Vieill.
E. yetapa Vieill.
Falco furcatus Linn.
Milvus carolinensis Briss.
23. HIEROFALCO CANDICANS. Bp.
Falco candicans Gmel.
F. groenlandicus Brehm.
Hierofalco groenlandicus Brehm.
23 A. *HIEROFALCO ISLANDICUS* Brehm.
Falco candicans islandius Schleg.
F. gyrfalco K. et B.
F. islandicus Brün.
Gyrfalco islandicus Briss.
24. HIEROFALCO GYRFALCO. Bp.
Falco gyrfalco Schleg.
25. HYPOTRIORCHIS SUBBUTEO. Boie.
Dendrofalco subbuteo Bp.
Falco subbuteo Linn.
26. HYPOTRIORCHIS ELEONORÆ. Bp.
Dendrofalco Eleonoræ Bp.
Falco arcadicus Linder.
Falco Eleonoræ Géné.
Falco concolor Von der M.
27. HYPOTRIORCHIS CONCOLOR.
Falco concolor Temm.
28. ERYTHROPUS VESPERTINUS. Brehm.
Falco rubripes Less.
F. rufipes Besecke.
F. vespertinus Linn.
Pannychistes rufipes Kaup.
29. FALCO SACER. Briss.
F. cyanopus Thienm.
F. lanarius Temm.
Gennaja lanarius Kaup.
G. sacer Bp.
30. FALCO COMMUNIS. Gmel.
F. cornicum Brehm.
F. peregrinus. Briss.
31. FALCO LANARIUS. Schleg.
F. abietinus Bechst. ?
F. Feldeggii Schleg.
Gennaja lanarius Bp.
Lanarius cinereus Briss.
32. — FALCO BARBARUS. Linn.
Falco puniceus Le Vaill.
F. tunetanus Ray.
33. TINNUNCULUS ALAUDARIUS. G. R. G.
Accipiter alaudarius Briss.
Cerchneis tinnuncula Boie.
Falco brunneus Bechst.
F. tinnunculus Linn.
34. TINNUNCULUS CENCHRIS. Bp.
Cerchneis cenchris Ch. Bp.
Falco cenchris Naum.
F. gracilis Less.
F. tinnuncularius Vieill.
F. tinnunculoides Natter.
35. ÆSALON LITHOFALCO. Kaup.
Falco cæsius M. et W.
F. æsalon Gmel.
F. lithofalco Gmel.
F. regulus Pall.
F. smirillus Savig.
36. ASTUR PALUMBARIUS. Bechst.
Accipiter astur Pall.
A. gallinarum Brehm.
Dædalion palumbarius Savig.
Falco gallinarius Gmel.
F. gentilis Linn.

Falco palumbarius Linn
Sparvius palumbarius Vieill.
37. ACCIPITER NISUS Pall
A. maculatus Briss.
Astur nisus K et B
Dædalion fringillarius Savig
Falco minutus Linn
F nisus Linn.
Sparvius nisus Vieill
37 A. *ACCIPITER MAJOR.* Degl
Astur major Degl
Falco nisus major Beck
38 CIRCUS RUFUS Schleg
Circus æruginosus Savig
C. palustris Briss
C rufus Savig et Briss.
Falco æruginosus Linn
F. arundinaceus Bechst
39 STRIGICEPS CYANEUS Bp.
Accipiter variabilis Pall
Circus cyaneus Boie
Circus gallinarius Savig
Falco albicans Gmel
F bohemicus Gmel.
F. cyaneus Linn.
F griseus Gmel
F montanus Gmel.
F pygargus Linn
F. strigiceps Nils
Strigiceps pygargus Bp
40 STRIGICEPS PALLIDUS Bp
Circus albescens Less
C cineraceus pallidus Schleg
C pallidus Sykes
C. Swainsonii Smith.
Falco dalmatinus Rupp
F pallidus Temm
Strigiceps Swainsonii Bp
41. STRIGICEPS CINERACEUS. Bp
Circus cineraceus Naum
C. Montagui Vieill
Falco cineraceus Mont
42 GYPAETUS BARBATUS Temm
Falco magnus Gmel
Gypaetos Alpinus Daud
G aureus Daud.
G castaneus Daud
G. grandis Storr
G leucocephalus M et W
G. melanocephalus M et W
Phene Gigantea Savig
P ossifraga Savig
Vultur barbarus Lath.
V barbatus Linn et Lath
V aureus Briss.
V niger Briss

43 OTOGYPS AURICULARIS G. R. G.
Vultur auricularis Daud.
Vultur nubicus H. Smith.
44. VULTUR MONACHUS. Linn
Ægipius cinereus Bp.
Æ. Niger Savig.
Gyps cinereus Bp.
Vultur arrianus Lapeyr.
V cinereus Gmel.
V. monachus Lapeyr
45 GYPS FULVUS G. R G
Gyps vulgaris Savig.
Vultur fulvus Briss. et Daud
V leucocephalus M et W.
V. percnopterus Daud
V. persicus Pall
45 A. *GYPS OCCIDENTALIS* Bp
Vultur fulvus occidentalis Schleg
V. Kolbi Temm.
46 NEOPHRON PERCNOPTERUS. Savig.
Cathartes percnopterus Temm.
Vultur albus Daud.
V. alimoch Lapeyr
V. ægyptius Briss
V fuscus Gmel.
V gingianus Daud.
V leucocephalus Briss
V meleagris Pall.
V percnopterus Linn
V. stercorarius Lapeyr
47. OTUS BRACHYOTUS. Boie.
Ægolius brachyotus K. et B
Brachyotus ægolius Bp
B. palustris Gould
Otus palustris Brehm
Strix ægolius Pall.
S. brachyotus Gmel.
S brachyura Nils.
S. palustris Schinz.
S. ulula Pall
48. OTUS ASCALAPHUS Less
Ascalaphia Savignii Is. Geoff
Bubo ascalaphus. Savig.
Strix ascalaphus. Vieill.
49 OTUS VULGARIS. Flem.
Ægalius otus K. et B
Bubo otus Savig
Otus communis Less
O. otus Schleg.
Strix otus Linn.
50 BUBO MAXIMUS. Flem.
B. Europæus Less
B. Italicus Briss
Otus bubo Schleg
Strix bubo Linn
Bubo germanicus Brehm

51. SCOPS EUROPÆUS. Less.
Bubo scops Boie.
Ephialtes scops K. et B.
Otus scops Schleg.
Scops Aldrovandi Will.
S. carniolica Brehm.
S. ephialtes Savig.
S. zorca Swains.
Strix gui Scopoli.
Strix carniolica Gmel.
S. scops Linn.
S. zorca Gmel.
52. SURNIA FUNEREA. Brehm.
Noctua ulula Schleg.
Strix Canadensis Briss.
S. doliata Pall.
S. freti hudsonis Briss.
S. funerea Linn. et Lath.
S. hudsonia Gmel. et Vieill.
S. nisoria Meyer.
S. ulula Linn.
Surnia borealis Less.
S. ulula Bp.
53. SURNIA PASSERINA. K. et B.
Glaudidium passerinum Boie.
Microptynx passerina Breh.
Noctua passerina Schleg.
Strix acadica Temm.
S. passerina Linn.
Strix pusilla Daud.
S. pygmæa Bechst.
54. NYCTEA NIVEA. Bp.
N. candida Bp.
N. erminea Steph.
Strix alba Briss.
S. candida Lath.
S. nivea Daud.
S. nyctea Linn.
Surnia nyctea K. et B.
Syrnium nyctea Kaup.
55. ATHENE NOCTUA. Boie.
A. passerina Boie.
A. psilodactyla Brehm.
Noctua glaux Savig.
N. minor Briss.
N. passerina Jenyns.
N. veterum Lichst.
Strix noctua Retzius.
S. nudipes Nilss.
S. passerina Bechst.
Surnia noctua K. et B.
55 A. *ATHENE PERSICA*.
Noctua passerina Rüp.
N. veterum meridionalis Schleg.
Strix noctua Fork.
S. noctua meridionalis Schleg.
S. passerina Sonn.
S. persica Vieill.
56. NYCTALE TENGMALMI. Bp.
Ægolius Tengmalmi Kaup.
Athene Tengmalmi Boie.
Noctua Tengmalmi Less.
Nyctale funerea Bp.
Strix dasypus Bechst.
S. funerea Linn.
S. noctua Trigmalm.
S. passerina Pall.
S. Tengmalmi Gmel.
Ulula funerea Schleg.
57. SYRNIUM ALUCO. Brehm.
Strix aluco Linn.
S. stridula Linn.
Syrnium ululans Savig.
Ulula aluco K. et B.
58. ULULA LAPPONICA. Less.
Strix barbata Pall.
S. lapponica Retzius.
S. microphthalmos Tysen.
Ulula barbata K. et B.
59. PTYNX URALENSIS. Blyth.
Strix litturata Retz.
S. macrocephalon Meisner.
S. macroura M. et W.
S. uralensis Pall.
Syrnium macrocephalon Brehm.
S. uralense Boie.
Surnia uralensis Less.
Ulula uralensis K. et B.
60. STRIX FLAMMEA. Linn.
Aluco flammeus Flem.
Strix guttata Brehm.
61. LOXIA PITYOPSITTACUS. Bechst.
Crucirostra pinetorum Mey.
C. pityopsittacus Brehm.
Loxia curvirostra major Gmel.
62. LOXIA CURVIROSTRA. Linn
Crucirostra abietina Mey.
Curvirostra pinetorum Brehm.
63. LOXIA BIFASCIATA, de Selys.
Crucirostra bifasciata Brehm.
Loxia tænioptera Gloger.
64. COCCOTHRAUSTES VULGARIS. Vieill.
Fringilla coccothraustes Temm.
Loxia coccothraustes Linn.
65. PYRRHULA VULGARIS. Temm
Loxia pyrrhula Lath.
Pyrrhula Europæa Vieill.
P. rubicilla Pall.
65 A. *PYRRHULA COCCINEA*. De Selys.
Loxia pyrrhula Linn.
Pyrrhula major Brehm.
66. ERYTHROSPIZA GITHAGINA. Bp.
Fringilla githagina Lichst.

Pyrrhula githagina Temm.
P. Payraudæi Audouin.
67. CARPODACUS RUBICILLA. Bp.
Coccothraustes caucasicus Pall.
Corythus caucasicus K. et B.
Loxia rubicilla Güldenst.
68. CARPODACUS ERYTHRINUS. G. R. G.
Chlorospiza incerta Bp.
Erythrospiza incerta Degl.
Erythrothorax erythrinus Brehm.
E. rubrifrons Brehm.
Fringilla erythrina Mey
F. flammea Retz.
F. incerta Risso.
Linaria erythrina Boie.
Loxia erythrina Pall.
Pyrrhula erythrina Temm.
69. CARPODACUS ROSEUS. Kaup.
Erythrospiza rosea Bp.
Erythrosthorax roseus Brehm.
Fringilla rosea Pall.
Passer roseus Pall.
Pyrrhula rosea Temm.
70. CORYTHUS ENUCLEATOR. Flem.
Coccothraustes canadensis Briss.
Loxia enucleator Linn.
Pyrrhula enucleator Flem.
Strobilophaga enucleator Vieill.
71. PASSER DOMESTICUS. Briss.
Fringilla domestica Linn.
Pyrgita domestica Boie.
71 A. *PASSER ITALIÆ*. Degl.
Fringilla cisalpina Temm.
F. italiæ Vieill.
Passer domesticus cisalpinus Schleg.
Pyrgita italica Bp.
72. PASSER HISPANIOLENSIS. Degl.
Fringilla hispaniolensis Temm.
F. salicicola Vieill.
Passer salicarius Schleg.
Pyrgita salicaria Bp.
73. PASSER MONTANUS. Briss.
Fringilla montana Linn.
Passer campestris Briss.
P. montanina Pall.
Pyrgita montana Boie.
74. PETRONIA RUPESTRIS. Bp.
Fringilla petronia Linn.
Passer petronia Degl.
Passer sylvestris Briss.
75. LIGURINUS CHLORIS. Koch.
Chlora hortensis Brehm.
Chloris flavigaster Swains.
Fringilla chloris Temm.
Loxia chloris Linn.
Chlorospiza chloris Bp.
Serinus chloris Boie.
76. FRINGILLA CÆLEBS. Linn.
Passer spiza Pall.
Struthus cœlebs Boie.
77. FRINGILLA MONTIFRINGILLA. Linn.
Fringilla flammea Besecke.
Struthus montifringilla Boie.
78. FRINGILLA SPODIOGENA. Bp.
Fringilla africana Le Vaill. J.
F. spodiogenys Bp.
79. MONTIFRINGILLA NIVALIS. Brehm.
Fringilla nivalis Briss.
Leucosticte nivalis O des Murs.
Plectrophanes fringilloides Boie.
80. CARDUELIS ELEGANS. Steph.
Acanthis carduelis K. et B.
Fringilla carduelis Linn.
Passer carduelis Pall.
Spinus carduelis Koch.
81. SPINUS VIRIDIS. Kock.
Acanthis spinus K. et B.
Carduelis spinus Steph.
Fringilla spinus Linn.
Linaria spinus Leach.
Serinus spinus Boie.
Chrysomitris spinus Boie.
82. CITRINELLA ALPINA. Bp.
Cannabina citrinella Degl.
Citrinella serinus Bp.
Fringilla alpina Scop.
F. citrinella Linn.
Serinus citrinella Linn.
Serinus italicus Briss.
83. SERINUS MERIDIONALIS. Bp.
Fringilla islandica Fab.
F. serinus Linn.
Loxia serinus Scop.
Pyrrhula serinus K. et B.
84. SERINUS PUSSILLUS. Brandt.
Metoponia pusilla Bp.
Orægithus pusillus Cab.
Passer pusillus Pall.
Pyrrhula pusillus Degl.
Serinus aurifrons Blyth.
85. CANNABINA LINOTA. G.R.G.
C. arbustorum Brehm.
Cannabina pinctorum Brehm.
Fringilla cannabina Linn.
F. linota Gmel.
Linaria cannabina Boie.
L. rubra major.
Ligurinus cannabina Bp.
Passer papaverina Pall.

86. CANNABINA FLAVIROSTRIS. Brehm.
c. montium Brehm
Fringilla flavirostris Linn.
F. montium Gmel
Linaria montana Briss.
Linota montium Bp.
87. LINARIA BOREALIS. Vieill.
Acanthis borealis K. et B
A. linaria Bp.
Fringilla linaria Linn.
Linaria rubra minor Briss.
Linota borealis Bp
Passer linaria Pall.
Spinus linaria Koch.
88. LINARIA CANESCENS. Gould.
Acanthis canescens Bp.
Fringilla borealis Temm.
Linaria Hornemanni Hold.
Linota canescens Bp.
89. LINARIA HOLBOLLII Brehm
Acanthis Holbollii Bp.
90. LINARIA RUFESCENS. Vieill.
Acanthis rufescens Bp.
Fringilla linaria Lath.
Linacanthis rufescens O. des M.
Linaria flavirostris Brehm.
L. minima Briss.
Linota linaria Bp.
Spinus linaria Koch.
91 MILIARIA EUROPÆA Swains.
Cryptophaga miliaria Cab.
Cynchramus miliaria Bp.
Emberiza miliaria Linn.
Miliaria septentrionalis Brehm.
M. germanica Brehm.
M. peregrina Brehm.
Spinus miliarius G. R. G.
92. FRINGILLARIA STRIOLATA. Swains.
Emberiza striolata Cretzsch.
Fringilla striolata Licht.
Polymitra striolata Cab.
93. PASSERINA AUREOLA. Vieill.
Emberiza aureola Pall.
E. dolichonia Bp.
E. pinetorum Lepech.
E Selysii Verany.
Euspiza aureola Bp.
Hypocentor aureolus Cab.
Passerina collaris Vieill.
94 PASSERINA MELANOCEPHALA. Vieill.
Emberiza granativora Menesl
E. melanocephala Scop.
Euspiza melanocephala Bp.
Fringilla crocea Vieill.
Granativora melanocephala Bp.
Tanagra melanictera Guld.
Xanthornus caucasicus Pall.
95. EMBERIZA CITRINELLA. Linn.
96. EMBERIZA CIRLUS. Linn
E. elæathorax Bechst.
E sepiaria Briss.
97. EMBERIZA CIA. Linn.
Buscarla cia Bp.
Emberiza barbata Scop
E. lotharingica Gmel
E. pratensis Briss.
98. EMBERIZA PITHYORNUS. Pall.
Buscarla pithyornus Bp.
Emberiza Bonapartii Barthel.
E. leucocephala Gmel.
E. sclavonica Degl.
Fringilla dalmatica Gmel.
Passer sclavonicus Briss.
99. EMBERIZA HORTULANA. Linn.
Citrinella hortulana Kaup.
Emberiza chlorocephala Gmel
E. Tunstalli Lath.
Glycyspiza hortulana Cab.
Hortulanus chlorocephalus Bp.
100. EMBERIZA CÆSIA Cretzsch.
E. rufibarbata Hemp.
Fringillaria cæsia Bp.
Glycyspiza cæsia Caban.
Hortulanus cæsius Bp.
101. EMBERIZA CHRYSOPHRYS Pall.
Hypocentor chrysophrys Bp.
102. CYNCHRAMUS SCHŒNICLUS. Boie.
Buscarla pithyornis Bp.
Cynchramus stagnalis Brehm.
C. Septentrionalis Brehm.
Emberiza arundinacea Gmel.
E. Durazzi Bp.
E. passerina Pall.
E. schœniclus Linn.
Hortulanus arundinaceus Briss
Schœnicola arundinacea Bp.
103. CYNCHRAMUS PYRRHULOIDES. Cab.
Emberiza caspia Menest.
E. palustris Savi.
E. pyrrhuloides Pall.
Schœnicola pyrrhuloides Bp.
104. CYNCHRAMUS RUSTICUS Z. G.
Emberiza borealis Zetters.
E. lesbia Gmel.
E. rustica Pall.
Hypocentor rusticus Cab.

105. CYNCHRAMUS PUSILLUS. Z. G.
Buscarla pusilla Bp.
Emberiza Durazzi Bp.
Emberiza pusilla Pall.
106. PLECTROPHANES NIVALIS. M. et W.
Emberiza borealis Degl.
E. glacialis Lath.
E. montana Gmel.
E. mustelina Gmel.
E. nivalis Linn.
Hortulanus glacialis Leach.
H. nivalis Briss.
Passerina nivalis Vieill.
107. PLECTROPHANES LAPPONICUS. Selby.
Centrophanes lapponica Kaup.
Emberiza calcarata Temm.
E. lapponica Nils.
Fringilla calcarata Pall.
F. lapponica Linn.
Hortulanus montanus Leach.
Passerina lapponica Vieill.
Plectrophanes calcaratus M. et W.
108. MELANOCORYPHA CALANDRA. Boie.
Alauda calandra Linn.
109. MELANOCORYPHA SIBIRICA. Boie.
Alauda bimaculata Menest.
A. calandra Pall.
A. leucoptera Pall.
A. sibirica Gmel.
Callandrella sibirica Brandt.
Phileremos sibirica K. et B.
110. MELANOCORYPHA TATARICA. Boie.
Alauda mutabilis Gmel.
A. nigra Falck.
A. tatarica Pall.
A. Yeltonensis Lath.
Saxilauda tartarica Brehm.
Tanagra sibirica Sparm.
111. OTOCORIS ALPESTRIS. Bp.
Alauda alpestris Linn.
A. flava Gmel.
A. nivalis Pall.
A. virginiana Briss.
Eremophila cornuta Boie.
Phileremos alpestris Brehm.
112. OTOCORIS ALBIGULA. Bp.
Alauda albigula Brandt.
A. alpestris Gmel.
A. penicillata Gould.
Otocoris scriba Bp.
113. OTOCORIS BILOPHA. G.R.G.
Alauda bicornis Hempr.
Alauda bilopha Temm.
Otocornis bilopha Rüpp.
114. CALANDRITIS BRACHYDACTYLA. Cab.
Alauda arenaria Vieill.
A. brachydactyla Leisl.
Calandrella brachydactyla Kaup.
Melanocorypha arenaria Bp.
M. brachydactyla Brehm.
M. itala Brehm.
Phileremos brachydactyla K. et B.
115. CALANDRITIS PISPOLETTA. Cab.
Alauda pispoletta Pall.
116. ALAUDA ARVENSIS. Linn.
A. cantarella Bp.
A. cœlipetta Pall.
A. montana Crespon.
A. vulgaris Leach.
117. ALAUDA LUSITANA. Gmel.
A. deserti Lichst.
A. lusitanica Lath.
118. LULLULA ARBOREA. Kaup.
Alauda arborea Linn.
A. cristatella Lath.
A. nemorosa Gmel.
Galerida arborea Brehm.
G. nemorosa Brehm.
119. CERTHILAUDA DESERTORUM. Bp.
Alaemon desertorum K. et B.
Alauda bifascita Licht.
A. desertorum Stanl.
Certhilauda bifasciata Bp.
120. CERTHILAUDA DUPONTI. Bp
Alaemon Duponti K. et B.
Alauda Duponti Vieill.
A. ferruginea von der M.
121. GALERIDA CRISTATA. Boie.
Alauda cristata Linn.
A. galerita Pall.
A. undata Gmel.
Galerida undata Boie.
G. viarum Brehm.
Lullula cristata Kaup.
122. CORAX MAXIMUS. Scop.
Corvus corax Linn.
122 A. *CORAX LEUCOPHÆUS*.
Corvus borealis albus Briss.
Corvus corax Gmel.
Corvus leucomelas Wagl.
C. leucophæus Vieill.
123. CORVUS CORONE. Linn.
124. CORVUS CORNIX. Linn.
Cornix cinerea Briss.
Corone cornix Kaup.
125. FRUGILEGUS SEGETUM. Brehm.
Colœus frugilegus Kaup.

Cornix frugilega Briss.
Corvus advena Brehm.
Corvus agrorum Brehm.
C. frugilegus Linn.
C. granorum Brehm.
126. MONEDULA TURRIUM. Brehm.
Colœus monedula Kaup.
Corvus monedula Linn.
Monedula arborea Brehm.
M. septentrionalis Brehm.
127. PYRRHOCORAX ALPINUS. Vieill.
Corvus pyrrhocorax Linn.
Pyrrhocorax pyrrhocorax Temm.
128. FREGILUS GRACULUS. Cuv.
Coracia erythroramphos Vieill.
C. gracula C. R. G.
Corvus docilis Gmel.
C. eremita Gmel.
C. graculus Linn.
Fregilus erythropus Swains.
F. europæus Less.
Graculus eremita Koch.
Pyrrhocorax graculus Temm.
P. rupestris Brehm.
129. NUCIFRAGA CARYOCATACTES. Temm.
Caryocatactes caryocatactes Schleg.
C. maculatus Koch.
C. nucifraga Nils.
Corvus caryocatactes Linn.
Nucifraga brachyrhyncha Brehm.
N. guttata Vieill.
N. machroryncha Brehm.
130. PICA CAUDATA. Linn.
Corvus pica Linn.
Garrulus picus Temm.
Pica albiventris Vieill.
P. europæa Boie.
P. melanoleuca Vieill.
P. varia Schleg.
131. PICA CYANEA. Wagl.
Corvus cyaneus Gmel.
C. cyanus Pall.
Cyanopica Cooki Bp.
C. cyanea Bp.
Cyanopolius Cooki Bp.
Garrulus cyanus Temm.
132. PERISOREUS INFAUSTUS. Bp.
Corvus infaustus Sparm.
C. russicus Gmel.
C. sibiricus Gmel.
Garrulus infaustus Vieill.
Lanius infaustus Linn.
Pica infausta Wagl.
133. GARRULUS GLANDARIUS. Vieill.
Corvus glandarius Linn.
Glandarius pictus Koch.
Lanius glandarius Nilss.
133 A. *GARRULUS KRINICKI* Kaleniez.
Corvus glandarius-var Hohen.
C. iliceti de Selys.
Garrulus glandarius melanocephalus Sch.
134. STURNUS VULGARIS. Linn.
S. varius M. et W.
134 A. *STURNUS UNICOLOR*. De la Marm.
S. vulgaris unicolor Schleg.
135. PASTOR ROSEUS. Temm.
Acridotheres roseus Ranz.
Boseis rosea Brehm.
Merula rosea Briss.
Sturnus roseus Scop.
Turdus roseus Linn.
T. seleucis Gmel.
136. ORIOLUS GALBULUS. Linn.
Coracias oriolus Scop.
137. LANIUS EXCUBITOR. Linn.
L. cinereus Briss.
L. major Pall.
138. LANIUS MERIDIONALIS. Temm.
139. LANIUS NUBICUS. Licht.
L. leucometopon von der M.
L. personatus Schleg.
Leucometopon nubicus Bp.
140. LANIUS MINOR. Gmel.
Enneoctonus italicus Bp.
Lanius italicus Brehm.
L. vigil Pall.
141. ENNECOCTUNUS RUFUS. Bp.
Lanius melatonis Brehm.
L. pomarinus Gmel.
L. fuliceps Retzius.
L. rufus Briss.
L. rutilus Lath.
Phoneus rufus Bp.
142. ENNEOCTONUS COLLURIO. Boie.
Lanius collurio Linn.
L. dumetorum Brehm.
L. spinitorquus Bechst.
143. TELEPHONUS TSCHAGRA. Bp.
Lanius cuculatus Temm.
Lanius tschagra Schleg.
Pomatorynchus tschagra Boie.
Telephonus erythropterus Swains.
144. BOMBYCILLA GARRULA. Vieill.
Ampelis garrulus Linn.
Bombycilla bohemica Briss.
Bombyciphora poliocephala Mey.

Bombycivora garrula Temm.
Parus bombycilla Pall.
145. MUSICAPA NIGRA Briss.
Motacilla ficedulla Linn.
Muscicapa atricapilla Linn.
M. luctuosa Temm.
M. muscipeta Bechst.
146. MUSCICAPA COLLARIS. Bechst.
M. albicollis Temm.
M. atricapilla Gmel.
M. streptophora Vieill.
147. BUTALIS GRISOLA. Boie.
Muscicapa grisola Linn.
148. ERYTHROSTERNA PARVA. Bp.
Muscicapa parva Bechst.
M. rubecula Swains.
149. PHILOMELA LUSCINIA Selby.
Curruca luscinia Koch
Erythacus luscinia Degl.
Luscinia philomela Bp.
Lusciola luscinia K. et B.
Motacilla luscinia Linn.
Sylvia luscinia Lath.
150. PHILOMELA MAJOR Brehm.
Erythacus philomela Degl.
Luscinia major Schwenck.
Lusciola philomela K. et B.
Motacilla aedon Pall.
M. luscinia major Gmel.
Sylvia philomela Bechst.
151. CALLIOPE CAMTSCHATKENSIS. Strickl.
Accentor calliope Temm.
Lusciola calliope K. et B.
Melodes calliope K. et B.
Calliope Lathamii Gould.
Motacilla calliope Pall.
Turdus calliope Lath.
T. camtschatkensis Gmel.
152. CYANECULA SUECICA. Brehm.
C. leucocyana Brehm.
C. suecica K. et B.
C. Wolfii Brehm.
Erythacus cyanecula Degl.
Ficedula suecica Boie.
Lusciola cyanecula Schleg.
L. suecica K. et B.
Motacilla suecica Linn.
Saxicola suecica Koch.
Sylvia cyanecula M. et W.
S. suecica Lath.
152 A. *CYANECULA CŒRULECULA*. Bp.
C. cyane Bp.
Erythacus suecica Degl.
Lusciola cyanecula orientalis Schleg.
Motacilla cœrulecula Pall.
Sylvia cyanea Eversm.
153. RUBECULA FAMILIARIS Blyth.
Dandalus rubecula Boie.
Erythacus rubecula Macgill.
Lusciola rubecula Schleg.
Motacilla rubecula Linn.
Sylvia rubecula Lath.
154. RUTICILLA PHŒNICURA. Bp.
Erythacus phœnicurus Degl.
Lusciola phœnicura Schleg.
Motacilla phœnicurus Linn.
Phœnicura ruticilla Swains.
Saxicola phœnicurus Koch.
Sylvia phœnicurus Lath.
155. RUTICILLA TITHYS. Brehm
Erythacus tithys Degl.
Lusciola tithys Schleg.
Motacilla erythacus Linn.
Phœnicura tithys Jard. et Selb.
Ruticilla gibraltarensis Briss.
Saxicola tithys Koch.
Sylvia tithys Scop.
156. RUTICILLA ERYTHROGASTRA. Brehm.
Chœmorrhous erythrogaster Bp.
Lusciola erythrogastra Schleg.
Motacilla aurorea-var. Pall.
M. erythrogastra Guldst.
157. PETROCINCLA SAXATILIS. Vig.
Lanius infaustus Gmel.
Merula saxatilis Briss.
m. saxatilis minor Briss.
Petrocossyphus Gourcyi Brehm.
P. polyglottus Brehm.
P. saxatilis Boie.
Saxicola montana Koch.
Turdus saxatilis Linn.
158. PETROCINCLA CYANEA K. et B.
Merula cœrulea Briss.
Petrocossyphus cyaneus Bp.
P. cyanus Boie.
Turdus cyanus Linn.
T. solitarius Lath.
T. manillensis Lath.
159. SAXICOLA ŒNANTHE Bechst.
Motacilla œnanthe Linn.
Œnanthe cinerea Vieil.
Sylvia œnanthe Lath.
Vitiflora cinerea Briss.
V. grisea Briss.
V. œnanthe Boie

160. SAXICOLA SALTATOR. Ménest.
Motacilla stapazina Pall.
Vitiflora saltatrix Bp.
161. SAXICOLA AURITA. Temm.
Motacilla stapazina var Gmel.
Œnanthe albicollis Vieill.
Sylvia stapazina Lath.
Vitiflora aurita Ch. Bp.
V. rufescens Briss.
162. SAXICOLA STAPAZINA. Temm.
Motocilla stapazina Gmel.
Œnanthe stapazina Vieill.
Sylvia stapazina Lath.
Vitiflora rufa Briss.
v. stapazina Bp.
163. SAXICOLA LEUCOMELA. Temm.
Motacilla leucomela Pall.
Muscicapa leucomela Lath.
Muscicapa melanoleuca Lath.
Œnanthe pleschanka Vieill.
Sylvia leucomela Temm.
Vitiflora leucomela Bp.
163 A. *SAXICOLA LUGENS.* Lichst.
S. leucomela Temm.
164. SAXICOLA LEUCURA. K. et B.
Dromolæa leucura Bp.
Œnanthe leucura Vieill.
Saxicola cachinnans Temm.
Turdus leucurus Gmel.
Vitiflora leucura Bp.
165. PRATINCOLA RUBETRA. Koch.
Fruticola rubetra Macgill.
Motacilla rubetra Linn.
Œnanthe rubetra Vieill.
Rubetra major sive rubicola Briss.
Saxicola rubetra Bechst.
Sylvia rubetra Lath.
166. PRATINCOLA RUBICOLA. Koch.
Motacilla rubicola Linn.
Œnanthe rubicola Vieill.
Saxicola rubicola Bechst.
Sylvia rubicola Lath.
167. MERULA VULGARIS. Bp.
Merula merula Boie.
Sylvia merula Savi.
Turdus merula Linn.
168. MERULA TORQUATA. Boie.
Copsichus torquatus Kaup.
Merula alpestris Brehm.
M. collaris Brehm.
M. montana Briss.
Sylvia torquata Savi.
Turdus torquatus Linn.
169. TURDUS PALLIDUS. Gmel.
Planesticus obscurus Bp.
Turdus iliacus var pallidus Naum.
T. pallens Pall.
Turdus Seyffertizii Brehm.
T. Werneri Géné.
170. TURDUS OLIVACEUS. Linn.
Merula olivacea Briss.
Planesticus olivaceus Bp.
171. TURDUS MIGRATORIUS. Linn.
Merula migratoria Gould.
Turdus canadensis Briss.
172. TURDUS PILARIS. Linn.
Arceutornis pilaris Kaup.
Sylvia pilaris Savi.
Turdus musicus Pall.
173. TURDUS FUSCATUS. Pall.
Cychloselys fuscatus Bp.
Turdus eunomus Temm.
T. Naumannii Temm Gould.
T. obscurus Gmel.
174. TURDUS NAUMANNII. Temm.
Cychloselys dubius Bp.
Turdus dubius Bechst.
T. ruficollis Glog.
175. TURDUS RUFICOLLIS. Pall.
Planesticus ruficollis Bp.
Turdus erythrurus Hoys.
176. TURDUS ATRIGULARIS. Temm.
Merula atrigularis Bp.
Planesticus atrigularis Bp.
Sylvia atrigularis Savi.
177. TURDUS SIBIRICUS. Pall.
Cychloselys sibiricus Bp.
Turdus atro-cyaneus Homey.
T. auroreus Pall.
T. Bechsteini Naum.
T. leucocillus Pall.
T. mutabilis Temm.
178. TURDUS VISCIVORUS. Linn.
Ixocossyphus viscivorus Kaup.
Turdus arboreus Brehm.
T. major Briss.
Sylvia viscivora Savi.
179. TURDUS AUREUS. Hollandre.
Oreocincla aurea Bp.
Turdus squamatus Boie.
Turdus varius Pall.
T. Whitei Eyton.
180. TURDUS ILIACUS. Linn.
Sylvia iliaca Savi.
Turdus illas Pall.
181. TURDUS MUSICUS. Linn.
Sylvia musica Savi.
Turdus philomelos Brehm.
T. pilaris Pall.

182. TURDUS MINOR. Gmel.
Merula minor Swains.
m. Wilsoni Brewer.
Turdus iliacus carolinensis Briss.
T. mustelinus Wils.
T. Wilsoni Bp.
183. TURDUS SOLITARIUS Wils.
Merula solitaria Swains.
Muscicapa guttata Pall
Turdus minor Vieill.
T. Pallasii Cab.
184. TURDUS SWAINSONII. Cab.
Merula olivacea Brewer.
M. Wilsoni Swains.
Turdus minimus Lafren
T. minor Bp.
T. solitarius Wils
185. IXOS OBSCURUS. Temm.
Hæmatornis lugubris Less.
Pycnonotus arsinoe Brehm.
P. obscurus Blyth.
186. CINCLUS AQUATICA Bechst.
Hydrobata albicollis Vieill.
H. cinclus G. R. G.
Merula aquatica Briss.
Sturnus cinclus Linn
Turdus cinclus Lath.
186 A. *CINCLUS MELANOGAS TER*. Brehm.
Hydrobata melanogaster Degl.
187. SYLVIA ATRICAPILLA. Scop.
Curruca atricapilla Briss.
Epilais atricapilla Cab
Monachus atricapillus Kaup.
Motacilla atricapilla Linn.
Philomela atricapilla Swains.
188. SYLVIA HORTENSIS. Lath.
Adornis hortensis G. R. G.
Curruca hortensis Koch.
Epilais hortensis Kaup.
Motacilla hortensis Gmel.
Sylvia hortensis var passerina Lath.
S. ædonia Vieill.
189. CURRUCA GARRULA Briss.
Motacilla curruca Gmel
Motacilla garrula Retz
M. sylvia Pall.
Sylvia curruca Lath
S. garrula Bechst.
190. CURRUCA CINEREA. Briss.
C. sylvia Steph
Motacilla sylvia Linn. SN.
Sylvia cineraria Bechst.
S. cinerea Lath.
S. fruticeti Bechst.
191. CURRUCA RUPELLII. Bp.
Sylvia capistrata Rüpp.
S. Rupellii Temm.
192. CURRUCA NISORIA. Koch.
Adophoneus nisorius Kaup.
Nisoria undata Bp.
Sylvia nisoria Bechst.
193. CURRUCA SUBALPINA. Boie.
C. passerina Boie.
Sylvia Bonelli K. et B.
S. leucopogon M. et W.
S. passerina Temm.
S. subalpina Bonelli.
194. CURRUCA CONSPICILLATA. Boie.
Sterparola conspicillata Bp.
Stoparola conspicillata Bp.
Sylvia conspicillata de la Marm.
195. CURRUCA ORPHEA. Boie
Sylvia grisea Vieill.
S. orphea Temm
196. CURRUCA MELANOCEPHALA. Boie.
Melizophilus melanocephalus Cab
Motacilla melanocephala Gmel.
Pyrophthalma melanocephala Bp
Sylvia melanocephala Lath.
S. ruscicola Vieill.
197. MELIZOPHILUS PROVENCIALIS. Jenyns.
Curruca provencialis Boie
Melizophilus dartfordiensis Leach
Motacilla provincialis Gmel.
Pyrophthalma sarda Brehm.
Sylvia dartfordiensis Lath.
S. ferruginea Vieill
S. provincialis Temm
Thamnodus provincialis Kaup.
198. MELIZOPHILUS SARDUS. Z G.
Curruca sarda Boie.
Pyropthalma sarda Bp.
Sylvia sarda Marm.
199. PHYLLOPNEUSTE TROCHILUS. Brehm.
Ficedula fitis Koch.
T. trochilus K. et B.
Motacilla trochilus Linn.
Phyllopneuste fitis M. et W.
P. icterina Bp.
Phylloscopus trochilus Boie.
Sylvia fitis Bechst
S. trochilus Lat.
200. PHYLLOPNEUSTE SIBILATRIX. Brehm.
Asilus sibilatrix Bechst.
Curruca sibilatrix Flem.
Ficedula sibilatrix Koch.
Phyllopneuste sylvicola Brehm.
Sibilatrix sylvicola Kaup.
Sylvia sibilatrix Bechst.

Sylvicola sylvicola Lath.
Sylvicola sibilatrix Eyton.
201. PHYLLOPNEUSTE RUFA. Bp.
Curruca rufa Briss.
Ficedula rufa Koch. Bechst.
Phylloscopus rufus Kaup.
Sylvia collybita Vieill.
S. hippolaïs Leach.
S. rufa Lath.
202. PHYLLOPNEUSTE BONELLI. Bp.
Ficedula Bonelli K. et B.
Sylvia Bonelli Vieill.
S. Nattereri Temm.
203. REGULOIDES SUPERCILIOSUS. Degl. Z. G.
Motacilla proregulus Pall.
M. superciliosa Gmel.
Phyllobasileus proregulus Cab.
P. superciliosus Cab.
Phyllopneuste modesta Blyth.
Reguloides modestus Blyth.
R. proregulus Blyth.
Regulus inornatus Blyth.
R. modestus Gould.
R. proregulus K. et B.
Sylvia superciliosa Lath.
204. ÆDON GALACTODES. Boie.
Æ. familiaris Bp.
Salicaria familiaris Schleg.
S. galactodes K. et B.
Sylvia familiaris Menet.
S. galactodes Temm.
S. rubiginosa Temm.
Turdus rubiginosus M. et W.
205. HYPOLAIS ICTERINA. Z. G.
Curruca arundinacea? Briss.
Ficedula hypolais K. et B.
Hypolais polyglotta de Selys.
H. salicaria Bp.
Motacilla hypolais? Linn.
Salicaria italica de Filippi.
Sylvia hypolais Bechst.
Sylvia icterina? Vieill.
206. HYPOLAIS OLIVETORUM.
Calamodyta olivetorum G. R. G.
Calamoherpe olivetorum Bp.
Chloropeta olivetorum Bp.
Ficedula olivetorum Schleg.
Salicaria olivetorum Gould.
Sylvia olivetorum Strickl.
207. HYPOLAIS POLYGLOTTA. Z. G.
Ficedula polyglotta Schleg.
Sylvia hypolaïs Millet.
S. polyglotta Vieill.
208. HYPOLAIS PALLIDA. Z. G.
H. cinerascens de Selys.
209. HYPOLAIS ELÆICA. Z. G.
Chloropeta elaica Bp.
Ficedula ambigua Schleg.
Ficedula elæica Schleg.
Hypolais Verdoti Jaubert.
Salicaria elæica Linderm.
210. HYPOLAIS CALIGATA. Z. G.
Calamodyta caligata G. R. G.
Calamoherpe caligata Degl.
C. scita Bp.
Hypolais scita Z. G.
Iduna caligata Bp.
Lusciola caligata K. et B.
Motacilla salicaria Pall.
Salicaria caligata Schelg.
Sylvia caligata Licht.
S. scita Eversm.
211. CALAMOHERPE TURDOIDES. Boie.
Acrocephalus arundinaceus G. R. G.
A. turdoides Brehm.
Arundinaceus turdoides Less.
Salicaria turdina Schleg.
S. turdoides K. et B.
Sylvia turdoides Meyer.
Turdus arundinaceus Linn.
212. CALAMOHERPE ARUNDINACEA. Boie.
Acrocephalus arundinaceus Naum.
Calamodyta strepera G. R. G.
Calamoherpe obscurocapilla Dubois.
Motacilla arundinacea Gmel.
Salicaria arundinacea Selby.
Sylvia affinis Hardy.
S. arundinacea Lath.
S. strepera Vieill.
213. CALAMOHERPE PALUSTRIS. Boie.
C. pratensis Jaubert.
Salicaria palustris K. et B.
Sylvia palustris Bechst.
S. strepera Vieill.
214. LUSCINIOPSIS LUSCINIOIDES. Z. Gerbe.
Calamodyta luscinioides G. R. G.
Cettia luscinioides Z. G.
Lusciniola Savii Bp.
Lusciniopis Savii Bp.
Pseudoluscinia Savii Bp.
Salicaria luscinioides K. et B.
Sylvia luscinioides Savi.
215. LUSCINIOPSIS FLUVIATILIS. Bp.
Acrocephalus stagnalis Naum.
Locustella fluviatilis Gould.
Salicaria fluviatilis K. et B.
Sylvia fluviatilis M. et W.
216. CETTIA CETTI. Degl.
Calamodyta cetti G. R. G.

C. sericea G. R. G.
Bradypterus cetti Cab.
Calamoherpe cetti Boie.
Cettia altisonans Bp.
C. cericea Bp.
Potamodus cetti Kaup.
Salicaria cetti K. et B.
Sybia cetti Marm.
S. platura Vieill.
S. sericea Natt.
217. AMNICOLA MELANOPOGON. Z. G.
Calamodyta melanopogon Bp.
Cettia melanopogon Z. G.
Lusciniola melanopogon G. R. G.
Salicaria melanopogon K. et B.
Sylvia melanopognon Temm.
218. LOCUSTELLA NÆVIA. Degl.
Acrocephalus fluviatilis Naum.
Calamoherpe locustella Boie.
C. tenuirostris Brehm.
Curruca cinerea nævia Briss.
Locustella Rayi Gould.
Muscipeta locustella Koch.
M. olivacea Koch.
Salicaria locustella Selby.
Sylvia locustella Lath.
219. LOCUSTELLA LANCEOLATA. Bp.
Calamodyta lanceolata Bp.
Cisticola lanceolata Schleg.
Sylvia lanceolata Temm.
220. CALAMODYTA PHRAGMITIS. M. et W.
Acrocephalus phragmitis Naum.
Calamodus phragmitis Naum.
Calamoherpe phragmitis Boie.
Muscipeta phragmitis Koch.
Salicaria phragmitis Selby.
Sylvia schœnobœnus Vieill.
S. phragmitis Bechst.
221. CALAMODYTA AQUATICA. Bp.
Calamodus salicarius Cab.
Calamodyta cariceti Bp.
C. schœnobœnus Bp.
Muscipeta salicaria Koch.
Salicaria aquatica K. et B.
Sylvia aquatica Lath.
S. cariceti Naum.
S. paludicola Vieill.
S. salicaria Bechs.
S. schœnobœnus Scop.
S. striata Brehm.
222. CISTICOLA SCHŒNICLA. Bp.
Drymocia cisticola G. R. G.
Salicaria cisticola K. et B.
Sylvia cisticola Temm.
223. TROGLODYTES PARVULUS. Koch.
Anorthura communis Rennie.
Motacilla troglodytes Linn.
Sylvia troglodytes Lath.
Troglodytes europœus Vieill.
T. punctatus Boie.
T. troglodytes Schleg.
T. vulgaris Temm.
224. ACCENTOR ALPINUS. Bechst
Motacilla alpina Gmel.
Sturnus collaris Gmel.
S. moritanus Gmel.
225. PRUNELLA MODULARIS. Vieill.
Accentor modularis Bechst.
Curruca sepiaria Briss.
Motacilla modularis Linn.
Syvia modularis Lath.
Tharraleus modularis Kaup.
T. modulans Brehm.
226. PRUNELLA MONTANELLA. Bp.
Accentor montanellus Temm.
Motacilla montanella Pall.
Sylvia montanella Lath.
Tharraleus montanellus Brehm.
227. CORYDALLA RICHARDI. Vig.
Anthus longipes Holl.
A. macronyx Gloger.
A. Richardi Vieill.
A. rupestris Menest.
228. AGRODROMA CAMPESTRIS. Swains.
Alauda campestris Briss.
A. mosellana Gmel.
Anthus campestris Bechst.
A. rufescens Temm.
A. rufus Vieill.
229. ANTHUS ARBOREUS. Bechst.
Alauda arborea Briss.
A. arboreus Bechst.
A. minor Lath.
A. pratensis? Briss.
A. trivialis Gmel.
Dendronanthus spipola Pall.
Pipastes arboreus Kaup.
230. ANTHUS PRATENSIS. Bechst
Alauda pratensis Linn.
A. sepiaria Briss.
Anthus sepiarius Vieill.
A. tristis Baill.
Leimoniptera pratensis Kaup.
231. ANTHUS CERVINUS. K. et B.
A. cecilii Aud.
A. pratensis rufogularis Schleg.
A. rufogularis Brehm.
Motacilla cervina Pall.

232. ANTHUS SPINOLETTA. Bp.
Alauda spinoletta Linn.
A. testacea Pall.
Anthus aquaticus Bechst.
A. montanus Koch.
233. ANTHUS OBSCURUS. K. et B.
Alauda obscura Pennant.
A. petrosa Mont.
Anthus aquaticus Selby.
A. immutabilis Brehm.
A. petrosus Flem.
A. rupestris Nilss.
Spipola obscura Leach.
234. BUDYTES FLAVA. Bp.
Motacilla flava Linn.
Motacilla flavcola Pall.
M. neglecta Gould.
M. verna Briss.
234 A. *BUDYTES RAYI.* Bp.
Motacilla campestris Pall.
M. flava Rayi.
M. flava Rayi Schleg.
M. flaveola Temm.
234 B. *BUDYTES CYNEROCA PILLA.* Bp.
Motacilla cinereocapilla Savi.
M. dalmatica Bruch.
M. flava cinereocapilla Selby.
M. Feldeggii Michaelles.
234 C. *BUDYTES MELANOCEPHALA.* Menest.
Motacilla flava var Sunder.
M. flava melanocephala Schleg.
M. melanocephala Lichst.
235. BUDYTES CITREOLA. Bp.
Motacilla aureocapilla Less.
M. citreola Pall.
236. MOTACILLA ALBA. Linn.
M. cinerea Briss.
236 A. *MOTACILLA YARRELLII.* Gould.
Motacilla alba Flem.
M. alba lugubris Schleg.
M. lugubris Temm.
237. CALOBATES SULFUREA. Kaup.
Motacilla boarula Pein.
M. flava Briss.
M. melanopa Pall.
M. montium Brehm.
M. sulfurea Bechst.
Pallenura flava Bp.
P. sulfurea Bp.
238. REGULUS CRISTATUS. Charlet.
Motacilla regulus Linn.
Regulus flavicapillus Naum.
Sylvia regulus Lath.
239. REGULUS IGNICAPILLUS. Licht.
R. pyrocephalus Brehm.
Sylvia ignicapilla Brehm.
240. PARUS MAJOR. Linn.
P. fringillago Pall.
P. robustus Brehm.
241. PARUS CÆRULEUS. Linn.
Cyanistes cœruleus Kaup.
Parus cœruleus Brehm.
242. PARUS CYANUS. Pall.
Cyanistes cyanus Kaup.
Parus cœruleus major Briss.
243. PARUS ATER. Linn.
Parus abietum Brehm.
P. atricapillus Briss.
P. carbonarius Pall.
Pœcile abietum Brehm.
P. ater Kaup.
244. LOPHOPHANES CRISTATUS. Kaup.
Parus cristatus Linn.
P. mitratus Brehm.
245. PŒCILE PALUSTRIS. Kaup.
Parus alpestris Bailly.
P. borealis de Selys.
P. cinereus montanus Baldenst.
P. palustris Linn.
Pœcile borealis Bp.
246. PŒCILE COMMUNIS. Z. G.
Parus cinereus communis Bald.
P. fruticeti Walleng.
P. palustris Temm.
P. salicarius Brehm.
247. PŒCILE LUGUBRIS. Kaup.
Parus lugubris Natt.
Penthestes lugubris Reich.
248. PŒCILE SIBIRICA. Kaup.
Parus sibiricus Gmel.
249. ORITES CAUDATUS. G. R. G.
Acredula caudata Koch.
Ægithalus caudatus Boie.
Mecistura caudata Bp.
M. vagans Leach.
Paroides longicaudatus Brehm.
Parus caudatus Linn.
P. longicaudus Briss.
250. ÆGITHALUS PENDULINUS. Boie.
Parus narbonensis Gmel.
P. pendulinus Linn.
P. polonicus seu pendulinus Briss.
251. PANURUS BIARMICUS. Koch.
Ægithalus biarmicus Boie.
Calamophilus barbatus K. et B.
c. Biarmicus Leach.
Mystacinus biarmicus Boie.
Parus barbatus Briss.

Parus biarmicus Linn
P. russicus Gmel.
252. SITTA CÆSIA. M. et W.
Sitta affinis Blyth.
S. europæa Lath.
253. SITTA EUROPÆA. Linn.
S. asiatica Bp.
S. europæa var sibirica Pall.
S. sericea Temm.
S. uralensis Licht.
254. SITTA SYRIACA. Ehrenb.
S. Neumayeri Michah.
S. rupestris Cantr.
S. saxatilis Schinz.
S. rufescens Gould.
255. CERTHIA FAMILIARIS Linn.
C. Costæ Bailly.
C. scandula Pall.
256. CERTHIA BRACHYDACTYLA. Brehm.
C. familiaris Temm.
257. TICHODROMA MURARIA. Illig.
Certhia muralis Briss.
C. muraria Linn.
Petrodroma muraria Vieill.
Tichodroma phœnicoptera Temm
258. UPUPA EPOPS. Linn.
U. vulgaris Pall.
259. HIRUNDO RUSTICA. Linn.
Cecropis pagorum Brehm.
C. rustica Boie.
Hirundo domestica Briss
259 A. *HIRUNDO CAHIRICA* Licht.
Cecropis Savignyi Boie.
Hirundo Boissonneautii Temm.
H. Riocourii Audouin.
Hirundo rustica orientalis Schleg
H. Savignyi Steph.
260. HIRUNDO RUFULA. Temm.
Cecropis rufula Bp.
Hirundo alpestris Bp.
H. capensis Durazzo.
H. daurica Savi.
261. CHELIDON URBICA. Boie.
C. fenestrarum Brehm.
C. rupestris Brehm.
Hirundo lagopoda Pall.
H. minor seu rustica Briss.
262. PROGNE PURPUREA. Boie.
Hirundo apos carolinensis Briss.
H. cærulea Vieill.
H. purpurea Linn.
H. violacea Gmel.
H. versicolor Vieill.
263 COTYLE RIPARIA. Boie.
C. fluviatilis Brehm.
C. microrhynchos Brehm.
Hirundo cinerea Vieill.
H. riparia Linn.
264. BIBLIS RUPESTRIS. Less.
Chelidon rupestris Boie.
Cotyle rupestris Boie.
Hirundo montana Gmel.
H. rupestris Scop.
Ptyonoprogne rupestris Cab.
265. CAPRIMULGUS EUROPÆUS. Linn.
C. maculatus Brehm.
C. punctatus M. et W
C. vulgaris Vieill.
Nyctichelidon europæus Rennie.
266. CAPRIMULGUS RUFICOLLIS Temm
C. rufitorquatus Vieill.
267. CYPSELUS APUS. Illig.
C. murarius Temm.
C. niger Leach.
Hirundo apus Linn.
Micropus apus Boie.
M. murarius M. et W.
268. CYPSELUS MELBA. Illig.
C. alpinus Temm.
Hirundo alpina Scop.
H. melba Linn.
Micropus alpinus M. et W.
M. melba Boie.
269. CORACIAS GARRULA. Linn.
Galgulus garrulus Vieill.
270. MEROPS APIASTER. Linn.
M. chrysocephalus Gmel.
271. MEROPS ÆGYPTIUS Forsk.
M. persica Pall.
M. Savignyi Le Vaill.
272. ALCEDO ISPIDA Linn
Gracula atthis Gmel.
273. CERYLE RUDIS. Boie
Alcedo rudis Linn.
Ceryle varia Strickl
Ispida ex albo Briss.
I. nigro varia Briss
274. CERYLE ALCYON. Boie
Alcedo alcyon Linn.
Ispida alcyon Swains.
275. CUCULUS CANORUS. Linn.
C. borealis Pall.
C. hepaticus Lath
C. rufus Bechst.
276. OXYLOPHUS GLANDARIUS Bp.
Coccystes glandarius K. et B.
Coccyzus glandarius Savi
C. pisanus Vieill
Cuculus andalusiæ Briss
C. glandarius Linn
C. macrourus Brehm
C. pisanus Gmel

277. COCCYZUS AMERICANUS. Jenyns.
Coccystes americanus K. et B.
Coccyzus pyropterus Vieill.
Cuculus americanus Linn.
C. carolinensis Briss.
C. cinerosus Temm
C. dominicus Linn.
Cureus americanus Bp.
Erythrophrys americanus Bp
E. carolinensis Swains.
278. DRIOPICUS MARTIUS Boie.
Carbonarius martius Kaup.
Picus martius Linn.
P. niger Briss.
279. PICUS MAJOR. Linn.
Dendrocopus major Koch.
Dryobates major Boie.
Picus cissa Pall.
280. PICUS MEDIUS. Linn
P. cinædus Pall.
P. varius Briss.
281. PICUS LEUCONOTUS Bechst.
P. leuconotos Bechst.
P. cirris Pall.
282. PICUS MINOR. Linn.
Dryobates minor Boie.
Picus pipra Pall.
P. varius minor Briss.
283. GECINUS VIRIDIS. Boie.
Brachylophus viridis Swains.
Chloropicus viridis Malh.
Picus viridis Linn.
284. GECINUS CANUS. Boie.
Chloropicus canus malh.
Picus canus Gmel.
P. chlorio Pall.
P. norwegicus Briss.
P. viridis canus M. et W.
P. viridis norwegicus Briss.
285. APTERNUS TRIDACTYLUS. Bp.
Dryobates tridactylus Boie.
Picoides europæus Linn.
P. tridactylus Kaup, Lacep.
Picus tridactylus Linn.
286. YUNX TORQUILLA. Linn.
287 PALUMBUS TORQUATUS Bp.
Columba palumbes Pall.
C. palumbus Linn.
C. torquatus Leach.
288. COLUMBA ŒNAS. Linn.
Palumbœna columbella Bp.
289. COLUMBA LIVIA. Briss.
C. domestica Gmel.
C. œnas Linn.
290 ECTOPISTES MIGRATORIUS. Swains.
Columba canadensis Gmel.
C. migratoria Linn
Ectopistes migratoria Bp.
291. TURTUR AURITUS. Ray.
Columba turtur Linn.
Peristera turtur Boie.
Turtur migratorius Selby
T. vulgaris Eyton.
292. TURTUR RUPICOLA Bp.
Columba ferrago Eversm.
C. gelastes Temm.
C. rupicola Pall
293. TURTUR SENEGALENSIS. Bp.
Columba ægyptiaca Lath.
C. maculicollis Wagl.
C. senegalensis Linn.
C. suratensis Vieill
Turtur gutture maculato senegalensis Briss.
294. PTEROCLES ALCHATA. Lichst.
Bonasa pyrenaica Briss.
Œnas cata Vieill.
Pterocles setarius Temm.
Pteroclurus alchata Bp.
Tetras alchata Linn.
T. caudacutus Gmel.
T. chata Pall.
295. PTEROCLES ARENARIUS. Temm.
Œnas arenarius Vieill.
Perdix aragonica Lath.
Tetrao arenarius Pall.
T. fasciatus Desfont.
T. orientalis Hassilq.
296. SYRRHAPTES PARADOXUS. Lichst.
Heteroclitus tartaricus Vieill.
Syrrhaptes heteroclitus Vieill.
S. Pallasii Temm.
Tetrao paradoxa Pall.
297. TETRAO UROGALLUS. Linn.
T. crassirostris Brehm
Urogallus major Briss.
298. LYRURUS TETRIX. Swains
Tetrao tetrix Linn.
Urogallus minor Briss.
U. tetrix Kaup.
299. BONASA SILVESTRIS. G. R. G.
Bonasia betulina Bp.
B. sylvestris Brehm.
Tetrao bonasia Linn K. et B.
T. nemesianus. Scop.
300. LAGOPUS ALBUS Vieill.
L. saliceti Richards.
Tetrao albus Gmel.
T. brachydactylus Temm.
T. cachinnans Retz.

Tetrao lagopus Linn.
T. lapponicus Gmel
T. saliceti Temm.
T. subalpinus Nilss.
301. LAGOPUS MUTUS. Leach.
L. alpinus Nilss.
L. montanus Brehm.
L. vulgaris Vieill.
Tetrao alpinus Nilss.
T. islandorum Faber.
T. lagopus var Linn.
T. mutus Martin.
T. rupestris Jenyns.
302. LAGOPUS SCOTICUS. Bp.
Bonasa scotica Briss.
Oreias scoticus Kaup.
Tetrao saliceti scoticus Schleg.
T. scoticus Lath.
303. TETRAOGALLUS CASPIUS Bp.
Chourtka alpina Motschoulski.
Megaloperdix caucasica Brandt.
Perdix alpina Fischer.
P. caspia Lath.
P. caucasica Brandt.
Tetrao caspius Gmel.
T. caucasica Pall.
Tetraogallus caucasicus G R. G.
304. FRANCOLINUS VULGARIS. Steph.
Attagen francolinus K. et B.
Chætopus francolinus Swains
Francolinus tristriatus Bp.
Perdix francolinus Lath.
Tetrao francolinus Linn.
305. PERDIX GRÆCA. Briss.
Caccabis græca Kaup.
Chacura græca G. R. G.
Perdix saxatilis M. et W.
Tetrao rufa Pall.
306. PERDIX CHUKAR. G. R. G
Caccabis chukar G. R. G.
Perdix græca Bp.
P. saxatilis Brandt.
307. PERDIX RUBRA. Briss.
Caccabis rubra Kaup.
C. rufa G. R. G
Perdix rufa Lath.
Tetrao rufus Gmel.
308. PERDIX PETROSA. Lath.
Alectoris petrosa Kaup.
Caccabis petrosa G. R. G.
Perdix petrosa barbarica Briss.
Tetrao petrosus Gmel
309. STARNA CINEREA. Bp.
Perdix cineracea Brehm.
P. cinerea Charlet.
P. vulgaris Charlet.
Starna perdix Bp
Tetrao perdix Linn.
309 A. *STARNA DAMASCENA*. Briss.
310. COTURNIX COMMUNIS.
C. dactylisonans Mey
C. vulgaris Flem.
Ortygion coturnix K. et B.
Perdix coturnix Lath.
Tetrao coturnix Linn
311. TURNIX SYLVIATICUS. Bp
Hemipodius lunatus Temm.
H. tachydromus Temm.
Ortygis gibraltarica Bp.
Perdix gibraltarica Lath.
Tetrao andalusiacus Gmel.
T. gibraltaricus Gmel.
T. sylvaticus Desfont.
Turnix africanus Bonnet.
Turnix albigularis Malh.
T. andalusicus Bonnat.
T. gibraltaricus Bonnat.
312. PHASIANUS COLCHICUS. Linn.
Tetrao phasianus Linn.
313. OTIS TARDA. Linn.
Otis major Brehm.
314. TETRAX CAMPESTRIX. Leach.
Otis tetrax Linn.
O. minor Briss.
315. HOUBARA UNDULATA G. R. G.
Eupodotis undulata G. R. G.
Otis hobara Desfont.
O. houbara Gmel.
Psophia undulata Jacquin.
316. HOUBARA MACQUEENII. G. R. G.
Otis houbara Alig.
Otis Macqueenii J. E. G.
317. CURSORIUS GALLICUS Bp.
Charadrius corrira Bonnet.
Ch. gallicus Gmel.
Cursor europæus Naum.
C. isabellinus Wagl.
Cursorius europæus Lath.
C. isabellinus Mey.
Tachydromus europæus Vieill.
318. PLUVIANUS ÆGYPTIUS. Strickl.
Charadrius ægyptius Linn.
Ch. africanus Lath.
Ch melanocephalus Gmel.
Cursor charadrioides Wagl
Cursorius ægyptius Schleg.
Pluvianus chlorocephalus Vieill.
P. menocephalus Vieill.

319. ŒDICNEMUS CREPITANS. Temm.
Charadrius œdicnemus Linn.
Fedoa œdicnemus Leach.
Œdicnemus Beloni Flem.
Œdicnemus europæus Vieill.
Œ. griseus Koch.
Otis œdicnemus Lath.
Pluvialis major Briss.

320. PLUVIALIS APRICARIUIS Bp.
Charadrius apricarius Linn
Ch. auratus Suckow
Ch. pluvialis Linn.
Pluvialis aurea Briss.

321. PLUVIALIS FULVUS Scheg
Charadrius fulvus Gmel
C. glaucopis Forst.
C. longipes Temm.
C pluvialis Pall
C. pluvialis orientalis Schleg.
C. taitensis Less.
Charadrius xanthochelius Wagl.
Pluvialis longipes taitensis Bp

322. MORINELLUS SIBIRICUS. Bp
Charadrius lapponicus Linn
C. morinellus Linn.
C sibiricus Lepech.
C. tartaricus Pall.
Eudromias morinella Brehm.
Pluvialis minor sive morinellus Briss.
P. morinellus anglicanus Briss.

323 MORINELLUS ASIATICUS Z. G
Charadrius asiaticus Pall.
C. caspius Pall.
C. jugularis Wagl.
Morinellus caspius Bp

324. CHARADRIUS HIATICULA Linn.
Ægialites hiaticula Boie.
Charadrius torquatus Leach.
Hiaticula annulata G. R. G
H torquata G. R. G.
Pluvialis torquata Briss.
P. torquata minor Briss.

325. CHARADRIUS PHILIPPINUS. Scop.
Ægialites curonicus K. et B.
Æ. minor Boie.
Charadrius curonicus Beseke.
C. fluviatilis Bechst
Charadrius hiaticula Pall
C. intermedius Menet
C minor M. et W.
C zonatus Swains.

326. CHARADRIUS CANTIANUS. Lath.
Ægialites cantianus Boie.
Charadrius albifrons M. et W.
C. littoralis Bechst.

327. CHARADRIUS MONGOLICUS Pall.
Ægialites pyrrhothorax K et B
Charadrius cirrepidesmos Wagl
C. inconspicuus Licht.
C. jugularis Wagl.
C. Leschenaultii Less.
C. mongolus Pall
C. pyrrhothorax Temm.
C. rufinellus Blyth
C. rubricollis G Cuv.
C. sanguineus Less.
C. subrufinus Hodgs.
Cirrepidesmos pyrrhothorax Bp.
Pluviorhynchus mongolus Bp.

328. CALIDRIS ARENARIA. Leach
Arenaria calidris Mey.
A. grisea Bechst.
A. vulgaris Bechst.
Calidris grisea minor Briss.
C. rubidus Vieill.
Charadrius calidris Linn
C. rubidus Gmel.
Tringa arenaria Linn.
T. tridactyla Pall.

329. HÆMATOPUS OSTRALEGUS. Linn.
H. balticus Brehm.
H. hypoleuca Pall
H. longirostris Swinhœ.
H. orientalis Brehm.
Ostralega europea Less
Ostralega vulgaris Less.

330. GLAREOLA PRATINCOLA Leach.
G. austriaca Gmel
G. limbata Rupp.
G. nævia Briss.
G. senegalensis Briss.
G. torquata M. et W.
Hirundo pratincola Linn.
Pratincola glareola Degl.

331. GLAREOLA MELANOPTERA Nordm.
G. Nordmanni Fisch.
G. Pallasii Bruch.
G. pratincola Pall.

332. HOPLOPTERUS SPINOSUS Bp
Charadrius melasomus Swains
C. cristatus Shaw.
C. persicus Bonnat.
C. spinosus Linn.
Pluvialis senegalensis armata Briss

333. VANELLUS CRISTATUS. M. et W.
Charadrius gavia Lichst
C. vanellus Wagl.
Tringa vanellus Linn.
T vanellus Linn.
Vanellus bicornis Brehm.
V. gavia Leach.
334. SQUATAROLA GRISEA. Leach
Charadrius helveticus Lichst
C. hypomelanus Nordm
C. hypomelas Pall.
C. pardela Pall.
C aquatarola Naum
Pluvialis squatarola Macgill.
P. varius Schleg.
Squatarola cinerea Fleming.
Squatarola helvetica Brehm.
S varia Boie
Tringa squatarola Linn
Vanellus griseus Jenyns: Briss.
V. helveticus Vieill, Briss.
V melanogaster Bechst.
V. squatarola Schleg.
V. varius Briss.
335. CHETUSIA GREGARIA Bp
Charadrius gregarius Pall.
C. Wagleri J. E. G
Tringa fasciata Gmel.
Tringa keptuschka Lepech.
Vanellus gregarius Schleg.
V. macrocercus Heugl.
V. pallidus Heugl.
336. CHETUSIA LEUCURA. Bp.
Charadrius leucurus Licht.
Vanellus grallarius Less.
V. Villotæi Audouin.
337. STREPSILAS INTERPRES. Illig.
Arenaria cinerea Briss.
A. interpres Vieill.
Charadrius cinclus Pall.
Cinclus interpres G. R. G.
C. morinellus G. R. G.
Morinella collaris M. et W
Strepsilas collaris Temm
Tringla interpres Linn.
T. morinella Linn.
338 NUMENIUS ARQUATA. Lath
N. major Steph.
N. medius Brehm.
Scolopax arquata Linn.
339. NUMENIUS PHÆOPUS Lath.
N. stricapillus Vieill.
N. minor Linn.
Phæopus arquatus Steph.
Scolopax luzoniensis Gmel
S. phæopus Linn
340. NUMENIUS HUDSONICUS. Lath.
N. borealis Wils.
Scolopax borealis Gmel.
341. NUMENIUS TENUIROSTRIS Vieill
342. LIMOSA ÆGOCEPHALA Leach.
Fedoa melanura Steph.
Gambetta Limosa Koch.
Limicula melanura Vieill.
Limosa islandica Brehm
Limosa melanura Leisl.
L. rufa major Briss.
Scolopax ægocephala Linn.
S. belgica Gmel.
S. limosa Linn.
Totanus ægocephalus Bechst.
T. limosa Bechst.
T. rufus Bechst
343. LIMOSA RUFA. Briss
Fedora Meyeri Steph.
F. pectoralis Steph.
Limicula lapponica Vieill.
Limosa ferruginea Pall.
L. Meyeri Leisl.
L. noveboracensis Leach.
Scolopax lapponica Linn.
S. leucophæa Lath
Totanus glottis Mey.
T. gregarius Bechst.
T. leucophæus Bechst.
344. TEREKIA CINEREA. Bp.
Fedoa terekensis Steph.
Limicula terek Vieill.
Limosa indiana Less.
L. recurvirostra Pall.
L. terek Temm.
Scolopax cinerea Guld.
S. terek Lath.
Terekia javanica Bp.
Totanus javanica Horst.
Xenus cinereus Kaup.
345. MACRORAMPHUS GRISEUS. Leach.
Limosa grisea Schleg.
Scolopax grisea Gmel.
S. noveboracensis Gmel
S. leucophæa Vieill.
S Paykullii Nilss.
346. SCOLOPAX RUSTICULA. Linn.
Rusticola europæa Less.
R. sylvestris Macgill.
R. vulgaris Vieill.
Scolopax major Leach.
S pinetorum Brehm.
S scoparia Bp.
S sylvestris Brehm.

347. GALLINAGO MAJOR. Leach.
Ascalopax major K. et B.
Gallinago Montagui Bp.
Scolopax major Gmel.
S. media Frisch.
Scolopax paludosa Retz.
S. palustris Pall.
S. solitaris Macgill.
Telmatias gallinago Boie.
T. nisoria Brehm.
348. GALLINAGO SCOLOPACINUS. Bp.
Ascalopax gallinago K. et Bg.
A. Sabini K. et B.
Gallinago Brehmii Bp.
G. media Leach.
G. Sabini Bp.
Pelorhynchus Brehmii Kaup.
Scolopax Brehmii Kaup.
S. gallinago Linn.
S. gallinaria Gmel.
Telmatias Brehmii Boie.
T. gallinago Boie.
349. GALLINAGO GALLINULA. Bp.
Ascalopax gallinula K. et B.
Gallinago minima Leach.
G. minor Briss.
Lymnocryptes gallinula Kaup.
Philolimnos minor Brehm.
P. stagnalis Brehm.
Scolopax gallinula Linn.
350. TRINGA CANUTUS. Linn.
Canutus Cinereus Brehm.
C. islandicus Brehm.
Tringa australis Lath.
T. calidris Linn.
T. canutus Linn.
T. cinerea Brünn.
T. ferruginea Brünn.
T. grisea Gmel.
T. islandica Gmel.
T. nævia Gmel.
T. rufa Wils.
351. PELIDNA MARITIMA.
Arquatella maritima Baird.
Totanus arquatella Pall.
T. canadensis Lath.
T. maritima Brünn.
T. nigricans Mont.
T. striata Flem.
T. undata Brünn.
352. PELIDNA SUBARQUATA. Brehm.
Ancylocheilus subarquata Kaup.
Numenius africanus Lath.
N. ferrugineus M. et W.
N. subarquata Bechst.
Pelidna macrorhynchus Brehm.
Scolopax africana Gmel.
Scolopax subarquata Güldenst.
Tringa falcinella Pall.
T. islandica Retz.
T. pygmæa Leach.
T. subarquata Beschst.
353. PELIDNA CINCLUS. Bp.
Numenius variabilis Bechst.
Pelidna alpina Brehm.
P. variabilis Steph.
Tringa alpina Linn.
T. cinclus Linn.
T. ruficollis Pall.
T. variabilis M. et W.
353 A. *PELIDNA TORQUATA.* Z. G.
Cinclus minor Briss.
C. torquatus Briss.
Pelidna Schinzii Bp.
Tringa cinclus minor Schleg.
T. pygmæa Schinz.
T. torquata Degl.
T. Schinzii Brehm.
354. PELIDNA MACULATA. Bp.
Cinclus dominicensis Briss.
Pelidna pectoralis Bp.
Tringa dominicensis Degl.
T. maculata Vieill.
T. pectoralis Say.
355. PELIDNA MELANOTOS. Bp.
Actodromos Bonapartei Elliot.
Actodromus melanotos Bp.
Heteropygia Bonapartei Elliot.
Pelidna cinclus var Say.
P. Schinzii Bp.
Tringla Bonapartei Schleg.
T. dorsalis Lichst.
T. melanotos Vieill.
T. Schinzii Bp.
356. PELIDNA MINUTA. Boie.
Actodromos minuta Kaup.
Pelidna pusilla Brehm
Tringa cinclus Pall.
T. minuta Leisl.
T. pusilla M. et W.
T. Temminckii Koch.
357. PELIDNA TEMMINCKII. Boie.
Leimonites Temminckii Kaup.
Tringa pusilla Bechst.
T. Temminckii Leisl.
358. PELIDNA PLATYRHYNCHUS. Bp.
Limicola pygmæa Koch.
Numenius pusillus Bechst.
N. pygmæus Lath.
Tringa eloriodes Vieill.
T. platyrhyncha Temm.
359. ACTITURUS RUFESCENS. Bp.
Actitis rufescens Schleg.

Tringa rufescens Vieill.
T. subruficollis Vieill.
Tringoides rufescens J. E. g.
360. MACHETES PUGNAX. G. Cuv.
Pavoncella pugnax Leach.
Philomachus pugnax G. R. G.
Tringa cinereus Briss.
T. equestris (f) Lath.
T. grenovicensis (j) Lath.
T. littorea Gmel.
T. pugnax Linn.
T. rufescens Bechst.
T. variegata Brünn.
361. TOTANUS GRISEUS. Bechst.
Glottis canescens Strickl.
G. chloropus Nils.
G. grisea Brehm.
G. natans Koch.
Limicula glottis Leach.
Limosa glottis Pall.
L. grisea Briss.
Totanus chloropus M. et W.
T. fistulans Bechst.
T. glottis Bechst.
362. TOTANUS STAGNATILIS. Bechst.
Glottis stagnalis Koch.
Scolopax totanus Linn.
Tringa guinetta Pall.
363. TOTANUS FUSCUS. Bechst.
Erythrocelus fuscus Kaup.
Limosa fusca Briss.
Scolopax curonica Gmel.
S. fusca Linn.
S. totanus Gmel.
Totanus longipes Meis; Schinz.
T. maculatus Bechst.
T. natans Bechst.
Tringa atra Lath.
364. TOTANUS CALIDRIS. Bechst.
Gambetta calidris Kaup.
Scolopax calidris Linn.
Totanus littoralis Brehm.
T. naevius Briss.
T. striatus Briss.
Tringa gambetta Gmel.
T. striata Gmel.
T. variegata Brünn.
365. TOTANUS GLAREOLA. Temm.
Rhyacophilus glareola Kaup.
Totanus grallatorius Steph.
T. palustris Brehm.
T. sylvestris Brehm.
Tringa glareola Linn.
366. TOTANUS OCHROPUS. Temm.
Heladromas ochropus Kaup.
Totanus leucurus Brehm.
Totanus nivalis Brehm.
Tringa ochropus Linn.
367. ACTITIS HYPOLEUCOS. Boie.
A. cinclus Boie.
Actitis stagnalis Brehm.
Totanus guinetta Leach.
T. hypoleucos Temm.
Tringa hypoleucos Linn.
T. leucoptera Pall.
Tringoides hypoleuca. G. R. G.
368. ACTITIS MACULARIA. Boie.
Totanus macularis Temm.
Tringa macularia Linn.
Tringoides macularia G. R. G.
Turdus aquaticus Briss.
369. BARTRAMIA LONGICAUDA. Z. G.
Actitis bartramia K. et B.
Actiturus bartramius Bp.
Bartramia laticauda Less.
Bartramius longicaudus Bp.
Euliga bartramia .....
Totanus bartramius Temm.
T. variegatus Vieill.
Tringa bartramia Bechst.
Tringoides bartramius G. R. G.
370. SYMPHEMIA SEMIPALMATA. Hartl.
Catoptrophorus semipalmatus. Bp.
Glottis semipalmata Nilss.
Scolopax semipalmata Gmel.
Symphemia atlantica Rafin.
Totanus crassirostris Vieill.
T. semipalmatus Temm.
T. speculiferus G. Cuv.
371. PHALAROPUS FULICARIUS. Bp.
Crymophilus rufus Vieill.
Phalaropus glacialis Lath.
P. griseus Leach.
P. lobatus Lath.
P. platyrhinchus Temm.
P. rufescens Briss.
P. rufus Bechst.
Tringa fulicaria Linn.
T. glacialis Gmel.
372. LOBIPES HYPERBOREUS. Steph.
Phalaropus angustirostris Naum.
P. australis Temm.
P. cinerascens Pall.
P. cinereus Briss; Mey.
P. fuscus Briss.
P. hyperboreus Lath.
P. ruficollis Pall.
P. Williamsii Simm.
Tringa fusca Gmel.

T. hyperborea Linn.
T. lobata Linn
373. RECURVIROSTRA AVOCETTA. Linn.
R. fissipes Brehm.
374. HIMANTOPUS CANDIDANS. Bonn.
Charadrius himantspnuno Li
Himantopus albicollis Vieill
H. atropterus M. et W
H. longipes Brehm.
H. melanopterus Temm
H. Plinii Flem
H. rufipes Bechst
H. vulgaris Bechst.
Hypsibates himantopus Nitzch
375. GRUS CINEREA Bescht
Ardea grus Linn.
Grus vulgaris Pall
376. GRUS ANTIGONE. Pall
Antigone torquata Reich
Ardea antigone Linn.
Grus orientalis indica Briss.
G. torquata Vieill.
377. GRUS LEUCOGERANUS Pall.
Antigone leucogeranus Reich
Ardea gigantea Gmel
G. gigantea Vieill.
Leucogeranus giganteus Bp.
378. ANTHROPOIDES VIRGO. Vieill.
Ardea virgo Linn
Grus numidica Briss
G. virgo Pall.
Scops virgo G. R. G.
379. BALEARICA PAVONINA G. R. G.
Anthropoides pavonina Vieill
Ardea pavonina Linn.
Grus balearica Antiq.
G. pavonina Wagl.
380. ARDEA CINEREA Linn
A. cineracea Brehm
A. cristata Briss
A. major Linn
A. rhenana Sander
381. ARDEA MELANOCEPHALA. Vig.
A. atricollis Wagl
382. ADREA PURPUREA. Linn.
A. botaurus Gmel.
A. caspia S. G. Gmel.
A. cristata purpurascens Briss
A. monticola Bapoyr
A. pharaonica Bp
A. purpurascens Briss
A. purpurata Gmel.
A. rufa Gmel
A. variegata Scop
383. EGRETTA ALBA Bp
Ardea alba Linn
A. candida Briss.
A. egretta Bechst.
Ardea egrettoides S. G. Gmel
A. melanorhyncha Wagl.
Egretta nivea Bp
E. melanorhyncha Hartl.
Erodius albus Macgill.
Herodias candida Brehm
H. egretta Boie.
384. EGRETTA GARZETTA Bp.
Ardea garzetta Linn
A. nigripes Temm
A. nigrirostris J. E. G.
A. nivea S. G. Gmel.
A. orientalis J. E. G.
Erodius garzetta Macgill
Garzetta egretta Bp
G. immaculata Bp.
G. nigripes Bp
G. orientalis Bp.
Herodias garzetta Boie
H. immaculata Gould
H. jubata Brehm.
H. nivea Brehm.
385. BUBULCUS IBIS. Bp
Ardea bubulcus Savig.
A. candida minor Briss
A. ibis Hassel.
Ardea lucida Rafin
A. russata Wagl.
A. Veranyi P. Roux
Ardeola bubulcus G. R. G.
Bubulcus ruficristata Bp
Buphus Verani Bp
386. BUPHUS COMATUS Boie
Ardea audax Lapeyr
A. castanea S. G. Gmel.
A. comata Pall.
A. erythropus Gmel.
A. Marsigli Lepech
A. pumila Lepech
A. ralloides Scop
A. senegalensis Gmel
A. squajotta Gmel
Ardeola ralloides
Botaurus comatus Macgill
Buphus castaneus Brehm
B. ralloides Brehm.
Cancrophagus luteus Briss
C. ralloides Kaup.
Egretta comata Swains.
387. NYCTICORAX EUROPÆUS Steph
Ardea Gardeni Gmel
A. grisea Linn

Ardea kwokwa S. G. Gmel.
A. nycticorax Linn.
Nyctiardea europæa Swains.
Nycticorax badius Brehm.
N. Gardeni Gmel.
N. griseus Strickl.
Nycticorax meridionalis Brehm.
N. nycticorax Boie.
N. orientalis Brehm.
Nyctirodius nycticorax Macgill.
Scotæus nycticorax K. et B.
388. BOTAURUS STELLARIS. Steph.
Ardea stellaris Linn.
Botaurus arundinaceus Brehm.
B. lacustris Brehm.
Butor stellaris Swains.
389. BOTAURUS FRETI HUDSONIS. Briss.
Ardea freti-hudsonis Schleg.
A. stellaris var Gmel.
A. lentiginosa Mont.
A. mokoko Vieill.
Botaurus minor Bp.
Botaurus lentiginosus Stephen.
390. ARDEOLA MINUTA. Bp.
Ardea danubialis Gmel.
A. minuta Linn.
A. nævia Briss.
A. soloniensis Gmel.
Ardeola nævia Briss.
Ardetta minuta E. J. G.
Botaurus minutus Boie.
B. pusillus Brehm.
Butor minutus Swains.
Cancrophagus minutus Kaup.
391. ARDEOLA STURMI. Z. G.
Ardea Sturmi Wagl.
Ardeiralla Sturmi Verreaux.
Ardetta gutturalis Bp.
A. Sturmi Bp; G. R. G.
Cancrophagus gutturalis Smith.
Egretta plumbea Swains.
Herodias Sturmi Cab.
392. CICONIA ALBA. Willug.
Ardea ciconia Linn.
Ciconia albescens Brehm.
C. candida Brehm.
C. nivea Brehm.
393. CICONIA NIGRA. Gesn.
Ardea nigra Linn.
Ciconia fusca Briss.
Melanopelargus niger Reich.
394. PLATALEA LEUCORODIA. Linn.
Platalea alba Scop.
P. leucorodius glog.
Platea leucorodia Leach.
395. FALCINELLUS IGNEUS. G. R. G.
Ibis castaneus Brehm.
Ibis falcinellus Vieill.
I. ignea Leach.
I. sacra Temm.
Numenius castaneus Briss.
Numenius igneus S. G. Gmel.
N. viridis Briss; Gmel.
Plegadis falcinellus Kaup.
Tantalides falcinellus Wagl.
Tantalus fascinellus Linn.
Tringa autumnalis Hasselq.
396. IBIS RELIGIOSA. G. Cuv.
Numenius ibis G. Cuv.
Tantalus æthiopicus Lath.
Threskiornis æthiopica G. R. G.
397. RALLUS AQUATICUS. Linn.
Rallus germanicus Brehm.
R. sericeus Leach.
Scolopax obscura S. G. Gmel.
398. CREX PRATENSIS. Bechst.
C. alticeps Brehm.
C. herbarum Brehm.
Gallinula crex Lath.
Ortygometra crex Leach.
Rallus crex Linn.
R. genistarum sive ortygometra Leach.
399. PORZANA MARUETTA. G. R. G.
Crex porzana Bechst.
Gallinula maculata Brehm.
g. porzana Lath.
g. punctata Brehm.
Ortygometra maruetta Leach.
o. porzana Steph.
Rallus aquaticus minor Briss.
R. maruetta Briss.
R. porzana Linn.
400. PORZANA BAILLONII. K. G.
Crex Baillonii Licht.
C. pygmæa Naum.
Gallinula Baillonii Temm.
G. pygmæa K. et B.
Phalaridion pygmæa Kaup.
Porzana pygmæa Bp.
Rallus Baillonii Vieill.
Zaporina pygmæa Bp.
401. PORZANA MINUTA. Bp.
Crex pusilla Lichst.
Gallinula pusilla Bechst.
Ortygometra minuta K. et B.
o. pusilla Bp.
Phalaridion pusillum Kaup.
Rallus minutus Pall.
R. mixtus Lapeyr.
R. parvus Scop.
R. Peyrousii Vieill.

Rallus pusillus Gmel
Zaporina minuta Leach
402 GALLINULA CHLOROPUS Lath.
Crex chloropus Lichst
Fulica chloropus Linn
F. fistulans Gmel
Fulica flavipes Gmel
F. fusca Gmel.
F. maculata Gmel.
Porphyrio olivarius Barr.
Rallus chloropus Savi.
Stagnicola chloropus Brehm
S. septentrionalis Brehm
403 PORPHYRIO CÆSIUS Barr
Fulica porphyrio Pall.
Porphyrio antiquarum Bp
P. hyacinthinus Temm
P. veterum Bp
404 FULICA ATRA. Linn
Fulica æthiops Sparm
F. atterima Linn
F. atrata Pall
F. leucoryx Sparm.
F. major Briss
F. platyuros Brehm
F. pullata Pall.
405 FULICA CRISTATA. Gmel.
F. mitrata Licht
Gallinula cristata Lath
Lupha cristata Reich.
406 PHŒNICOPTERUS ROSEUS Pall
P. antiquorum Temm
P. erythræus Salv.
P. europæus Vieill.
P. ruber Linn
407 ANSER SYLVESTRIS Briss
Anas segetum Gmel
Anser arvensis Brehm
A. ferus Flem.
A. segetum M. et W.
408 ANSER BRACHYRHYNCHUS. Baill.
A. brevirostris Thienn
A. phœnicopus Bartl.
A. segetum Naum.
409. ANSER ERYTHROPUS. Newton
Anas erythropus Linn
Anser cinerascens Brehm
A. minutus naum
A. Temminckii Boie.
410. ANSER ALBIFRONS Bechst
Anas albifrons Gmel
Anser Bruchi Bp
A. erythropus Flem
A. intermedius Naum
A. medius Temm.
A. septentrionalis sylvestris Briss
410 A. *ANSERPALLIPES* DeSelys
A. albifrons roseipes Schleg.
411. ANSER CINEREUS. Mey
Anas anser ferus Temm.
A. anser Gmel
Anser ferus Stephen
Anser palustris Flem
A. sylvestris Brehm
A. vulgaris Pall
412. CHEN HYPERBOREUS Boie
Anas cærulescens.
A. hyperborea
A. nivalis Forster
Anser hyperboreus Pall
A. niveus Briss
413. BERNICLA LEUCOPSIS Boie
Anas erythropus Gmel
Anser bernicla Leach.
A. leucopsis Bechst.
Bernicla erythropus Steph.
414. BERNICLA BRENTA. Steph.
Anas bernicla Linn
Anser brenta Pall
A. torquatus Frisch.
Bernicla melanopsis Macgill
415. BERNICLA RUFICOLLIS Boie
Anas ruficollis Gmel.
A. torquata Gmel.
Anser ruficollis Pall
Casarka minor Lepech
Rufibrenta ruficollis Bp
416. BERNICLA CANAGICA G. R. G.
Anas canagica Sewast
Anser pictus Pall
A. canagicus Brandt
Clœphaga canagica Eyton
417. CHENALOPEX ÆGYPTIACA Steph
Anas ægyptiaca Linn.
A. varia Bechst
Anser ægyptiacus Briss
A. varius Mey.
Bernicla ægyptiacus Eyton
Tadorna ægyptiaca Boie
418 CYGNUS FERUS Ray
Anas cygnus Linn
Cygnus melanorhynchus Mey
C. musicus Bechst.
C. olor major Pall
C. xanthorhinus Naum
Olor musicus Wagl
419. CYGNUS MINOR K. et B
Cygnus altumi Baedek
Cygnus Bewickii Yarr
C. islandicus Brehm
C. melanorhinus Naum

C. musicus minor Schleg.
C. olor minor Pall.
Olor minor Bp.
420. CYGNUS MANSUETUS. Linn.
Anas cygnus Linn.
A. olor Gmel,
Cygnus gibbus Bechst.
Cygnus olor Vieill.
C. sibilus Pall.
420 A. *CYGNUS IMMUTABILIS*. Yarr.
C. olor immutabilis Schleg.
421. TADORNA BELONII. Ray.
Anas cornuta S. G. Gmel.
A. tadorna Linn.
Tadorna familiaris Boie.
T. gibbera Brehm.
T. littoralis Brehm.
T. maritima Brehm.
T. vulpanser Flem.
Vulpanser tadorna K. et B.
422. TADORNA CASARCA. Macg.
Anas casarca Linn.
A. rubra S. G. Gmel.
A. rutila Pall.
Anser casarca Vieill.
Casarca rutila Bp.
Tadorna rutila Boie.
Vulpanser rutila K. et B.
423. SPATULA CLYPEATA. Boie.
Anas clypeata Linn.
A. rubens Gmel.
Clypeata brachyrhynchus Brehm.
C. macrorhynchus Brehm.
C. platyrhynchus Brehm.
C. pomarina Brehm.
Rhyncaspis clypeata Stephen.
424. ANAS BOSCHAS. Linn.
A. fera Briss.
Boshas domestica Swains.
425. CHAULELASMUS STREPERA. G. R. G.
Anas kekuschka S. G. Gmel.
A. strepera Linn.
Chauliodus strepera Swains.
Ktinorhynchus strepera Eyton.
Querquedula strepera Macgill.
426. MARECA PENELOPE. Selby.
Anas fistularis Briss.
A. kagolka S. G. Gmel.
A. penelope Linn.
Mareca fistularis Steph.
427. MARECA AMERICANA. Steph.
Anas americana Gmel.
A. Wigeon Bonnel.
428. DAFILA ACUTA. Eyton.
Anas acuta Linn.
A. caudacuta Leach.
A. caudata Brehm.
Anas longicauda Briss.
Dafila caudacuta Steph.
Phasianurus acutus Wagl.
Querquedula acuta Selby.
Q. caudacuta Macgill.
Trachelonetta acuta Kaup.
429. QUERQUEDULA CIRCIA. Steph.
Anas circia Linn.
Cyanopterus circia Eyton.
Pterocyanea circia Bp.
Querquedula glaucopterus Brehm.
Q. scapularis Brehm.
430. QUERQUEDULA DISCORS. Z. G.
Anas discors Linn.
Cyanopterus discors Eyton.
Pterocyanea discors Bp.
Querquedula americana Briss.
Q. virginiana Briss.
431. QUERQUEDULA CRECCA. Steph.
Anas crecca Linn.
Nettion crecca Kaup.
Querquedula creccoides Brehm.
Q. minor Briss.
Q. subcrecca Brehm.
432. QUERQUEDULA FALCATA Bp.
Anas falcaria Gmel.
A. falcata Pall.
A. drepanopteros Messers.
Eunetta falcata Bp.
Querquedula falcaria Eyton.
433. QUERQUEDULA FORMOSA Bp.
Anas baikal Bonnel.
A. formosa georgi.
A. glocitans Pall.
Eunetta farmosa Bp.
434. QUERQUEDULA ANGUSTIROSTRIS. Bp.
Anas angustirostris Menet.
A. marmorata Temm.
Marmaronetta angustirostris Reich.
435. BRANTA RUFINA. Boie.
Anas fistularis cristata Briss.
A. rufina Pall.
Aythya rufina Macgill.
Callichen ruficeps Brehm.
C. rufinus Brehm.
Fuligula rufina Steph.
Mergoides rufina Eyton.
Netta rufina Kaup.
436. FULIGULA CRISTATA. Steph.
Anas arctica Leach.
A. colymbis Pall.
A. fuligula Linn.

Anas. latirostra Brünn.
A. scandiana Gmel.
Aythya fuligula Boie.
Nyroca fuligula Flem.
437. FULIGULA COLLARIS. Bp.
Anas collaris Donar.
A. fuligula Wills.
A. rufitorques Bp.
Fuligula rufitorques Bp.
438. FULIGULA MARILA. Steph.
Anas frenata Sparm.
Anas marila Linn.
Aythya islandica Brehm.
A. leuconotus Brehm.
A. marila Boie.
Fuligula Gesneri Eyton.
Nyroca marila Flem.
439. FULIGULA FERINA. Steph.
Anas ferina Linn
A. rufa Gmel.
A. ruficollis Scop.
Aythya erythrocephala Brehm.
A. ferina Boie.
Nyroca ferina Flem.
440. FULIGULA NYROCA. Steph.
Anas africana Gmel.
A. ferruginea Gmel.
A. glaucion Pall.
A. leucophtalmos Bechst.
A. nyroca Guld.
Aythya nyroca Boie.
Nyroca leucophthalmos Flem.
441. CLANGULA GLAUCION. Brehm.
Anas clangula Linn.
A. glaucion Linn.
A. hyemalis Pall.
Clangula chrysophtalmos Steph.
C. leucomelas Brehm.
C. peregrina Brehm.
C. vulgaris Flem.
Glaucion clangula Kaup.
442. CLANGULA ISLANDICA. Bp.
Anas Barrowii Temm.
A. islandica Gmel.
Clangula Barrowii Swains.
C. scapularis Brehm.
Glaucion islandicum K. et B.
443. CLANGULA ALBEOLA. Steph.
Anas albeola Linn.
A. bucephala Linn.
A. hiberna Briss.
A. rustica Linn.
Querquedula ludoviciana Briss.
444. CLANGULA HISTRIONICA. Boie.
Anas histrionica Linn.
A. minuta Linn.
Anas torquata Briss.
Cosmonessa histrionica Kaup.
Harelda histrionica K. et B.
445. HARELDA GLACIALIS. Steph.
Anas glacialis Linn.
A. hyemalis Linn.
A. longicauda islandica Briss.
Clangula glacialis Boie.
Crymonessa glacialis Macgill.
Pagonetta glacialis Kaup.
446. ENICONETTA STELLERI. G. R. G.
Anas dispar Sparm.
A. occidua Bonn.
A. Stelleri Pall.
Clangula Stelleri Boie.
Fuligula dispar Steph.
Harelda Stelleri Eyton.
Polysticta Stelleri Eyton.
Stellaria dispar Bp.
Somateria Stelleri Brehm.
447. SOMATERIA MOLLISSIMA. Boie.
Anas Cutberti Pall.
A. lanuginosus Briss.
A. mollissima Linn.
448. SOMATERIA SPECTABILIS. Boie.
Anas Behringii Lath.
A. freti-hudsoni Briss.
A. mollissima Temm.
A. spectabilis Linn.
Fuligula spectabilis Degl.
449. OIDEMIA FUSCA. Flem.
Anas carbo Pall.
A. fuliginosa Bechst.
A. fusca Linn.
A. nigra major Briss.
Melanetta fusca Boie.
450. OIDEMIA NIGRA. Flem.
Anas atra Pall.
A. cineraceus Bechst.
A. nigra Linn.
Melanitta nigra Boie.
Oidemia leucocephala Flem.
451. OIDEMIA PERSPICILLATA. Steph.
Anas nigra major freti hudsonis Briss.
A. perspicillata Linn.
Melanitta perspicillata Boie.
Pelionetta perspicillata Kaup.
452. ERIMISTURA LEUCOCEPHALA. Bp.
Anas leucocephala Scop.
A. mersa Pall.
Erimistura mersa Bp.
Undina mersa K. et B.

453. MERGUS MERGANSER Linn.
Merganser castor Bp
M. cinereus Briss
M gulo Steph
M. Raii Leach.
Mergus castor Linn
M rubricapilla Brunn

454 MERGUS SERRATOR Linn
Merganser cristatus Briss
M. serrator Steph.
Mergus leucomela Brehm
M. serrator Pallasii Bp
Mergus niger Gmel
M serratus Gmel

455. MERGUS CUCULLATUS. Linn.
Merganser cucullatus Steph
M virginianus cristatus Briss
Mergus fuscus Lath

456 MERGUS ALBELLUS Linn
Merganser cristatus minor Briss
M stellatus Briss.
Mergellus albellus Selby.
Mergus asiaticus S G Gmel
M. glacialis Brunn
M minutus Linn

457. ANOUS STOLIDUS G R G
A niger Steph
A pileatus Bp
Gavia fusca Briss
Megalopterus stolidus Bp
Sterna stolida Linn

458 STERNA CASPIA Pall
Hydroprogne caspica Kaup
Sterna megarhynchos. M et W
S. tschagrava Lepech
Sylochelidon caspia Brehm
Thalasseus caspius Boie

459 STERNA ANGLICA Mont
Gelochelidon anglica Bp
G balthica Brehm
G meridionalis Brehm
G palustris Macgill
Laropis anglica Wagl.
Sterna aranea Wils.
Thalasseus anglicus Boie

460 STERNA CANTIACA Gmel
S Bergii Reich.
S Boysii Lath
S canescens M et W
S columbina Schranck
S nævia Bew
S striata Gmel
Thalasseus cantianus Boie

461 STERNA AFFINIS. Rupp
S maxuriensis Ehrenb.
Thalasseus affinis Bp

462 STERNA BERGII Lichst.
Pelecanopus Bergii Bp
P velox Bp
Sterna longirostris Less.
S velox Rupp
Thalasseus velox Bp

463 STERNA HIRUNDO Linn.
Hydrocecropis hirundo Boie
Sterna fluviatilis Naum
S marina Eyton

464. STERNA PARADISEA. Brunn.
S. arctica Temm
S argentata Brehm.
S. hirundo Bp; Linn.
Sterna macroura Naum
S. Nitzschii Kaup.

465. STERNA DOUGALLII Mont.
Hydrocecropis Dougallii Boie.
Sterna Macdougallii Macgill
S paradisea K et B.
Thalassea Dougalli Kaup

466. STERNA MINUTA Linn.
S. antarctica Forster.
Sterna metopoleucos S G. Gmel.
S minor Briss
Sternula minuta Boie.
S pomarina Brehm

467. STERNA FULIGINOSA. Gmel.
Halyplana fuliginosa Wagl
Sterna infuscata Lichst.
S. serrata Forst.

468. HYDROCHELIDON FISSIPES G R G
H. nigra Boie
H nigricans Brehm
H. obscura Brehm.
Sterna fissipes Linn
S. nævia Briss.
S. nigra Briss.
Viralva nigra Steph

469 HYDROCHELIDON NIGRA G. R. G.
H leucoptera Boie.
Sterna leucoptera Meisn; Schinz.
S. nævia Linn.
S nigra Linn
S fissipes Pall.
Viralva leucoptera Steph

470. HYDROCHELIDON HYBRIDA. G R G
Pelodes leucopareia Kaup.
Sterna Delamottei Vieill
S hybrida Pall.
Sterna leucopareia Natt
Viralva leucopareia Steph

471. RHODOSTETIA ROSSII Macg.
Larus roseus Macg.
L Rossii Richards
Rossia rosea Bp

472. PAGOPHILA EBURNEA. Kaup.
Cetosparactes eburneus Macg
Gavia eburnea Boie
Larus candidus O Fabr
L eburneus Gmel
L. niveus Martens.
Pagophila brachytarsa Bruch
P. nivea Bp.
473 LARUS GLAUCUS. Brunn
Glaucus consul Bruch
Laroides glaucus Bruch.
Larus consul Boie.
Larus glacialis Macgill
Leucus glaucus Kaup.
Plautus glaucus Reich.
474 LARUS LEUCOPTERUS. Faber.
Glaucus glacialis Bruch.
G leucopterus Bruch
Laroides glaucoides Brehm.
L leucopterus Brehm
Larus minor Brehm.
475 LARUS MARINUS Linn.
Dominicanus marinus Bruch
Larus Fabricii Brehm.
L Mulleri Brehm.
L maximus Brehm, Leach
L niger Briss
L varius Briss
Leucus marinus Kaup
476 LARUS FUSCUS Linn
Clupeilarus fuscus Bp.
Dominicanus fuscus Bruch
Gavia grisea Briss.
Laroides fuscus Brehm
L harangorum Brehm.
L melanotus Brehm
Larus cinereus Leach
L flavipes M. et W
L griseus Briss
Leucus fuscus Kaup
477. LAURUS ARGENTATUS Brunn.
Glaucus argentatus Bruch
Laroides argentaceus Brehm
L. argentatus Brehm
Larus cinereus Briss.
L. glaucus Retz
477 A. *LARUS LEUCOPHÆUS* Licht
L Michaellesii Bruch
478 LARUS AUDOUINI. Payraud
Gavina Audouini Bp.
Glaucus Audouini Bruch.
Laroides Audouini Brehm
Larus Payraudei Vieill.
479 LARUS GELASTES Licht.
Gavia gelastes Bruch
Gelastes columbinus Bp
G Lambruschinii Bp
Larus columbinus Golow
L genei de Breme
L Lambruschinii Bp
L leucocephalus Briss
L rubriventris Vieill
L. tenuirostris Temm
Xema Lambruschinii Bp
480. LARUS CANUS. Linn
Gavia cinerea major Briss
Larus cyanorhynchus M et W
Larus hybernus Gmel
L procellosus Bechst
480 A. *LARUS NIVEUS* Pall.
Larus canus major midd
L Heinii Homey
L. kamtschatckensis Bp
Rissa nivea Bp
481 XEMA LEUCOPHTHALMUM Bp
Adelarus leucophthalmus Bp
Larus leucophtalmus Licht
482 XEMA ATRICILLA Boie
Atricilla Catesbœi Bp
Gavia atricilla Macgill
Larus atricilla Linn
L plumbiceps Brehm.
L. ridibundus Wills.
483. XEMA ICHTHYACTUS Bp
Ichthyactus Pallasii Kaup
Larus ichthyaetus Pall.
484 XEMA RIDIBUNDUS. Boie.
Chroicocephalus ridibundus Eyton
Gavia ridibunda Briss
G. phœnicopus Briss
Larus atricilla Pall.
L. cinererarius Linn
L erythropus Gmel
L. nævius Pall
L. ridibundus Linn
Xema pileatum Brehm
485. XEMA MELANOCEPHALA Boie
Gavia melanocephala Bp
Larus melanocephalus Natt
486 XEMA BONAPARTII Bp
Larus Bonapartii Richards.
487 XEMA MINUTUM Boie
Chroicocephalus minutus Eyton
Gavia minuta Macgill.
Hydrocolœus minutus Kaup
Larus d'Orbignyi Aud
L. minutus Pall
L. nigrotis Less
L pygmæus Bory.
488. XEMA SABINEI Leach
Gavia Sabinei Macgill

489. RISSA TRIDACTYLA. Macgill.
Cheimonea tridactyla Kaup.
Gavia cinerea Briss.
G. cinerea major Briss.
G. tridactyla Boie.
Laroides minor Brehm.
L. rissa Brehm.
L. tridactyla Brehm.
Larus canus Pall.
L. gavia Pall.
L. torquatus Pall.
L. rissa Brünn.
L. tridactylus Linn.
Rissa Brünnichii Steph.
R. cinerea Eyton.

490. STERCORARIUS CATARACTES. Vieill.
Cataracta fusca Leach.
Cataracta skua Brünn.
Cataractes skua Steph.
C. vulgaris Flem.
Larus cataractes Linn.
L. fuscus Briss.
Lestris cataractes Temm.
Megalestris cataractes Bp.
Stercorarius pomarinus Vieill.

491. STERCORARIUS POMARINUS. Vieill.
Cataractes parasitica Pall.
C. pomarina Steph.
Coprotheris pomarinus Reich.
Larus crepidatus M. et W.
L. parasiticus M. et W.
Lestris parasiticus Temm.
L. pomarinus Temm.
L. sphæriuros Brehm.
Stercorarius striatus Briss.

492. STERCORARIUS PARASITICUS. G. R. G.
Cataracta cepphus Brünn.
C. parasitica Retz.
C. parasita Pall.
Larus crepidatus Gmel.
L. parasiticus Linn.
Lestris crepidatus Degl. Temm.
L. parasita K. et B.
L. parasiticus Bp. Degl.
L. Richardsoni Swains.
Stercorarius cepphus Degl.

493. STERCORARIUS LONGICAUDUS. Briss.
Lestris Brissoni Boie.
L. cepphus Bp.
L. Hardyii Bp.
L. parasiticus Tem.
L. spinicauda Bp.
Stercorarius cephus Schleg.
S. longicaudatus Degl.

494. PROCELLARIA GLACIALIS. Linn.
Fulmarus glacialis Steph.
Procellaria cinerea Briss.
P. hiemalis Brehm.
Rhantistes glacialis Kaup.

495. PROCELLARIA CAPENSIS. Linn.
Daption capensis Steph.
Procellaria nævia Briss.

496. PROCELLARIA HASITATA. Kuhl.
Æstrelata diabolica Bp.
Procellaria diabolica l'Herm.
P. l'Herminori Less.

497. THALASSIDROMA PELAGICA. Selby.
Hydrobates ferroensis Brehm.
H. pelagica Boie.
Procellaria pelagica Linn.

498. THALLASSIDROMA OCEANICA. Schinz.
Oceanites Wilsoni K. et B.
Procelaria oceanica Kuhl.
P. pelagica Wils.
P. Wilsoni Bp.
Thalassidroma Wilsoni Bp.

499. THALASSIDROMA LEUCORHOA. Z. G.
Hydrobathes Leachii Boie.
Procellaria Bullakii Flem.
P. Leachii Temm.
P. leucorhoa Vieill.
P. pelagica Pall.
Thalassidroma Bullakii Selby.
T. Leachii Bp.
T. melitensis Schembri.

500. THALASSIDROMA BULWERI. Bp.
Bulweria columbina Bp.
Procellaria Anginho Heinck.
Puffinus columbinus Moquin.

501. PUFFINUS CINEREUS. G. Cuv.
Procellaria cinerea Kuhl.
P. Kuhlii Boie.
P. puffinus Temm.
Puffinus Kuhlii Bp.

502. PUFFINUS MAJOR. Faber.
Ardenna major Reich.

503. PUFFINUS ANGLORUM. Boie.
Nectris puffinus K. et B.
Procellaria anglorum Kuhl.
P. puffinus Brün.
Puffinus arcticus Faber.

504. PUFFINUS YELKOUAN. Bp.
Procellaria Yelkouan Acerbi
Puffinus anglorum Nord.

505. PUFFINUS OBSCURUS. Boie.
Cymotomus obscurus Macgill
Nectris obscura K et B.
Procellaria obscurus Gmel
Puffinus nigax Baillonii Bp
506. PUFFINUS FULIGINOSUS Strickl
Nectris carneipes Bp
N. fuliginosa K et B Bp
N. gama Bp.
Puffinus carneipes Gould
P. cinereus Smith
P major Temm
507 DIOMEDEA EXULANS. Linn.
D adusta Tschudi.
D spadicea Gmel.
Plautus albatrus Klein.
508. DIOMEDEA CHLORORHYNCHOS. Gmel.
509. SULA BASSANA. Briss
Moris Bassana Leach
Morus Bassanus Vieill.
Pelicanus Bassanus Linn
P. maculatus Gmel
Sula alba M et W.
S. major Brehm; Briss.
510 PHAETON ÆTHEREUS Linn
P Catesbyi Brandt
511 FREGATA MARINA Barr
Carbo aquicus Mey
Fregata aquila Schleg
Pelicanus aquilus Linn
P. leucocephalus Gmel.
P Palmerstoni Gmel
Tachypetes aquila Vieill.
512 PHALACROCORAX CARBO. Leach
Carbo cormoranus M. et W
Cormoranus crassirostris Baill
Graculus carbo G R. G.
G major Temm
Halieus cormoranus Naum.
Hydrocorax carbo Vieill.
Pelicanus carbo Linn
P. phalacrocorax Brunn
Phalacrocorax medius Nils Bp.
513 PHALACROCORAX CRISTATUS. Steph
Carbo cristatus Temm
C graculus M et W.
Carbo Desmaresti Peyraud.
C. leucogaster Cara
Graculus cristatus G R G
G Desmaresti Bp
G Linnæi G R. G.
Hydrocorax cristatus Leach
Pelicanus cristatus Fabr
Pelicanus graculus Linn
Phalacrocorax graculus Leach
514 PHALACROCORAX PYGMÆUS. Dumont.
Carbo pygmæus Temm
Graculus pygmæus G. R G
Halieus pygmæus Bp
Hydrocorax pygmæus Vieill
Microcarbo pygmæus Bp
Pelicanus pygmæus Pall.
515 PELICANUS ONOCROTALUS Linn.
Pelicanus minor Rüpp.
P onocratulus minor Bp
P. roseus Eversm.
516. PELICANUS CRISPUS Bp
P onocrotalus Pall
517 PODICEPS CRISTATUS. Lath.
Colymbus cristatus Briss. Linn
C. cornutus Briss
C. urinator Linn
Lophaithya cristata Kaup
Podiceps mitratus Brehm
P patagiatus Brehm
518 PODICEPS GRISEGENA G. R G
Colymbus cucullatus Pall
C grisegena Bodd
C parotis Sparm.
C rubricollis Gmel.
C subcristatus Jacq
Pedetaithya subcristatus Kaup
Podiceps canogularis Brehm
P. rubricollis Lath
P subcristatus Kaup
518 A. *PODICEPS HOLBOLLI* Reinh
P rubricollis Andul
519 PODICEPS LONGIROSTRIS Bp.
520 PODICEPS AURITUS Lath
Colymbus auritus Linn
C caspicus S G. Gmel
C cristatus Mohr.
C cristatus minor Briss
C. cornutus minor Briss
C. minor Briss.
C. nigricans Scop.
Podiceps arcticus Boie
P cornutus Lath.
P hybridicus Lath
P obscurus Lath
P sclavus Bp
521 PODICEPS NIGRICOLIS Sandew
Colymbus auritus Briss. Linn
Podiceps auritus Lath
522 PODICEPS FLUVIATILIS Z G

Colymbus fluviatilis Briss.
C. hebridus Gmel.
C. minor Gmel.
C. pyrenaicus Lapeyr.
Podiceps minor Lath.
P. pygmæus Brehm.
Sylbeocyclus europæus Macg.
S. minor Bp.
Tachybaptes minor Reich.

523. COLYMBUS GLACIALIS. Linn.
Cepphus torquatus Pall.
Colymbus atrogularis Mey.
Colymbus hiemalis Brehm.
C. immer Linn.
C. maximus Brehm.
C. torquatus Brünn.
Eudytes glacialis Naum.
Mergus major Briss.
M. major nævius Briss.

524. COLYMBUS ARCTICUS. Linn.
Cepphus arcticus Pall.
Colymbus macrorhynchus Brehm.
Eudytes arcticus Naum.
Mergus gutture nigro Briss.

525. COLUMBUS SEPTENTRIONALIS. Linn.
Cepphus septentrionalis Pall.
Colymbus borealis Brünn.
C. lumme Brünn.
C. stellatus Brünn.
C. rufogularis Mey.
C. striatus Gmel.
Eudytes septentrionalis Naum.
Mergus gutture rubro Briss.

526. URIA TROILE. Lath.
Colymbus minor Gmel.
C. Troile Linn.
Uria lomvia Brünn.
U. norwegica Brehm.
U. swarbag Brünn.

526 A. *URIA RINGVIA*. Brünn.
U. alca Brünn.
U. lacrimans la Pylaie.
U. leucopsis Brehm.
U. Troile Temm.
U. Troile leucophthalmos Fab.

527. URIA ARRA. K. et B.
Cepphus arra Pall.
Uria Brunnichii Sabne.
U. francsii Leach.
U. pica Faber.
U. Troile Brünn.

528. URIA GRYLLE. Lath.
Cepphus columba Pall.
C. ferrœnsis Brehm.
C. lacteolus Pall.
C. Meisneri Brehm.
Colymbus grylle Linn.
Grylle columba Bp.
Uria balthica Brünn.
U. groenlandica G. R. G.
U. grylloides Brünn.
U. lacteola Lath.
U. minor nigra Briss.
U. scapularis Steph.
U. striata Briss.

528 A. *URIA MANDTII*. Lichst.

529. MERGULUS ALLE. Vieill.
Alca alle Linn.
A. candida Brünn.
Arctica alle G. R. G.
Cepphus alle Less.
Mergulus arcticus Brehm.
M. melanoleucos Leach.
Uria alle Temm.
U. minor Briss.

530. FRATERCULA ARCTICA. Vieill.
Alca arctica Linn.
A. canagularis Mey.
A. deleta Brünn.
A. labrador Gmel.
Ceratoblepharum arctica Brandt.
Lunda arctica Pall.
Mormon arcticus Macgill.
M. fratercula Temm.
M. Grabæ Brehm.
M. polaris Brehm.

531. FRATERCULA CORNICULATA. Brandt.
Ceratoblepharum corniculata Brandt.
Mormon corniculata Naum.
M. corniculatum Kittl.
M. glacialis Temm.

532. ALCA TORDA. Linn.
A. balthica Brünn.
A. glacialis Brehm.
A. minor Briss.
A. pica Linn.
A. unisulcata Brünn.
Utamania pica Leach.
U. torda Leach.

533. ALCA IMPENNIS. Linn.
A. major Briss.
Plautus impennis.
Pinguinus impennis Brehm.

VOCABULAIRE

ABDOMEN (Voir Extérieur). On y distingue d'avant en arrière l'épigastre, le ventre, la région anale

ACÉRÉ — Très pointu et tranchant : ongle acéré, bec aceré

ACUMINÉ — Terminé en pointe aigue et prolongée. Plumes de la nuque des aigles.

AIGRETTE — Faisceau de plumes longues et effilées qui se trouvent sur la tête de quelques oiseaux. *Pl. III, fig. 10 et 11; Pl. XVIII, fig. 2 et 9.*

AILES. — Membre antérieur de l'oiseau, organisé pour le vol On y remarque des grandes plumes qui sont les pennes de l'aile ou rémiges et de petites recouvrant la base des premières et qui sont les tectrices. *Pl. XXV, fig. 3.*

Rémiges : 1° Remiges polliciales ou bâtardes insérées sur le pouce

2° Rémiges primaires ou métacarpiennes insérées sur la main (ordinairement au nombre de 10). Souvent la première est très réduite et négligée par les ornithologues;

3° Rémiges secondaires ou cubitales, insérées sur l'avant-bras (de 10 à 18);

4° Tertiaires ou huméralos, ou internes (rarement plus de 4)

Tectrices : Partagées en sus-alaires ou couvertures sup de l'aile et sous-alaires ou couvertures inf de l'aile Les sus alaires forment trois zones nommées : grandes sus-alaires, moyennes sus alaires, petites sus-alaires. Les grandes sus alaires qui sont les plus proches des rémiges, offrent des grandes sus alaires primaires et des grandes sus-alaires secondaires, recouvrant les rémiges du même nom

L'aile est dite : sur-aiguë, première rémige la plus longue, ou les première ou deuxième; aiguë, deuxième rémige la plus longue sub aiguë, deuxième et troisième rémiges les plus longues, sub obtuse, troisième ou troisième et quatrième rémiges les plus longues. obtuse. quatrième rémige la plus longue. sur-obtuse. quatrième et cinquième rémiges les plus longues.

ANNELÉ — Tarse annelé (Voir Patte)

BACCIVORE — Qui se nourrit de baies : mûres, groseilles, airelles, etc

BAGUETTE — Tige centrale plus ou moins forte de la plume, on dit aussi le rachis

BARBES. — Filaments de la plume insérés de chaque côté du rachis

BONNET Partie du dessus de la tête allant du bec à la nuque On y distingue de l'avant à l'arrière : le front, le vertex, l'occiput (Voir Extérieur)

BRACHYPTÈRE. Qui a des ailes très petites. Nom d'un sous-ordre.

BRIDE — Sorte de moustaches descendant sur les côtes du cou et se réunissant sur la poitrine *Pl XIV, fig 8 et 17*

CALLOSITÉ — Callosité frontale plaque ou écusson charnu, nu, qui prolonge le bec, sur le front *Pl. XIX, fig 11 et 12, Pl XX. fig 1*

CALOTTE. (Voir Bonnet)

CANALICULÉ — Creusé d'une gouttière longitudinale en dessous ongle canaliculé

CAPUCHON — Partie comprenant la tête et le haut du cou

CARNIVORE. — Qui se nourrit de viande. Réservé aux oiseaux qui se nourrissent de mammifères ou d'oiseaux vivants.

CIRE. — Membrane épaisse plus ou moins nue qui entoure la base du bec de certains oiseaux et s'étend plus ou moins loin. *Pl I, fig 9, Pl III, fig 9 Pl XXIII, fig. 1.*

COMMISSURES — Point de rencontre des bords des deux mandibules du bec

COMPRIMÉ — Aplati latéralement. Bec comprimé, tarses comprimés. *Pl. XVIII, fig 13; Pl XXIV, fig 4, 8 et 13*

CONQUE Cavité de l'oreille où s'ouvre le conduit auditif

CROUPION — (Voir Extérieur).

DÉCOMPOSÉ — Plumage décomposé. dont les plumes sont plus ou moins ramifiées, ébarbées ou transformées en poils

DÉPRIMÉ. — Aplati de haut en bas : bec déprimé *Pl. XX, fig. 5, 7 et 9*

DISQUE. — Disque périophthalmique : cercle de plumes plus ou moins complet qui entoure l'œil chez les strigiens. *Pl. III, fig. 2; Pl IV, fig. 6 et 8*

DOIGTS. — (Voir Patte)

DOSSIER — Dossier de l'aile. bord antérieur de l'aile, celui opposé aux rémiges.

DUVET. — Plumes à rachis réduit et à barbes très molles.

ÉCUSSONNÉ. — Tarse écussonné (Voir Patte)

ENVERGURE. — Distance de l'extrémité des ailes étendues.

ÉPERON — Excroissance cornée qui arme le tarse ou l'aile de certains oiseaux.

ÉPIGASTRE. — (Voir Abdomen).

ERGOT — Éperon mousse qui arme le tarse de certains gallinacés mâles. *Pl. XIV, fig 9*

ÉTAGÉ — Rectrices, rémiges étagées : qui augmentent ou diminuent régulièrement en passant de l'une à l'autre. Queue étagée (Voir Queue).

EXTÉRIEUR On considère dans l'oiseau une face supérieure et une face inférieure. Deux sortes de plumes : les pennes qui sont les grandes plumes des ailes et de la queue (rémiges et rectrices) et les tectrices On distingue dans les faces plusieurs régions Face supérieure (en partant du bec) : bonnet, nuque, derrière du cou, dos, épaules ou scapulaires, croupion, sus caudales. De côté : lorums, bandes sourcilières, région parotide, côtés du cou, sus alaires.

Face inférieure : gorge, bas du cou, poitrine, abdomen, flancs, sous alaires, sous caudales. *Pl XXV, fig. 1.*

FLAMMÉ. — Marqué de taches en forme de flammes

FLANCS — (Voir Extérieur)

GEMMIVORE — Qui mange des bourgeons

GRIVELÉ. Marqué de taches nombreuses et foncées en forme de larmes ou de lunules.

HAUSSE-COL — Tache en forme de croissant embrassant le haut de la poitrine *Pl VI, fig 9*

HUPPE. Touffe de plumes longues, plus ou moins dressée sur la tête de certains oiseaux *Pl VII, fig 2; Pl XI, fig. 15; Pl. 15, fig. 1.*

IMBRIQUÉ. Se recouvrant l'un l'autre comme les tuiles d'un toit : plumage imbriqué

IRIS Membrane circulaire diversement colorée qui occupe le centre de l'œil et présente à son centre la pupille.

JARRETIÈRE — Bande circulaire colorée que l'on voit au bas de la jambe chez certains Macrodactyles.

LAMELLES — Série de petites plaques cornées qui garnissent les bords mandibulaires chez certains palmipèdes. *Pl. XXI, fig 2 et 10, Pl XXII, figure 1.*

LARVIVORE — Qui mange les larves (chenilles, etc)

LORUM. (Voir Extérieur).

MACRODACTYLE — Qui a de grands doigts. Nom d'un sous ordre.

MALACOPHAGE. — Qui se nourrit d'animaux mous (mollusques, etc)

MANTEAU — Partie supérieure comprenant le dos et les épaules.

MIROIR. — Grande tache dont la couleur tranche vivement sur le reste du plumage.

MOUSTACHE — Bande colorée, ordinairement noire, qui part du côté du bec et descend obliquement. *Pl II, fig 7, Pl. XII, fig 11*

MUSCIVORE. — Qui mange les mouches.

NUQUE. — (Voir Extérieur)

ONDÉ. — Orné de dessins onduleux

ONGLET. — Petite plaque cornée, de forme variable, qui arme l'extrémité des mandibules chez de nombreux palmipèdes. *Pl XX, fig 1 et 9, Pl XXI, fig 11.*

OPERCULE — Membrane qui recouvre plus ou moins l'ouverture des narines.

PALMURE. — Membrane mince qui élargit les doigts et les réunit plus ou moins entre eux *Pl XIX, fig 13, Pl XX, fig 2; Pl XXIII, fig 12. Pl. XXIV, fig. 4*

PATTE. — Membre postérieur de l'oiseau On y distingue la jambe, le tarse et les doigts Ces diverses parties peuvent être plus ou moins nues ou emplumées. Quand elles sont nues, elles sont recouvertes d'écailles ou scutelles

Suivant la dimension et le nombre des scutelles le tarse est dit : uniscutellé. *Pl IX, fig. 8,* scutellé, *Pl VII, fig. 7;* écussonné, *Pl. I, fig. 10.* annulé, *Pl. VI, fig. 6 et 8;* réticulé, *Pl XV, fig 9 et 15*

Les doigts au nombre de 3 ou 4 sont : le pouce, le doigt interne, le doigt médian, le doigt externe Le pouce peut faire défaut ou être très réduit. L'externe peut être rejeté en arrière Parfois le pouce vient devant On peut donc avoir plusieurs cas : 1° 4 doigts, 4 en avant, *Pl XII, fig. 7;* 3 en avant, 1 en arrière, *Pl. I, fig 2, Pl XXIII, fig 12:* 2 en avant, 2 en arrière, *Pl XII, fig 15*

2° 3 doigts, 3 en avant, *Pl 15, fig. 15, Pl XXIV, fig 16,* 2 en avant, 1 en arrière, *Pl XIII, fig. 5*

Le doigt complet avec l'ongle est dit armé Le nombre des phalanges croît du pouce à l'externe *Pl. XXV, fig*

PECTINÉ. — Dentelé sur le bord comme un peigne.

PENNES. — Grandes plumes de l'aile (rémiges) et de la queue (rectrices) (Voir Aile et Queue)

PINNÉ. — Doigt pinné : élargi d'un seul ou de deux côtés par une membrane à bords libres *Pl. XVII, fig 11; Pl XX, fig. 14*

PISCIVORE — Qui se nourrit de poissons.

PLASTRON — Synonyme de poitrine (Voir Extérieur)

PLUME — On y distingue le rachis ou baguette et les barbes insérées de chaque côté Suivant que les rachis ou les barbes sont atrophiés plus ou moins, on a diverses espèces de plumes parmi lesquelles le duvet et les plumes sétacées ou sétiformes

POITRINE — (Voir Extérieur).

QUEUE. — Composée essentiellement des rectrices plus ou moins recouvertes à partir de la base par les sus et les sous-caudales *Pl. XXV, figure 11.*

Les rectrices, ordinairement au nombre de 12 peuvent descendre à 10, mais atteindre un bien plus grand nombre (échassiers, gallinacés)

On y distingue une paire médiane ou coccyzienne, les autres sont les latérales La paire latérale la plus externe est la paire extérieure, les autres sont les intermédiaires

Quand les rectrices médianes sont les plus longues, la queue est dite suivant la différence de longueur des rectrices : étagée, *Pl. IX, fig 13; Pl. XIII, fig. 11*; cunéiforme, conique, arrondie, *Pl. XIII, fig. 7.*

Si les rectrices externes sont plus longues, on a une queue fourchue, *Pl II, fig. 4* ou échancrée, *Pl. II, fig 2*

La queue est droite quand les rectrices sont sensiblement égales. Elle est biéchancrée quand les rectrices intermédiaires sont plus courtes que les externes et les médianes.

Une queue tectiforme est celle dont les rectrices forment un angle dièdre dont les médianes forment l'arête (faisan)

RACHIS — (Voir Baguette)

RECTRICES — Pennes de la queue (Voir Queue)

RÉMIGES — Pennes de l'aile (Voir Aile)

RÉTICULÉ — (Voir Patte)

RÉTRACTILE — Qui peut se ramener sur soi même : ongle rétractile (rapaces).

SARCOPHAGE — Qui mange de la chair (Nous avons réservé ce mot pour les oiseaux qui se nourrissent de cadavres d'animaux).

SCAPULAIRES — Plumes scapulaires : plumes de l'épaule

SCUTELLES — Petites lames cornées qui recouvrent les parties nues de la patte

SÉDENTAIRE. — Oiseau qui ne quitte pas le pays ou il est né

SERRE — Nom de la patte de l'oiseau de proie à ongles rétractiles *Pl I, fig 2 et 6. Pl. II, fig. 16.*

SÉTACÉ — Qui a la forme d'une soie : plume sétacée.

SOURCILIÈRE — Bande sourcilière ou surcilière. *Pl. IX, fig. 15. Pl XVI, fig 2* (Voir Extérieur)

SOUS ALAIRE — (Voir Aile).

SOUS CAUDALE. — (Voir Queue).

SPATULE — Élargi à l'extrémité comme une spatule : bec spatulé *Pl. XIX, fig. 2*

SUBULÉ. — Terminé en pointe aigue et fine comme une alene

SUS-ALAIRE. — (Voir Aile).

SUS CAUDALE — (Voir Queue)

TARSE. — (Voir Patte)

UNGUICULÉ. — Bec unguiculé : dont la mandibule supérieure se termine par un crochet en forme d'ongle

UNISCUTELLÉ — (Voir Patte)

VERMICULÉ. — Orné de stries ondulées comme des vers

VERMIVORE. — Qui mange des vers.

VERSATILE — Doigt versatile. doigt qui peut indifféremment se porter en avant ou en arrière. C'est le doigt externe. *Pl I, fig 6; Pl. III, fig 15.*

VERTEX — (Voir Bonnet).

ABRÉVIATIONS DES NOMS D'AUTEURS.

Acer.	Acerbi
Audouin	Audouin
Audub.	Audubon
Baedek.	Baedeker
Baill.	Baillon.
Bailly.	Bailly.
Baird	Baird
Bald.	Baldenstein
Bar	Barrère.
Barthel.	Barthelemy Lapommeraie.
Bartlett	Bartlett.
Bechst	Bechstein.
Beck	Beck.
Besecke	Besecke
Blainv.	De Blainville
Blyth	Blyth.
Boddaert.	Boddaert.
Boie	Boie
Boit	Boitard
Bonelli.	Bonelli
Bonnat	Bonnaterre.
Bon	Bonomi.
Bork	Borklaus
Bory	Bory de St Vincent
Bp	Prince Bonaparte
Brandt	Brandt
Brehm	Brehm.
Brew	Brewer
Briss	Brisson
Bruch.	Bruch.
Brunn	Brunnich.
Cab.	Cabanis
Calvi	Calvi
Cantr	Cantraine.
Cara	Cara.
Cetti	Cetti
Charlet	Charleton
Cresp	Crespon
Cretzsch	Cretzschmar
Daud	Daudin
De Filip.	De Filippi
Degl	Degland.
De la Marm	De la Marmora
De Selys	De Selys Longchamp.
Desfont	Desfontaines
Des Murs	O. des Murs
Donov	Donovan
Dub.	Dubois
Dumer	Dumeril
Dumont	Dumont
Duraz.	Durazzo
Ehrenb.	Ehrenberg.
Elliot.	Elliot.
Eversm	Eversmann.
Eyton	Eyton
Fab.	Faber
Fabric	Fabricius.
Falck.	Falck
Fischer	Fischer de Wald.
Flem	Fleming
Forsk.	Forskal.
Forst	Forster
Franck	Francklin
Frisch	Frisch.
Géne	Gené.
G. Cuv	G. Cuvier
Georgi	Georgi
Gesner	Gesner
Gloger	Gloger
Gmel	Gmelin J.
Golow	Golowatschow
Gould	Gould.
G. R. G	G. R. Gray
Guldenst	Guldenstaedt
Hardy	Hardy
Hasselq	Hasselquist
Hemp	Hemprich
Holb.	Holboll.
Illig	Illiger.
Jacq	Jacquin
Jam	Jameson
Jard	Jardin
Jaub	Jaubert.
J. E. G.	J. E. Gray
Jenyns	Jenyns
Kaup.	Kaup
K. et B	Keiserling et Blasius
Koch	Koch
Kramer	Kramer
Kuhl	Kuhl.
Lacep	Lacepède.
Lapey	de Lapeyrouse
Langs	Langsdorff
Lath	Latham
La Pylaie	La Pylaie
Latr	Latreille
Leach	Leach
Leisl.	Leisler.
Lepech	Lepechin
Less	Lesson.
Le Vail.	Le Vaillant jeune
Le Vaillant	Le Vaillant (François)
L'Herminier	L'Herminier
Licht	Lichtenstein

Linder.	Lindermayer
Linn	Linné
Macgill.	Macgillivray
Malh.	Malherbe
Marmora	De la Marmora.
Martin	Martin
Meisn	Meisner.
Menet	Ménétriés
Mey.	Meyer
M. et W	Meyer et Wolf.
Mich	Michaelles
Midd	Middendorff.
Millet	Millet.
Moehr	Moehring
Moquin	Moquin.
Mont	Montagu.
Motschouls	Motschoulski.
Nath	Natherer.
Naum.	Naumann
Nils.	Nilsson
Nitzsch.	Nitzsch.
Nordm	Nordmann
Nuttal.	Nuttal.
Pall.	Pallas
Payr.	Payraudeau
Penn	Pennant
Pucheran.	Pucheran
Rafin.	Rafinesque
Rauz.	Rauz
Ray	Ray Jean
	Ray Jules
Reichemb.	Reichemberg
Rennie.	Rennie.
Retz	Retzius.
Richards	Richardson
Roux.	Roux
Rupp.	Ruppel
Sabine	Sabine
Salv.	Salvadori.
Sander	Sander
Savi.	Savi
Mesner	Mesner
Savig.	Savigny.
Say	Say.
Schem	Schembri.
Schinz	Schinz
Schleg	Schlegel
Schranck.	Schranck
Schwenck	Schwenckfeld.
Scop	Scopoli.
Shaw	Shaw
Selby.	Selby
Selys	De Selys-Longchamp.
Sewast	Sewastianoff
S. Gmel	S Gmelin
Simm	Simmonds
Smith	Smith
Sparm	Sparmann.
Steph.	Stephens
Strickl	Strickland
Suckow	Suckow
Sundewall	Sundewall
Swains	Swainson
Sykes.	Sykes.
Temm	Temminck
Tengm.	Tengmalm
Thienm	Thienemann.
Tschudi	Tschudi
Tyssen	Tyssen
Verany.	Verany
Vieill	Vieillot
Vig.	Vigors
Muhle	Von der Muhle
Wagl	Wagler
Wallengren	Wallengren
Webb et B	Webb et Berthelot
Werner	Werner
Verreaux	Verreaux
Willug	Willuggy.
Wils	Wilson
W	Wolf.
Yarr	Yarrell
Z G	Z Gerbe
Zetter	Zetterstedt.

UTILITÉ

I. — OISEAUX UTILES

I. SO. FALCONIENS. — Buteonidés (sauf G. Circaetus N.), Falconidés : G. Tinnunculus et Erythropus.
II. SO. VULTURIENS. — Vulturidés, Cathartidés.
III. SO. STRIGIENS (sauf G. Bubo et Nyctea N.).
IV. SO. CONIROSTRES. — Fringillidés, Emberizidés, Alaudidés.
V. SO. DENTIROSTRES (sauf Laniidés I ou N et Bombycillidés I.).
VI. SO. TENUIROSTRES. — VII. SO. FISSIROSTRES. — IX. SO. CUCULIENS. — X. SO. PICIENS.
XIV. SO. PRESSIROSTRES. — Charadriidés, Hematopididés, Vanellidés, Strepsilidés.
XV. SO. LONGIROSTRES. — Scolopacidés, Tringidés, Totanidés, Phalaropidés, Himantopidés.

II. — OISEAUX INDIFFÉRENTS

(C'est-à-dire ne rendant aucun service, sans occasionner toutefois des dégâts, ou dont l'un et l'autre se compensent)

IV. SO. CONIROSTRES. — Loxiidés, Coccothraustidés, Pyrrhulidés, Passeridés.
V. SO. CORACIROSTRES. Corvidés (sauf G. Corax N), Sturnidés, Oriolidés.
VI. SO. DENTIROSTRES. — Laniidés (petites espèces), Bombycillidés.
IX. SO. SYNDACTYLES. — Coraciidés, Méropidés.
GALLINACÉS.
XIV. SO. PRESSIROSTRES. — Otididés, Tachydromidés, Œdicnémidé.
XV. SO. LONGIROSTRES. — Numéniidés, Récurvirostridés.
XVI. SO. CULTRIRGOTRES. — Gruidés, Ciconiidés, Plataleidés, Ibidés.
XVII. SO. MACRODACTYLES. — Rallidés.
XVII. SO. PHŒNICOPTERIENS.
XVIII. SO. LAMELLIROSTRES. — Anséridés, Cygnidés, Anatidés (sauf G. Anas et Spatula N).
XX. SO. LONGIPENNES. — XXII. SO. BRACHYPTÈRES. — Podicipidés.

III. — OISEAUX NUISIBLES

I. SO. FALCONIENS. — La plupart, moins quelques Falconidés et presque tous les Buteonidés U.
II. SO. VULTURIENS. — Gypaetidés.
III. SO. STRIGIENS. — G. Bubo et Nyctea.
V. SO. CORACIRORTSES. — G. Corax, Garrulidés.
VI. SO. DENTIROSTRES. — Laniidés (grandes espèces).
IX. SO. SYNDACTYLES. — Alcédinidés.
COLOMBINS.
XVI. SO. CULTRIROSTRES. Ardéidés.
XVII SO. MACRODACTYLES. — Gallinulidés.
XIX SO. LAMELLIROSTRES. — G. Anas et Spatula, Fuligulidés. Mergidés.
XX. SO. LONGIPENNES. — Tous moins Sternidés.
XXI. SO. STEGANOPODES. — XXII. SO. BRACHYPTÈRES. — Moins Podicipidés.

TABLE DES MATIÈRES

7700. — Imprimerie des Beaux-Arts (A. MULLER),
36, rue de Seine, Paris.

www.ingramcontent.com/pod-product-compliance
Ingram Content Group UK Ltd.
Pitfield, Milton Keynes, MK11 3LW, UK
UKHW021101230726
13926UKWH00004B/1967

9 782016 117484